中国石油大学(华东)远程与继续教育系列教材

Visual FoxPro

程序设计基础教程

葛元康　李庆云　孙东海　崔学荣　编

中国石油大学出版社

内容简介

本书是按照非计算机专业程序设计教学要求组织编写的教材。以 Visual FoxPro 6.0 中文版作为背景，介绍 Visual FoxPro 程序设计的基础知识和使用方法，本书除了在结构上考虑教学的需要外，在内容组织上循序渐进，通过大量的示例介绍相关内容，以便于读者学习和理解。本书可作为远程与继续教育及高校非计算机专业程序设计课程的教材。

总 序

　　从 1955 年创办函授夜大学至今,中国石油大学成人教育已经走过了从初创、逐步成熟到跨越式发展的 50 载历程。50 多年来,我校成人教育紧密结合社会经济发展需求,积极开拓新的服务领域,为石油、石化企业培养、培训了 10 多万名本专科毕业生和管理与技术人才,他们中的大多数已经成为各自工作岗位的骨干和中坚力量。我校成人教育始终坚持"规范管理、质量第一"的办学宗旨,坚持"为石油石化企业和经济建设服务"的办学方向,赢得了良好的社会信誉。

　　自 2001 年 1 月教育部批准我校开展现代远程教育试点工作以来,我校以"创新教育观念"为先导,以"构建终身教育体系"为目标,整合函授夜大学教育、网络教育、继续教育资源,建立了新型的教学模式和管理模式,构建了基于卫星数字宽带和计算机宽带网络的现代远程教育教学体系和个性化的学习支持服务体系,有效地将学校优质教育资源辐射到全国各地,全力打造出中国石油大学现代远程教育的品牌。目前,办学领域已由创办初期的函授夜大学教育发展为今天的集函授夜大学教育、网络教育、继续教育、远程培训、国际合作教育于一体的,在国内具有领先水平、在国外有一定影响的现代远程开放教育系统,成为学校高等教育体系的重要组成部分和石油、石化行业最大的成人教育基地。

　　为适应现代远程教育发展的需要,学校于 2001 年 9 月正式启动了网络课程研制开发和推广应用项目,斥巨资实施"名师名课"教学资源精品战略工程,选拔优秀教师开发网络教学课件。随着流媒体课件、WEB课件到网络课程的不断充实与完善,建构了内容丰富、形式多样的网络教学资源超市,基于网络的教学环境初步形成,远程教育的能力有了显著提高,这些网上教学资源的建设与研发为我校远程教育的顺利发展起到了支撑和保障作用。相应地,作为教学资源建设的一个重要组成部

1

分,与网络教学课件相配套的纸质教材建设就成为一项愈来愈重要的任务。根据学校现代远程教育发展规划,在"十一五"期间,学校将推进精品课程、精品网络课件和教材建设工作,通过立项研究方式启动远程与继续教育系列教材建设工作,选聘石油石化行业和有关石油高校专家、学者参与系列教材的开发和编著工作,计划用5年的时间,以石油、化工等主干专业为重点,陆续推出成人学历教育、岗位培训、继续教育三大系列教材。系列教材将充分吸收科学技术发展和成人教育教学改革最新成果,体现现代教育思想和远程教育教学特点,具有先进性、科学性和远程教育教学的适用性,形成纸质教材、多媒体课件、网上教学资料互为补充的立体化课程学习包。

为了保证"远程与继续教育系列教材"编写出版进度和质量,学校成立了专门的远程与继续教育系列教材编审委员会,对系列教材进行严格的审核把关,中国石油大学出版社也对系列教材的编辑出版给予了大力支持和积极配合。目前,远程与继续教育系列教材的编写还处于探索阶段,随着我校现代远程教育的进一步发展,新课程的开发、新教材的编写将持续进行,本系列教材的体系也将不断完善。我们相信,有广大专家、学者们的共同努力,一定能够创造出适合现代远程教育教学和学习特点、体系新、水平高的远程与继续教育系列教材。

编委会

2006 年 10 月

前　言
qianyan

　　随着计算机技术的发展和普及，计算机应用领域越来越广泛，相应的信息技术已成为当今发展迅速的高技术之一。作为各行业的工作人员，掌握必要的计算机应用技术是时代的要求，也是知识结构中不可缺少的重要组成部分。作为非计算机专业学生来说，加强应用技术和实践能力的培养是学习过程中极其重要的一个环节。在计算机基础教学中，如何做好计算机应用课程内容的设置并较好的与其他课程在内容上衔接，以便于知识的掌握是非常重要的。为此，本书的编者根据近年来从事计算机基础教学的经验，编写了此本教材。

　　程序设计语言是非计算机专业学生的一门必修课，是计算机基础教育的重要组成部分。Visual FoxPro 作为易学易用的工具，选其为计算机程序设计语言课程的学习内容是一个不错的选择。本书除了在结构上考虑教学的需要，在内容组织上尽量做到循序渐进，使读者能较易地进入和进行课程的学习，在教材示例的安排上尽量与工作和生活贴近，使读者在学习时不感到距离，同时在各章节示例安排上也尽量考虑前后的一致性，以便于读者对前后内容的统一学习和理解。本书共分 10 章，其中第 1 章介绍了数据库应用相关的概念和知识；第 2 章介绍了常量、变量、函数及表达式等基本的语言成分；第 3 章介绍了与数据库的基本操作相关的基本命令及基础知识；第 4 章介绍了面向过程的程序设计方面的内容，包括程序的基本结构、基本控制命令的使用以及基本程序的设计等；第 5 章介绍了结构查询语言 SQL 的知识及基本命令的使用；第 6 章介绍了查询与视图的概念及设计方法等内容；第 7 章介绍了面向对

象程序设计方面的基础知识、控件的应用及表单的设计等;第 8 章介绍了报表与标签设计等相关的内容;第 9 章介绍了与菜单设计有关的知识及设计过程等内容;第 10 章介绍了在实际应用中,利用 Visual FoxPro 进行应用程序开发的过程及主要工作等内容。

本书内容丰富、简明扼要、通俗易懂,可作为远程与继续教育及高校非计算机专业程序设计课程的教材,也可供计算机应用人员参考。

本书由葛元康、李庆云、孙东海和崔学荣编写。其中,葛元康编写了第 2、4 章,李庆云编写了第 5、6、10 章,孙东海编写了第 1、3 章,崔学荣编写了第 7、8、9 章。

在本书的成稿过程中,自始至终得到了中国石油大学(华东)软件工程系等单位及教师们的大力支持,特别是曾怡老师和张红霞老师在百忙中审阅了书稿,提出了许多有益的建议,在此表示衷心的感谢。诸位作者虽然全身心地投入到编写书稿中,并参考了大量的资料,吸取众家之长,但因水平所限,错误在所难免,选材难免不当,敬请读者批评指正。

编　者

2008 年 10 月

目 录
mulu

第1章　数据库技术概述

本章导学

本章将主要介绍数据、数据库、数据库管理系统和数据库系统等概念和相互间关系,阐述数据管理的三个阶段:人工管理阶段、文件系统阶段和数据库系统阶段。同时,介绍对现实世界进行抽象所用到的概念模型和三种数据模型(层次模型、网状模型和关系模型),重点介绍用于描述概念模型的实体关系图(E-R图)和关系模型。分析数据库系统三级模式(外模式、模式、内模式)和二层映像(外模式/模式映像、模式/内模式映像)的体系结构,及由此产生的数据库的物理独立性和逻辑独立性。简单介绍 Visual FoxPro 数据库管理系统的安装、启动、退出等操作和系统界面、文件类型、环境配置等知识,并进一步介绍项目管理器的使用。

随着计算机技术的不断发展,计算机技术在各个领域得到了广泛的应用,在数据处理领域表现的尤为明显。为了更好地管理各类数据,数据库技术应运而生,并得到迅猛发展。

数据库技术是数据管理的技术,是计算机科学的重要分支,它是一门综合性技术。它的学习涉及操作系统、数据结构、算法设计、程序设计等基础理论知识。因此,数据库课程是计算机科学与技术专业、信息管理等专业的重要课程。对于普通计算机用户而言,虽然更多注重学习数据库技术的实际应用方法,但是学习、掌握一些必需的、实用的、经过提炼汇集的基础知识也是非常重要的。因此,本章将简要介绍数据库技术的相关基础知识,使读者在学习、应用数据库技术的过程中,做到既知其然又知其所以然。

1.1　基　本　概　念

在系统地介绍数据库技术之前,首先介绍数据库中最常用的 4 个基本概念——数据、数据库、数据库管理系统和数据库系统。

1.1.1　数据(Data)

数据是现实生活中人们用来描述客观事物的符号记录,是数据库存储的基本对象。例如,为了描述"张三的身高"这一客观事物,可以使用 173 cm、1.73 m 等符号,而173 cm、1.73 m这些符号就是数据。这里的173 cm、1.73 m只是最简单的一种数据,是人们对数据的一种传统和狭义的理解。从广义上理解,数据的种类很多,文字、图形、图像、声音、学生的档案记录、货物的运输情况等,这些都是数据。

1.1.2　数据库(DataBase,简称 DB)

数据库,就是存放数据的仓库,是数据的集合。但这个数据集合又不是简单地将一些数据杂乱无章地堆放到一起,而是将数据按一定的格式、有规则地组织在一起,并长期存储在计算机内,是可共享的数据集合。数据库具有较小的冗余度、较高的数据独立性和易扩展性、可为各种用户共享等特点。

1.1.3　数据库管理系统(DataBase Management System,简称 DBMS)

为了科学地组织和存储数据,更有效地获取和维护数据,需要开发一种专门用于数据管理的软件,这就是数据库管理系统。它是位于用户和操作系统之间的一层数据管理软件,是一种系统软件。其功能主要包括以下几个方面:

1. 数据定义功能

DBMS 为数据库的建立提供了数据定义(描述)语言(Data Definition Language,简称 DDL),用户使用 DDL 可以方便地定义数据库中的对象,便于后续操作。

2. 数据操纵功能

用户在使用数据库的过程中,最重要的就是对数据库中数据进行查询、插入、修改、删除等基本操作,而实现这一功能的就是 DBMS 所提供的数据操作语言(Data Manipulation Language,简称 DML)。DML 通常分为两类:一类是宿主型语言,这类语言不能独立使用,必须嵌入到 C、COBOL 等高级语言中才能运行;另一类是自含型语言,这类语言语法简单,可独立使用。目前 DBMS 广泛采用的就是可独立使用的自含型语言,Visual FoxPro 中提供的也是自含型语言。

3. 数据管理功能

数据管理功能是指在数据库运行过程中,DBMS 为了保证数据的安全性和完整性、多用户对数据的并发使用、发生故障后的系统恢复等而具有的能力。它是DBMS 运行的核心部分,这些能力的实现,是通过 DBMS 中相应的控制程序来完成的,所有对数据库的操作都要在这些控制程序的统一管理下进行,以保证操作的正确执行及数据库的正确有效。

4. 数据通信功能

DBMS 提供了数据库与操作系统间的联机处理接口,以便于相互间交换数据。

现在流行的 DBMS 并非所有功能都相同,它们之间也略有差别。大型 DBMS 的功能较强,小型的较弱;单机版的 DBMS 功能较弱,网络版的较强。读者在学习过程中,可根据实际情况选用相应的 DBMS。

1.1.4　数据库系统(DataBase System,简称 DBS)

前面我们介绍了数据、数据库、数据库管理系统的基本概念,知道数据是一个个简单独立的数据,数据库是数据的集合,数据库管理系统是管理数据库的软件。而数据库管理系统是如何管理数据库的呢? 其是通过人利用计算机来进行管理的,而这就组成了一个包含计算机硬件、数据库管理系统、数据库、应用程序和用户等部分的系统,称为数据库系统。其结构如图 1.1 所示。

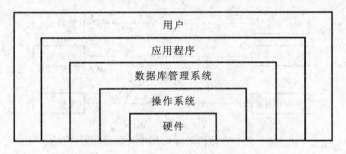

图 1.1　数据库系统结构图

1.2　数据库技术的发展

数据库技术是随着数据处理要求的不断变化而发展起来的,从它的产生到现在大致经历了人工管理阶段、文件系统阶段、数据库系统阶段三个阶段。

1.2.1　人工管理阶段

20 世纪 50 年代以前的数据管理处于人工管理阶段,此时,计算机主要用于科学计算。由于受当时软硬件环境的影响:硬件上外存只有纸带、卡片、磁带,没有磁盘等直接存取的存储设备;软件上没有操作系统,没有管理数据的软件。因此,人工管理数据技术非常落后,存在如下缺点:

1. 数据不保存

应用程序在使用数据时将数据输入,用完以后就撤走,下一次使用时再重新输入,系统不保存数据。

2. 数据不共享

每个应用程序对应一组数据,有 n 个应用程序就对应有 n 组数据,当 n 个应用程序都使用到 x 数据时,x 数据就会在 n 组数据中均存在,即出现 n 遍。这样,就会造成大量的数据冗余。

3. 数据不具有独立性

数据与程序是对应的,当数据的类型、结构、存取方式或输入输出方式发生变化时,处理它的程序也必须作相应改变,数据独立性差。

4. 应用程序管理数据

数据的管理由应用程序自己完成,没有像 Visual FoxPro、Oracle 这样专门用于管理数据的软件,因此程序员负担很重。

在人工管理阶段,应用程序与数据之间的对应关系如图 1.2 所示。

图 1.2　人工管理阶段应用程序与数据间对应关系

1.2.2　文件系统阶段

20 世纪 50 年代后期到 60 年代中期的数据管理处于文件系统阶段。此时,软硬件环境已发生变化:硬件上出现了磁盘、磁鼓等可直接存取的外部存储设备;软件上出现了具有文件管理功能的操作系统。同人工管理阶段相比已具有以下优点:

1. 数据可长期保存

数据可长期保存在磁盘、磁鼓等直接存取存储设备上。

2. 出现了专门管理数据的软件——文件系统

文件系统是专门管理数据的软件,它为程序和数据之间提供了一个公共接口,使应用程序能通过文件系统采取统一的方法对数据进行插入、修改、删除等操作。程序和数据之间不再是直接的对应关系,程序和数据具有一定的独立性。当数据在存储上发生改变时,可不用修改程序,从而大大节省了维护程序的工作量。

但是,文件系统仍存在如下缺点:

1. 数据共享性差,冗余度大

在文件系统中,一个数据文件基本上仍然对应于一个应用程序,有多少个应用程序就需要有多少个数据文件。当不同的应用程序应用到相同数据时,这些数据也必须在多个数据文件中重复出现,不能共享,因此数据的冗余度大,浪费存储空间。同时,由于相同数据的重复存储、各自管理,容易造成数据的不一致性,给数据的修改和维护带来困难。

2. 数据独立性差

虽然通过文件系统的应用使数据具有一定的独立性,但这种独立性更多的含义在于数据文件中数据量的变化不会造成应用程序的改变。一旦数据的逻辑结构发生改变,则必须修改应用程序。由此可见,数据文件和应用程序之间仍然缺乏完全的独立性。在文件系统阶段,应用程序和数据文件间的关系如图1.3所示。

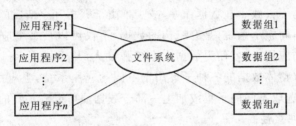

图1.3 文件系统阶段应用程序与数据间对应关系

1.2.3 数据库管理阶段

20世纪60年代末,计算机硬件技术得到了迅猛发展,出现了大容量磁盘,硬件价格下降,与此相反,软件价格反而上升,为编写和维护软件所需的成本相对增加。用户对数据处理的要求也越来越高,为了解决多用户、多应用共享数据的需求,使数据为尽可能多的应用程序服务,数据库技术应运而生,出现了统一管理数据的专门软件——数据库管理系统。从文件系统到数据库管理系统,标志着数据管理技术的飞跃。

同人工管理阶段和文件系统阶段相比,数据库系统的特点主要有以下几个方面:

1. 数据结构化

在文件系统中,实现了记录内部数据的结构化,但记录之间没有联系,没有实现整体数据的结构化。这样,按文件系统的一定规则建立的数据文件适用于一个应用,但不适用于整个系统的所有应用。例如,一个单位的信息管理系统中包括职工档案管理和职工工资管理两个应用,按文件系统规则建立的适用于职工档案管理的数据文件一般并不适用于职工工资管理,这就是记录内部实现了数据结构化而整体数据并未实现结构化造成的。

在数据库系统中,数据不再针对某一应用,而是面向全组织,具有整体的结构

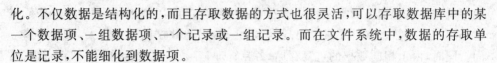

化。不仅数据是结构化的,而且存取数据的方式也很灵活,可以存取数据库中的某一个数据项、一组数据项、一个记录或一组记录。而在文件系统中,数据的存取单位是记录,不能细化到数据项。

2. 数据的共享性高、冗余度低、易扩充

数据库系统从整体角度看待和描述数据,数据不再面向某个应用而是面向整个系统。因此数据可以被多个用户、多个应用共享使用。数据共享可以大大减少冗余,节约存储空间。数据共享还能够避免数据之间的不相容性与不一致性。

所谓数据的不一致性是指同一数据不同拷贝的值不一样。采用人工管理或文件系统管理时,由于数据被重复存储,当不同的应用使用和修改不同的拷贝时就很容易造成数据的不一致。在数据库中,减少了由于数据冗余造成的不一致现象。

由于数据面向整个系统,是有结构的数据,不仅可以被多个应用共享使用,而且容易增加新的应用,这就使得数据库系统弹性大,易于扩充,可以适应各种用户的要求。可以取整体数据的各种子集用于不同的应用系统,当应用需要改变或增加时,只要重新选取不同的子集或加上一部分数据便可以满足新的需求。

3. 数据的独立性高

数据与程序独立,把数据的定义从程序中分离出去,加上数据的存取由 DBMS 负责,从而简化了应用程序的编制,大大减少了应用程序的维护和修改。

数据独立性是由后面介绍的数据库体系结构中的二级映像功能来保证的。

4. 数据由 DBMS 统一管理和控制

对数据的管理和控制统一由 DBMS 来完成,它主要提供了以下几个方面的数据控制功能:

(1) 数据的安全性保护。

(2) 数据的完整性检查。

(3) 并发控制。

(4) 数据库恢复。

数据库管理阶段应用程序与数据之间的关系如图 1.4 所示。

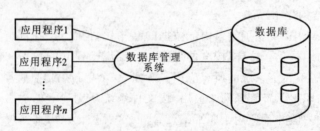

图 1.4　数据库系统阶段应用程序与数据间对应关系

数据库系统的出现使信息系统从以加工数据的程序为中心转向共享的数据库为中心的新阶段。这样既便于数据的集中管理,又有利于应用程序的研制和维护,提高了数据的利用率和相容性,提高了决策的可靠性。

目前,数据库已经是现代信息系统的不可分离的重要组成部分。具有数百万甚至数十亿字节信息的数据库已经普遍存在于科学技术、工业、农业、商业、服务业和政府部门的信息系统。20世纪80年代以来,不仅在大型机上,在多数微型机上也配置了DBMS,使数据库技术得到了更加广泛的应用和普及。

1.2.4 数据库新技术

数据库技术发展之快、应用之广是计算机科学其他领域技术所无可比拟的。随着数据库应用领域的不断扩大和信息量的急剧增长,占主导地位的关系数据库系统已不能满足新的应用领域的需要,如CAD(计算机辅助设计)、CAM(计算机辅助制造)、CIMS(计算机集成制造系统)、CASE(计算机辅助软件工程)、OA(办公自动化)、GIS(地理信息系统)、MIS(管理信息系统)、KBS(知识库系统)等,都需要数据库新技术的支持。这些应用领域的特点是:存储和处理的对象复杂,对象间的联系具有复杂的语义信息;需要复杂的数据类型支持,包括抽象数据类型、无结构的超长数据、时间和版本数据等;需要常驻内存的对象管理以及支持对大量对象的存取和计算;支持长事物和嵌套事物的处理。这些需求是传统关系数据库系统难以满足的。

自20世纪80年代中期以来,数据库技术与其他领域的技术相结合,出现了数据库的许多新的分支,对新出现的数据库分支通常采用两种分类方法:按结合技术分类和按应用领域分类。按结合技术可分为分布式数据库系统(数据库技术与分布处理技术相结合)、并行数据库系统(数据库技术与并行处理技术相结合)、知识库系统和主动数据库系统(数据库技术与人工智能技术相结合)、多媒体数据库系统(数据库技术与多媒体技术相结合)、模糊数据库系统(数据库技术与模糊技术相结合)等;按应用领域可分为工程数据库、实时数据库、空间数据库、地理数据库、统计数据库、时态数据库、数据仓库等。这些数据库有的处于原型开发实验阶段,有的处于市场推广阶段,感兴趣的读者可查阅相关书籍。

1.3 数据模型

数据库技术的关键就是将现实世界中的事物、信息准确地抽象成计算机能存储和处理的数据,即对现实世界进行正确地模拟,完成这一任务的工具就是数据模型。因此,数据模型是数据库技术的核心内容,现有的任何数据库系统均是基于某种数据模型的。

数据模型要准确地实现对现实世界的抽象,必须满足三方面要求:一是能比较真实地模拟现实世界;二是容易被人所理解;三是便于在计算机上实现。如果有哪种数据模型能同时满足这三种要求,则这种数据模型将必定是最好的一种数据模型,可是能同时满足这三种需求的数据模型是不存在的。那么,如何才能对现实世界进行准确地抽象呢?采用的方法是将整个现实世界的抽象过程分成两个层次,在不同的层次采用不同的数据模型。在第一层次,采用概念模型,从用户的观点来对数据和信息建模,主要用于数据库设计;在第二层次,采用常用的网状模型、层次模型、关系模型等数据模型,从计算机系统的观点对数据建模,主要用于 DBMS 的实现。在第一层次采用概念模型对现实世界进行抽象时,抽象成的信息结构不依赖于具体的计算机系统,与应用的计算机系统无关;在第二层次采用网状模型、层次模型、关系模型等进行抽象时,抽象成的信息结构依赖于具体的计算机系统,不同的 DBMS 采用不同的数据模型。通过这两个层次的抽象,即可将现实世界中

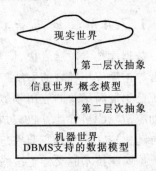

图 1.5 现实世界中客观
对象的抽象过程

的事物、信息准确地抽象成计算机能存储和处理的数据。这一过程如图 1.5 所示。

不管是概念模型还是数据模型,都应该具有数据模型的基本特征——数据模型三要素,下面我们就介绍数据模型三要素。

1.3.1 数据模型三要素

一般来讲,数据模型是严格定义的一组概念的集合。这些概念精确地描述了系统的静态特性、动态特性和完整性约束条件。因此,数据模型通常由数据结构、数据操作和完整性约束三部分组成。

1. 数据结构

数据结构描述了系统的静态特征。它主要描述数据的类型、内容、性质等,同时还要描述数据间的联系。数据结构是刻画一个数据模型性质最重要的方面,数据操作与数据的完整性约束条件均建立在数据结构上,不同的数据结构有不同的操作和约束。因此,在数据库系统中,通常按照其数据结构的类型来命名数据模型。例如,层次结构、网状结构、关系结构的数据模型分别命名为层次模型、网状模型和关系模型。

2. 数据操作

数据操作用于描述系统的动态特性。它是对数据库中各种对象的实例允

许执行的操作的集合,包括操作的确切含义、操作符号、操作规则以及实现操作的语言。

3. 数据完整性约束

数据的约束条件是一组完整性规则的集合。它规定了数据模型中数据及其联系所具有的制约和依存规则,用以限定符合数据模型的数据库状态以及状态的变化,以保证数据的正确、有效、相容。任何数据模型不仅给定该数据模型必须遵守的基本的通用的完整性约束条件,而且还应该给定该数据模型定义完整性约束条件的机制,以便于用户根据实际情况自己去定义完整性约束条件。

1.3.2 概念模型

由图 1.5 可以看出,信息世界是对现实世界的第一层抽象,是现实世界到机器世界的中间层次。它给出数据的概念化、抽象化的结构,一般用概念模型表示。

由于概念模型用于信息世界的建模,是数据库设计人员进行数据库设计的有力工具,同时也是数据库设计人员和用户之间进行交流的语言,因此概念模型一方面应该具有较强的语义表达能力,能够方便、直接地表达应用中的各种语义知识,另一方面还应该简单、清晰,易于用户理解。

1. 信息世界中的基本概念

为了用概念模型对现实世界中的事物以及事物间的联系进行描述,我们引入了一些基本术语。

1) 实体(Entity)

所谓实体,指客观存在并可相互区别的事物。它可以是实实在在的具体的客观对象,例如,一名职工、一个部门、一名学生、一门课程;也可以是抽象的描述客观对象间关系的联系,例如,一名职工属于一个部门(职工和部门间的隶属联系)、一名学生选修一门课(学生和课程间的选修联系)。

2) 属性(Attribute)

所谓属性,指实体的特征。例如,学生的学号、姓名、性别、年龄、系名、籍贯等就是学生实体的属性。

3) 实体型(Entity Type)

所谓实体型,指用来描述同类实体的实体名和属性名的集合。例如,用来描述学生这类实体的一个实体名和属性名的组合:学生(学号,姓名,性别,年龄,系名,籍贯)即是学生这类实体的一个实体型;同样,学生(学号,姓名,系名,政治面貌,入学时间)也是学生这类实体的一个实体型。由此可见,某一类实体会有多个实体型与其对应。

4) 实体集(Entity Set)

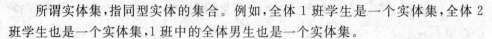

所谓实体集,指同型实体的集合。例如,全体 1 班学生是一个实体集,全体 2 班学生也是一个实体集,1 班中的全体男生也是一个实体集。

5)码(Key)

所谓码,指用来唯一标识实体的一个属性或一组属性。例如,身份证号是用来唯一标识每一个人的一个属性,所以身份证号是人实体的码;同样,学号是用来唯一标识每一个学生的属性,则学号是学生实体的码。

6)域(Domain)

所谓域,指属性的取值范围。例如,学号的域是 6 位整数,成绩的域是小于等于 100 的整数,性别的域是{男,女}。

7)联系(Relationship)

在现实世界中,事物内部以及事物之间是有联系的,如职工内部有领导与被领导的联系,教师与学生之间有师生联系等,这些联系在信息世界中反映为实体内部的联系(组成实体的各属性间的联系)和实体之间的联系(不同实体属性间的联系)。

实体型之间的联系可以分为 3 类:

① 一对一联系(1∶1):如果对于实体集 A 中的每一个实体,实体集 B 中至多有一个实体与之联系,反之亦然,则称实体集 A 与实体集 B 具有一对一联系,记为 1∶1。

例如,学校里面,一个班级只有一个班长,而一个班长也只能给一个班当班长,则班级与班长之间有一对一联系。

② 一对多联系(1∶n):如果对于实体集 A 中的每一个实体,实体集 B 中有 n($n \geqslant 0$)个实体与之联系,反之,对于实体集 B 中的每一个实体,实体集 A 中至多有一个实体与之联系,则称实体集 A 与实体集 B 有一对多联系,记为 1∶n。

例如,一个班级中有若干名学生,而每个学生只能是一个班级的学生,则班级与学生之间具有一对多联系。

③ 多对多联系($m∶n$):如果对于实体集 A 中的每一个实体,实体集 B 中有 n($n \geqslant 0$)个实体与之联系,反之,对于实体集 B 中的每一个实体,实体集 A 中也有 m($m \geqslant 0$)个实体与之联系,则称实体集 A 与实体集 B 具有多对多联系,记为 $m∶n$。

例如,一个学生同时可以选修多门课程,一门课程同时也可以被多个学生选修,则学生和课程之间具有多对多联系。

可以用图形来表示两个实体型之间的这三类联系,如图 1.6 所示。

实际上,一对一联系是一对多联系的特例,而一对多联系又是多对多联系的特例。

实体型之间的这种一对一、一对多、多对多联系不仅存在于两个实体型之间,

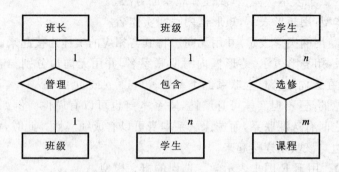

图 1.6　两个实体型之间的三类联系

也存在于两个以上的实体型之间。例如,对于课程、教师与参考书三个实体型,如果一门课程由若干个教师讲授,可使用若干本参考书;每一个教师只讲授一门课程,每一本参考书只供一门课程使用,则课程与教师、课程与参考书之间的联系是一对多的联系,如图 1.7 所示。

同一个实体集内的各个实体之间也可以存在一对一、一对多、多对多的联系。例如,学生实体集内部具有领导与被领导的联系,即某一班长可以"领导"若干名学生,而一个学生只能被一个班长"领导",因此,在学生实体集内部担任班长的学生和不担任班长的学生之间存在一对多的关系,如图 1.8 所示。

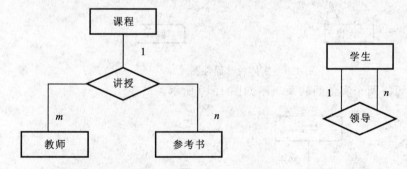

图 1.7　三个实体型之间的联系　　　　图 1.8　一个实体型内部一对多联系

2. 概念模型的表示方法

前面我们已经介绍了用概念模型对信息世界建模时所用到的基本概念,那么,如何才能真正实现建模,即将概念模型表示出来呢？最为常用的是 P. P. S. Chen 于 1976 年提出的实体-联系方法(Entity-Relationship Approach)。该方法用 E-R 图来描述现实世界的概念模型,称为实体-联系模型(Entity-Relationship Model),简称 E-R 模型。E-R 方法也称为 E-R 模型。

E-R 图提供了表示实体型、属性和联系的方法。

(1) 实体型：用矩形表示，矩形框内写明实体名。

(2) 属性：用椭圆形表示，并用无向边将其与相应的实体连接起来。

(3) 联系：用菱形表示，菱形框内写明联系名，并用无向边分别与有关实体连接起来，同时在无向边旁标上联系的类型（$1:1$，$1:n$ 或 $m:n$）。

需要注意的是，不但实体可有属性，联系本身也可以有属性。例如，学生实体与课程实体之间有选课联系，而选课联系本身可以有成绩属性。此时，将这些属性也要用无向边与该联系连接起来。

【例 1.1】 用 E-R 图来表示学生选课的概念模型。

所涉及的实体有：

(1) 学生：属性有学号、姓名、性别、出生日期。

(2) 课程：属性有课程号、课程名、课程性质、学分。

实体间的联系如下：

一个学生可以选多门课程，同时一门课程也可以有多个学生来选，用成绩来表示学生和课程两个实体间联系的属性。

用 E-R 图可将两个实体表示如图 1.9 所示。

图 1.9 实体及其属性图

用 E-R 图可将两个实体间联系表示如图 1.10 所示。

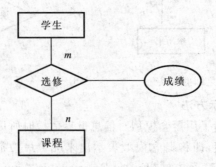

图 1.10 实体及其联系图

完整的实体联系图表示如图 1.11 所示。

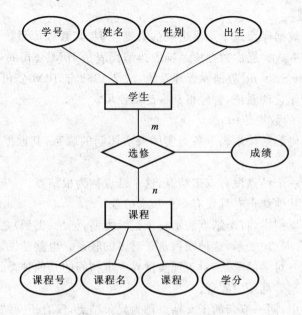

图 1.11 完整的实体联系图

实体-联系方法是抽象和描述现实世界的有力工具,是完成现实世界到机器世界抽象过程中第一层次抽象的方法。用 E-R 图表示的概念模型独立于 DBMS,是各种数据模型的共同基础。在设计一个实际的应用系统时,总是先设计应用系统的 E-R 模型,再把 E-R 模型转换成计算机能实现的具体数据模型。

1.3.3 常用数据模型

数据模型是数据库管理系统的基础和核心。不同的数据模型具有不同的数据结构形式,也决定了数据库系统的不同的实现手段和方法。

目前,数据库领域中最常用的数据模型有四种:层次模型、网状模型、关系模型和面向对象模型,其中层次模型和网状模型统称为非关系模型。非关系模型的数据库系统在 20 世纪 70~80 年代初非常流行,在数据库系统产品中占据了主导地位,现在已逐渐被关系模型的数据库系统取代。

20 世纪 80 年代以来,面向对象的方法和技术在计算机各个领域,包括程序设计语言、软件工程、信息系统设计、计算机硬件设计等各方面都产生了深远的影响,促进了面向对象数据模型的研究和发展。

数据结构、数据操作和完整性约束条件这三个方面的内容完整地描述了一个数据模型,其中数据结构是刻画模型性质的最基本的方面。为了对数据模型有一个基本认识,下面着重介绍数据模型的数据结构。

1. 层次模型

层次模型是数据库系统中最早出现的数据模型,其数据库系统采用层次模型作为数据的组织方式。层次数据库系统的典型代表是 IBM 公司的 IMS(Information Management System)数据库管理系统,这是 1968 年 IBM 公司推出的第一个大型的商用数据库管理系统,曾经得到广泛的使用。

1) 层次模型的数据结构

层次模型用树形结构来表示各类实体及实体间的联系,其数据结构必须满足以下两个条件:

- 有且仅有一个结点没有双亲结点,这个结点称为根结点。
- 根以外的其他结点有且仅有一个双亲结点。

在层次数据模型中,每个结点表示一个记录类型,记录(类型)之间的联系用结点之间的连线(有向边)表示,这种联系是一对多的联系。也就是说,在层次数据库系统中只能处理一对多的联系,对于现实世界中事物间的其他种类的联系,必须经过转换才能在层次数据库中实现。

在层次模型中,同一双亲的子女结点称为兄弟结点,没有子女结点的结点称为叶结点。图 1.12 给出了一个层次模型的例子。其中,R1 为根结点;R2 和 R3 为兄弟结点,是 R1 的子女结点;R4 和 R5 为兄弟结点,是 R2 的子女结点;R3、R4 和 R5 是叶结点。

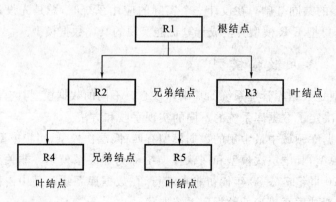

图 1.12 层次模型示例

从图 1.12 可以看出,层次数据模型是一棵倒立的有向树,结点的双亲是唯一的。

2) 层次模型的数据操作和完整性约束

对层次模型操作时,要满足层次模型的完整性约束条件。其要求如下:

- 进行插入操作时,如果没有相应的双亲结点就不能插入子女结点。

- 进行删除操作时,如果删除双亲结点,则相应的子女结点也被同时删除。
- 进行修改操作时,应修改所有相应记录,以保证数据的一致性。

3）层次模型的特点

层次模型作为最早出现的数据模型,有优点,也有缺点。

其优点是:层次数据模型本身比较简单,易于实现;对于实体间的联系固定,且预先定义好的应用系统,采用层次数据模型实现性能会较好。

其缺点是:层次数据模型支持的联系类型少,只适合支持一对多的联系;对数据的插入和删除操作有较多限制,层次数据模型中对子女结点的存取操作必须通过对祖先结点的遍历才能进行。

其基本特点是:记录之间的联系通过指针实现。任何一个给定的记录值只有按其路径查看才能显示它的全部意义,没有一个子女记录值能够脱离双亲记录值而独立存在。

2. 网状模型

在现实世界中事物之间的联系更多的是非层次关系的,用层次模型表示非树形结构很不直接,网状模型则可以克服这一弊病。

网状数据库系统采用网状模型作为数据的组织方式。网状数据模型的典型代表是 DBTG 系统,也称 CODASYL 系统。这是 20 世纪 70 年代数据系统语言研究会 CODASYL(Conference On Data System Language)下属的数据库任务组(Data Base Task Group,简称 DBTG)提出的一个系统方案。DBTG 系统虽然不是实际的软件系统,但是它提出的基本概念、方法和技术具有普遍意义。它对于网状数据库系统的研制和发展起了重大的影响。后来不少的系统都采用 DBTG 模型或者简化的 DBTG 模型。例如,Cullinet Software 公司的 IDMS、Univac 公司的 DMS1100、Honeywell 公司的 IDS/2、HP 公司的 IMAGE 等。

1）网状模型的数据结构

在数据库中,网状模型的数据结构必须满足如下两个基本条件:

- 允许一个以上的结点无双亲。
- 一个结点可以有多于一个的双亲。

网状模型是一种比层次模型更具普遍性的结构,它去掉了层次模型的两个限制,允许多个结点没有双亲结点,允许结点有多个双亲结点,此外,它还允许两个结点之间有多种联系(称之为复合联系)。因此网状模型可以更直接地去描述现实世界。而层次模型实际上是网状模型的一个特例。

与层次模型一样,网状模型中每个结点表示一个记录类型(实体),每个记录类型可包含若干个字段(实体的属性),结点间的连线表示记录类型(实体)之间一对多的联系。

从定义可以看出,层次模型中子女结点与双亲结点的联系是唯一的,而在网状模型中这种联系可以不唯一。因此,要为每个联系命名,并指出与该联系有关的双亲记录和子女记录。在图 1.13 所示的网状模型中,有 R1、R2、R3、R4、R5 五个结点,其中 R3 有 R1 和 R2 两个双亲结点,因此,可把 R3 与 R1 之间的联系命名为 L2,R3 与 R2 之间的联系命名为 L3;同样,R5 也有 R3 和 R4 两个双亲结点,此时,可把 R5 与 R3 之间的联系命名为 L4,R5 与 R4 之间的联系命名为 L5。

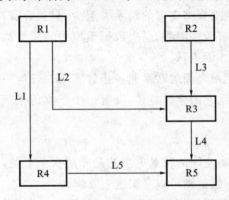

图 1.13   网状模型示例

2) 网状模型的数据操作和完整性约束

对网状模型操作时,要满足网状模型的完整性约束条件,但其并没有层次模型的严格,并且对于不同的网状数据库系统,其约束条件也不一样,读者在遇到具体的网状数据库系统时可具体分析。

3) 网状模型的特点

同层次模型相比,网状模型具有如下特点:

其优点是:能够更为直接地描述现实世界,如一个结点可以有多个双亲;具有良好的性能,存取效率较高。

其缺点是:结构比较复杂,而且随着应用环境的扩大,数据库的结构就变得越来越复杂,不利于最终用户掌握;其 DDL、DML 语言复杂,用户不容易使用;由于记录之间联系是通过存取路径实现的,应用程序在访问数据时必须选择适当的存取路径,因此,用户必须了解系统结构的细节,加重了编写应用程序的负担。

3. 关系模型

关系模型是目前最重要的一种数据模型。关系数据库系统采用关系模型作为数据的组织方式。

1970 年美国 IBM 公司 San Jose 研究室的研究员 E. F. Codd 首次提出了数据库系统的关系模型,开创了数据库方法和关系数据理论的研究,为数据库技术奠定了理论基础。

30 多年来,关系数据库系统的研究取得了辉煌的成就。关系方法从实验室走向了社会,涌现出许多性能良好的商品化关系数据库管理系统(简称 RDBMS),如著名的 DB2、Oracle、Sybase、Informix 等,数据库的应用领域迅速扩大。

1) 关系模型的数据结构

关系模型与其他的模型不同,它建立在严格的数学概念基础上。关系数据库系统应用数学方法来处理数据库中的数据。在关系模型中,无论是实体还是实体间的联系均用单一的结构类型(关系)来表示。在用户看来,关系模型中数据的逻辑结构是一张二维表,它由行和列组成。下面以图 1.14 所示的学生基本信息表(STUD)为例,介绍关系模型中的一些术语。

学号	姓名	性别	出生日期	婚否	工作单位	工作时间	基本工资	照片	备注
20050010101	张黎明	男	10/01/70	T	胜利油田孤东采油厂	07/01/92	2620.60	gen	memo
20050010201	王海	男	08/11/78	T	胜利油田采油厂	07/01/00	2416.20	gen	memo
20050010202	李梅	女	08/10/86	F	大庆油田采油二厂	07/01/06	1920.30	gen	memo
20050020101	王海雁	女	06/07/80	T	大庆油田采油三厂	07/01/04	2214.50	gen	memo
20050020201	李春	女	01/01/80	T	胜利油田孤东采油	11/20/04	2510.00	gen	memo
20060010101	李辉	男	08/12/86	F	胜利油田孤岛采油	06/30/05	1962.20	gen	memo
20060020102	王小琳	女	08/09/86	女	胜利油田现河采油	06/30/05	1960.00	gen	memo
20060020201	吴海	男	11/10/88	F	大庆油田采油一厂	01/01/07	1816.30	gen	memo

图 1.14 学生基本信息表

(1) 关系(Relation):

一个关系对应一个二维表,二维表名就是关系名。例如,图 1.14 中的学生基本表就是一个关系。

(2) 属性(Attribute):

二维表中的列(字段)称为属性;每一个属性的名称即属性名;属性的个数称为关系的元数(或称为目、度)。例如,图 1.14 中的关系有 10 个属性,即表示该关系的目为 10,各属性名分别为学号、姓名、性别、出生日期、婚否、工作单位、工作时间、基本工资、照片、备注。

(3) 域(Domain):

属性的取值范围称为域。例如,在图 1.14 所示的关系中性别属性的域是{男,女},婚否属性的域是{.T.,.F.}。

(4) 元组(Tuple):

二维表中的一行(记录),称为一个元组。例如,在图 1.14 所示的关系中的一行(20050010101,张黎明,男,10/01/70,T,胜利油田孤东采油厂,07/01/92,2620.60,gen,memo)即为一个元组。一个关系包含若干元组,这些元组的集合称为关系所取的值。

(5) 分量(Component):

元组中的一个属性值称为分量。例如,图 1.14 所示的关系中元组 (20050010101,张黎明,男,10/01/70,T,胜利油田孤东采油厂,07/01/92, 2620.60,gen,memo)的属性值:20050010101,张黎明,男,10/01/70,T,胜利油田 孤东采油厂,07/01/92,2620.60,gen,memo 都是它的分量。

(6) 候选码(Candidate Key)或候选键:

在一个关系中,用来唯一确定一个元组的某一属性或属性组称为该关系的候 选码,简称码。例如,图 1.14 所示的关系中,通过属性学号可唯一地确定一个元 组,学号为该关系的码。一个关系中至少有一个候选码,也可能有多个候选码。

(7) 主码(Primary Key)或主键:

在关系的若干个候选码中指定一个用来唯一标识该关系中的每一个元组,这 个被指定的候选码称为该关系的主码。

(8) 主属性(Primary Attribute)和非主属性(Nonprimary Attribute):

关系中包含在任何一个候选码中的属性称为主属性或码属性,不包含在任何 一个候选码中的属性称为非主属性或非码属性。例如,图 1.14 所示的关系中,学 号是主属性,其他属性是非主属性。

(9) 外码(Foreign Key)或外键:

当关系中的某个属性(或属性组)虽然不是该关系的主码或只是主码的一部 分,但却是另一个关系的主码时,称该属性(或属性组)为这个关系的外码。例如, 在图 1.15 所示的学生成绩表(SCORE)中:

学号	课程号	成绩
20050010101	000002	98.0
20050010201	000002	89.0
20050020101	000002	100.0

图 1.15 学生成绩表

主码是由学号、课程号两属性组成的属性组,学号并非该关系的主码,但它却 是学生基本信息表的主码,此时称学号是学生成绩表的外码。我们可以发现,通过 学号,可以使学生基本信息表和学生成绩表两个关系联系起来。由此可见,外码是 使两个关系相互联系的关键。

(10) 关系模式(Relation Schema):

对关系的描述称为关系模式,一般表示为

关系名(属性名 1,属性名 2,……,属性名 n)

如图 1.14 所示关系的关系名为 STUD,则该关系的关系模式为

STUD(学号,姓名,性别,出生日期,婚否,工作单位,工作时间,基本工资,照 片,备注)

在关系数据库中,用关系来描述现实世界的事物和事物之间的联系,这种表示联系的优点是表示形式简单、一致,用户容易掌握。不足之处在于这种表示方法不能显式地表示事物间的联系,关系间的联系都是隐含在它们的公共属性中。

在关系数据库中,关系可以有三类:基本关系(通常又称为基本表或基表)、查询表和视图表。基本表是实际存在的表,它是实际存储数据的逻辑表示;查询表是查询结果对应的表;视图表是由基本表或其他视图表导出的表,是虚表,不对应实际存储的数据。

尽管关系模型的数据结构表示为二维表,但并不是任意一个二维表都能表示一个关系。在关系数据库中的关系应具有以下的性质:

- 每一个分量是不可分的数据项。
- 每一个关系仅有一种关系模式。
- 属性是同性质的,即每一属性中的分量是同一类型的数据,来自同一个域。
- 属性的排列顺序无关紧要,可以任意交换。
- 元组的顺序无关紧要,可以任意交换。
- 同一个关系中不允许出现完全相同的元组。

2)关系模型的数据操作

关系模型中常用的关系操作包括两大部分:一部分是选择(Select)、投影(Project)、连接(Join)、除(Divide)、并(Union)、交(Intersection)、差(Difference)等查询操作;另一部分是增加(Insert)、修改(Update)、删除(Delete)等更新操作。查询操作是关系操作中最主要的部分。

关系操作的特点是集合操作方式,即操作的对象和结果都是集合。这种操作方式也称为一次一个集合(Set-at-a-time)的方式。相应地,非关系数据模型的数据操作方式则为一次一个记录(Record-at-a-time)的方式。

目前有很多数学理论可以表示关系操作,其中最为著名的有两种:关系代数(Relational Algebra)和关系演算(Relational Calculus)。关系代数是用对关系的运算来表达查询要求的方式;关系演算是用谓词来表达查询要求的方式。关系演算又可按谓词变元的基本对象是元组变量还是域变量分为元组关系演算和域关系演算。关系代数、元组关系演算和域关系演算三种语言在表达能力上是完全等价的。

关系操作通过关系语言实现。关系代数、元组关系演算和域关系演算均是抽象的查询语言,这些抽象的语言与具体的 DBMS 中实现的关系数据语言并不完全一样,但它们能用作评估实际系统中查询语言能力的标准或基础。实际的查询语言除了提供关系代数或关系演算的功能外,还提供了许多附加功能,如集函数、关系赋值、算术运算等。

关系语言是一种高度非过程化的语言,用户不必请求数据库管理员为其建立特殊的存取路径,存取路径的选择由 DBMS 的优化机制来完成,此外,用户不必求助于循环结构就可以完成数据操作。

另外还有一种介于关系代数和关系演算之间的语言 SQL(Structured Query Language),SQL 不仅具有丰富的查询功能,而且具有数据定义和数据控制功能,是集数据查询、数据定义、数据操纵和数据控制于一体的关系数据语言。它充分体现了关系数据语言的特点和优点,现已成为关系数据库的标准语言。

因此,关系数据语言可以分为如图 1.15 所示的三类。它们的共同特点是:语言具有完备的表达能力,是非过程化的集合操作语言,功能强,能够嵌入到高级语言中使用。

关系数据语言 { 关系代数语言:例如 ISBL

关系演算语言 { 元组关系演算语言:例如 ALPHA、QUEL

域关系演算语言:例如 QBE

具有关系代数和关系演算双重特点的语言:例如 SQL

图 1.16　关系数据语言分类

3) 关系模型的完整性约束

关系模型的完整性规则是对关系的某种约束条件。关系模型中可以有三类完整性约束:实体完整性、参照完整性和用户定义的完整性。其中,实体完整性和参照完整性是关系模型必须满足的完整性约束条件,由关系系统自动支持。

① 实体完整性。实体完整性规则规定:基本关系的所有主属性都不能取空值。所谓空值就是"不知道"或"无意义"的值。例如,学生成绩表中学号、课程号是主属性,则对所有元组来说,这两个属性都不能取空值。

② 参照完整性。参照完整性规则规定:若属性(或属性组)F 是基本关系 R 的外码,它与基本关系 S 的主码 K 相对应,则对于 R 中每个元组在 F 上的值必须为

• 或者取空值。

• 或者等于 S 中某个元组的主码值。

例如,学生成绩表中学号是该关系的外码,则按照参照完整性规则的要求,学号属性只能取下面两类值:

• 空值。

• 非空值,这时该值必须是学生基本信息表中某个元组的学号值。

但由于学号和课程号是学生成绩表的主属性,按照实体完整性规则,它们均不能取空值。所以,学生成绩表中学号属性实际上只能取学生基本信息表中已经存在的主码值。

③ 用户定义完整性。任何关系数据库系统都应该支持实体完整性和参照完整性。除此之外,不同的关系数据库系统根据其应用环境的不同,往往还需要一些

特殊的约束条件,用户定义的完整性就是针对某一具体关系数据库的约束条件。它反映某一具体应用所涉及的数据必须满足的语义要求。例如,某个属性必须取唯一值,某些属性值之间应满足一定的函数关系,某个属性的取值范围在 $0\sim100$ 之间等。关系模型应提供定义和检验这类完整性的机制,以便于统一的系统地处理它们,而不要由应用程序承担这一功能。

4)关系模型的特点

关系模型具有下列优点:

① 关系模型与非关系模型不同,它是建立在严格的数学概念的基础上的。

② 关系模型的概念单一。无论实体还是实体之间的联系都用关系表示。对数据的检索结果也是关系(即表)。所以其数据结构简单、清晰,用户易懂易用。

③ 关系模型的存取路径对用户透明,从而具有更高的数据独立性、更好的安全保密性,也简化了程序员的工作和数据库开发建立的工作。

关系模型具有下列缺点:

由于存取路径对用户透明,虽然使其具有更高的数据独立性、更好的安全保密性,也简化了程序员的工作和数据库开发建立的工作,但查询效率往往不如非关系数据模型。因此为了提高性能,必须对用户的查询请求进行优化,增加了开发数据库管理系统的难度。

1.4   数据库系统结构

数据库系统的结构可以从不同的角度考虑,一般有如下两种:

(1)从数据库管理系统角度看,数据库系统通常采用外模式、模式、内模式三级模式结构。这是数据库管理系统内部的系统结构。

(2)从数据库的最终用户角度看,数据库系统的结构分为集中式结构、分布式结构、客户/服务器结构和并行结构。这是数据库系统外部的体系结构。

本节是从数据库管理系统的角度来分析数据库系统的结构,下面介绍数据库系统的三级模式结构。

1.4.1   数据库系统中模式的概念

模式(Schema)是数据库中全体数据的逻辑结构和特征的描述。例如,对学生基本信息表可描述如下:(学号,姓名,性别,出生日期,婚否,工作单位,工作时间,基本工资,照片,备注),这就是描述学生基本信息表的模式。模式的一个具体值称为模式的一个实例(Instance)。同一个模式可以有很多实例。例如,对描述学生基本信息的上述模式有图 1.17、图 1.18 所示的两个实例。

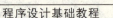
学号	姓名	性别	出生日期	婚否	工作单位	工作时间	基本工资	照片	备注
20050010101	张黎明	男	10/01/70	T	胜利油田孤东采油厂	07/01/92	2620.60	gen	memo
20050010201	王海	男	08/11/78	T	胜利油田孤东采油厂	07/01/00	2416.20	gen	memo
20050020101	王海雁	女	06/07/80	T	大庆油田采油三厂	07/01/04	2214.50	gen	memo
20050020201	李春	女	01/01/80	T	胜利油田采油厂	11/20/01	2510.00	gen	memo

图 1.17　实例一

学号	姓名	性别	出生日期	婚否	工作单位	工作时间	基本工资	照片	备注
20050010202	李梅	女	08/10/86	F	大庆油田采油二厂	07/01/06	1920.30	gen	memo
20060010201	李辉	男	08/12/86	F	胜利油田孤岛采油厂	06/30/05	1962.20	gen	memo
20060020102	王小琳	女	08/09/86	F	胜利油田现河采油厂	06/30/05	1960.00	gen	memo
20060020201	吴海	男	11/10/88	F	大庆油田采油一厂	01/01/07	1816.30	gen	memo

图 1.18　实例二

　　模式是相对稳定的,而实例是相对变动的,因为数据库中的数据是在不断更新的。模式反映的是数据的结构及其联系,而实例反映的是数据库某一时刻的状态。

　　虽然实际的数据库管理系统产品种类很多,它们支持不同的数据模型,使用不同的数据库语言,建立在不同的操作系统之上,数据的存储结构也各不相同,但它们在体系结构上通常都具有相同的特征,即采用三级模式结构(早期微机上的小型数据库系统除外)并提供两级映像功能。

1.4.2　数据库系统的三级模式结构

　　数据库系统的三级模式结构是指数据库系统是由外模式、模式和内模式三级抽象模式构成的,如图 1.19 所示。

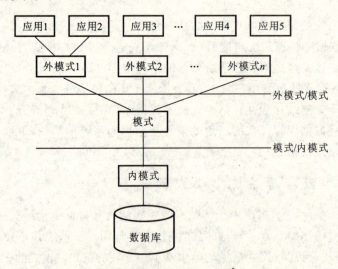

图 1.19　数据库系统的三级模式结构

1. 模式（Schema）

模式也称逻辑模式，是数据库中全体数据的逻辑结构和特征的描述，是所有用户的公共数据视图。它是数据库系统模式结构的中间层，既不涉及数据的物理存储细节和硬件环境，也与具体的应用程序，与所使用的应用开发工具及高级程序设计语言无关。

模式实际上是数据库数据在逻辑级上的视图。一个数据库只有一个模式。数据库模式以某一种数据模型为基础，统一综合地考虑了所有用户的需求，并将这些要求有机地结合成一个逻辑整体。定义模式时不仅要定义数据的逻辑结构，如数据记录由哪些数据项构成，数据项的名字、类型、取值范围等，而且要定义数据之间的联系，定义与数据有关的安全性、完整性要求。

DBMS 提供模式描述语言（模式 DDL）来严格地定义模式。

2. 外模式（External Schema）

外模式也称子模式（Subschema）或用户模式，它是数据库用户（包括应用程序员和最终用户）能够看见和使用的局部数据的逻辑结构和特征的描述，是数据库用户的数据视图，是与某一应用有关的数据的逻辑表示。

外模式通常是模式的子集，一个数据库可以有多个外模式。各外模式可以互不相同，也可以相互交叉重叠，以起到共享数据的目的。如果不同的用户在应用需求、看待数据的方式、对数据保密的要求等方面存在差异，则其外模式描述也就不同。即使对模式中的同一数据，在外模式中的结构、类型、长度、保密级别都可以不同。另一方面，同一外模式可以被多个应用程序所使用，但一个应用程序只能使用一个外模式。

外模式是保证数据安全性的一个有力措施。每个用户用自己的外模式访问数据库中的数据，隔离了与它无关的数据，这样既简化了程序的编写，又提高了数据库的安全性。

外模式中涉及的数据并不实际存储在数据库中，而是从模式中构造出来的，因此，外模式比模式的抽象级别更高。

DBMS 提供外模式描述语言（外模式 DDL）来严格地定义外模式。

3. 内模式（Internal Schema）

内模式也称物理模式或存储模式（Storge Schema），一个数据库只有一个内模式。它是数据物理结构和存储方式的描述，是数据库内部的表示方法。例如，记录的存储方式是顺序存储、按照 B 树结构存储还是按 hash 方法存储等。但内模式并非物理数据库，它不涉及物理记录，也不涉及像磁道大小等这些与设备有关的概念。所以说，内模式是假定数据库是一个无限大的线性地址空间，数据在这个空间上进行分配。将这个线性空间映射到物理存储设备上，是由数据库管理系统与操

作系统共同完成的。

DBMS 提供内模式语言(内模式 DDL)来严格地定义内模式。

1.4.3 数据库系统的二层映像

数据库系统的三级模式是对数据的三个抽象级别,目的是为了把数据的具体组织留给 DBMS 管理,使用户能更方便地处理数据,而不必关心数据在计算机中的具体表示方法与存储方式。为了能够在内部实现这三个抽象层次的联系和转换,DBMS 在这三级模式之间提供了二层映像:外模式/模式映像和模式/内模式映像。

正是这二层映像保证了数据库系统中的数据能够具有较高的逻辑独立性和物理独立性。

1. 外模式/模式映像

模式描述的是数据库数据的全局逻辑结构,外模式描述的是数据的局部逻辑结构。对应于同一个模式可以有任意多个外模式。对于每一个外模式,数据库系统都有一个外模式/模式映像,它定义该外模式与模式之间的对应关系。这些映像定义通常包含在各自外模式的描述中。

当模式改变时(如增加新的关系、新的属性,改变属性的数据类型等),通过适当改变相应的外模式/模式的映像,从而使外模式保持不变。由于用户的应用程序是依据数据的外模式编写的,所以应用程序可不必修改,保证了数据与程序的逻辑独立性,简称数据的逻辑独立性。

2. 模式/内模式映像

数据库中只有一个模式,也只有一个内模式,所以模式/内模式映像是唯一的,它定义数据库全局逻辑结构与存储结构之间的对应关系,例如,说明逻辑记录和字段在内部是如何表示的。该映像定义通常包含在模式描述部分。当数据库的存储结构改变了(如选用了另一种存储结构),通过对模式/内模式映像做相应改变,可以使模式保持不变,从而应用程序也不必改变,保证了数据与程序的物理独立性,简称数据的物理独立性。

在数据库的三级模式结构中,模式(即全局逻辑结构)在数据库中是关键,它独立于数据库的其他层次。因此,设计数据库模式结构时应首先确定数据库的模式。

数据库的内模式依赖于它的全局逻辑结构,但独立于数据库的用户视图(即外模式),也独立于具体的存储设备。它是将全局逻辑结构中所定义的数据结构及其联系按照一定的物理存储策略进行组织,以达到较好的时间与空间效率。

数据库的外模式面向具体的应用程序,它定义在模式之上,但独立于存储模式和存储设备。当应用需求发生较大变化,相应外模式不能满足其视图要求时,该外模式就得做相应改动,所以设计外模式时应充分考虑到应用的可扩充性。

特定的应用程序是在外模式描述的数据结构上编制的,它依赖于特定的外模式,与数据库的模式和存储结构独立。不同的应用程序有时可以共用同一个外模式,数据库的二层映像保证了数据库外模式的稳定性,从而从底层保证了应用程序的稳定性,除非应用需求本身发生变化,否则应用程序一般不需要修改。

数据与程序之间的独立性,使得数据的定义和描述可以从应用程序中分离出去。另外,由于数据的存取由 DBMS 管理,用户不必考虑存取路径等细节,从而简化了应用程序的编制,大大减少了应用程序的维护和修改。

1.5 Visual FoxPro 系统简介

Visual FoxPro 系统是一个关系型 DBMS,是微软公司 1998 年推出的可视化开发套件 Visual Studio 6.0 系统中的一个产品。它是一个 32 位的数据库开发系统,能够运行于 Windows 95/98/2000 等操作系统之上,具有快速、有效和灵活等突出的特点,具有良好的跨平台特性。目前,Visual FoxPro 系统是一种比较普及的小型关系型 DBMS。本书以中文版 Visual FoxPro 为对象,系统地介绍数据库操作、应用的基本方法。

1.5.1 Visual FoxPro 的特点

Visual FoxPro 系统具有界面友好、工具丰富、速度较快等优点,并在数据库操作与管理、可视化开发环境、面向对象程序设计等方面具有较强的功能。其特点主要体现在以下几个方面:

1)良好的向下兼容能力

Visual FoxPro 具有与以前的 FoxPro 版本的完全兼容性,用户以前的应用程序可完全不经修改直接在 Visual FoxPro 系统上运行。

2)增强了项目管理及数据库管理功能

Visual FoxPro 对项目管理器和数据库设计器进行了改进,可以方便、有效地管理项目和数据库。

3)应用程序的开发更方便

Visual FoxPro 新增了应用程序向导,能更有效地开发应用程序,还增强了应用程序开发环境的功能,可以更加有效地向应用程序中添加各种功能。

4)改进了程序调试工具

使用 Visual FoxPro 的调试器可以更方便地调试应用程序,监控应用程序的执行情况。

5）更方便的表设计和扩充内容的数据字典

使用表设计器可以在建立表结构时方便地添加索引,为字段、记录和表设置相应的约束条件,保证关系的有效性规则得以实现。扩充了数据字典内容,增强了数据字典功能。

6）增强了查询和视图设计功能

使用查询设计器和视图设计器建立、修改查询和视图。Visual FoxPro 增强了这两个设计器的功能。

7）增强了表单设计功能

Visual FoxPro 的表单设计器更容易使用,并提供了更多的功能。

8）更多更好的向导

Visual FoxPro 提供了 20 多个向导,这些向导为初学者使用 Visual FoxPro 系统,为其他用户更便捷地进行开发、应用提供了方便。

9）增强了 OLE 与 ActiveX 的集成

OLE 与 ActiveX 的集成大大扩展了 Visual FoxPro 的对象范围和对象处理能力。

1.5.2　Visual FoxPro 的安装

1. 安装环境要求

Visual FoxPro 系统的正确安装、运行必须具备相应的环境条件。最低环境要求如下:

（1）CPU 至少为 Pentium 级的 IBM PC 兼容机。

（2）内存 16 MB 以上。

（3）硬盘最小可用空间为 15 MB,用户自定义安装需要 100 MB 硬盘空间,完全安装需要 240 MB 硬盘空间。

2. 安装

Visual FoxPro 系统可由光盘直接安装。操作步骤如下:

1）启动安装程序

将 Visual FoxPro 的安装盘插入光驱中,安装界面一般会自动启动,若安装界面未自行启动,可以到光盘根目录下双击 Setup 图标,显示如图 1.20 所示的界面。

单击"下一步"按钮,显示"最终用户协议",选择"接受协议"并进入"下一步",输入用户名称和 Visual FoxPro 的产品 ID 号,确认后进入 Visual FoxPro 系统的安装过程。

2）选择安装方式

当出现如图 1.21 所示的"Visual FoxPro 安装程序"对话框时,用户选择安装

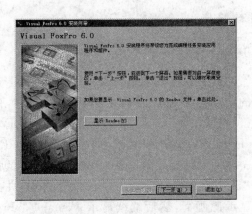

图 1.20　Visual FoxPro 安装起始界面

方式和安装位置。首先选择安装位置：Visual FoxPro 系统默认在 C：\Program Files\Microsoft Visual Studio\Vfp98\文件夹下安装，用户也可根据实际需要改变安装位置。然后选择安装方式：典型安装是系统推荐的默认安装方式，将安装系统必需的、典型的系统组件，是初学者常采用的安装方式；自定义安装是用户按需要选择系统组件的安装方式，是高级用户常采用的安装方式。

图 1.21　Visual FoxPro 安装程序对话框

3）选择系统组件

安装向导按用户确定的方式，逐项安装用户选择的系统组件。安装完毕，用户在系统提示消息框中单击"确定"按钮，结束 Visual FoxPro 系统的安装。

4）安装 MSDN 组件（Visual FoxPro 的帮助文档）

当结束 Visual FoxPro 系统安装后，屏幕显示"Visual FoxPro 安装向导"对话框，用户选择是否安装 MSDN 产品中的 Visual FoxPro 帮助文档，用户可根据需要做相应选择。

5）重新启动系统，完成 Visual FoxPro 安装

对于 Windows95/98 来说，上述安装结束后必须重新启动系统，完成系统的配

置，Visual FoxPro 系统的安装才告完成。

1.5.3 Visual FoxPro 的启动和退出

1. 启动

Visual FoxPro 的启动与 Windows 环境下其他软件一样，有多种启动方式，此处不再赘述。在此仅以桌面快捷方式启动为例，说明 Visual FoxPro 系统的启动。

双击 Visual FoxPro 桌面快捷方式图标，启动 Visual FoxPro 系统。在安装完 Visual FoxPro 后第一次运行时会显示系统的欢迎画面，在"以后不再显示此屏"复选框中单击，再单击"关闭此屏"前的按钮，关闭欢迎画面，并且再次启动 Visual FoxPro 系统时不再显示此画面，然后继续显示 Visual FoxPro 系统的主窗口界面。

2. 退出

退出 Visual FoxPro 的方法有以下 5 种：

（1）在命令窗口中，输入 QUIT，然后按 Enter 键。

（2）直接按 Alt＋F4。

（3）在文件菜单中，选择"退出"命令。

（4）在主窗口控制菜单中，选择"关闭"命令。

（5）双击主窗口左上角的控制菜单。

1.5.4 Visual FoxPro 的窗口和菜单

1. Visual FoxPro 的窗口组成

启动 Visual FoxPro 后，Visual FoxPro 的主界面如图 1.22 所示。以下将分别介绍各组成部分的相关功能。

1）标题栏

标题栏位于系统窗口的第一行，用于显示 Visual FoxPro 的有关信息，包含程序图标、标题、最小化、最大化和关闭按钮。

2）菜单栏

菜单栏位于标题栏下方，用于显示 Visual FoxPro 的所有菜单选项。单击某一菜单选项，屏幕中将出现一个下拉菜单，下拉菜单上会列出该菜单项中包含的一系列命令。用户可直接利用菜单选项进行相应的操作。

3）工具栏

工具栏位于菜单栏下方，由若干工具按钮组成。每个按钮对应于一项特定的功能，它实际上是将菜单栏中一些常用的命令提取出来，方便用户的使用。

4）命令窗口

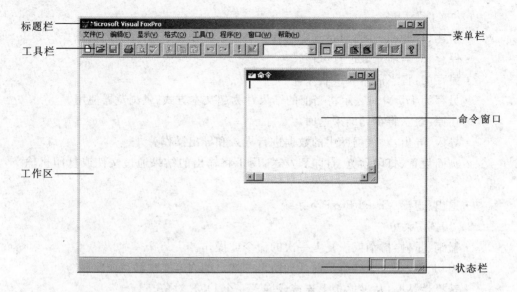

标题栏

菜单栏

工具栏

命令窗口

工作区

状态栏

图 1.22　Visual FoxPro 的主窗口

　　命令窗口是输入和编辑 Visual FoxPro 系统命令的窗口。在命令窗口中,可以直接输入 Visual FoxPro 命令。如输入命令 QUIT,可直接退出 Visual FoxPro 系统。

　　此外,也可以使用与命令功能相同的菜单或按钮进行操作,每当操作完成,系统将自动把与操作相对应的命令显示在命令窗口中。不论采用哪一种操作方式,凡是用过的命令总会在命令窗口显示和保存下来,供用户以后再用。

　　命令窗口显示与否,可以通过单击工具栏上的相应按钮或相应菜单项来控制。

　　5) 工作区

　　在工具栏与状态栏之间的一大块空白区域就是系统工作区,用于显示当前操作的状态信息,是操作结果的显示窗口。

　　6) 状态栏

　　状态栏位于屏幕的最底端,用于显示某一时刻管理数据的工作状态。如果在当前工作区中,没有表文件打开,状态行的内容将会是空白;如果在当前工作区中,有表文件打开,状态行将会显示表名、表所在的数据库名、表中当前记录的记录号、表中的记录总数、表中的当前记录的共享状态等内容。

　　2. Visual FoxPro 的菜单

　　Visual FoxPro 为用户提供了一个可以直接操作的菜单系统,利用这个菜单系统可以方便地建立和操纵数据库,而不需要详细了解相关命令和函数的含义。下面简单介绍 Visual FoxPro 系统的主菜单以及各个菜单项的相关功能及用法。

1)"文件"菜单

• 新建、打开和关闭：对系统中的各种对象进行创建、打开和关闭的操作。

• 保存：对当前对象进行保存。

• 另存为：将当前对象换名保存。

• 另存为 HTML：表示将当前的结果存为超文本方式，供浏览器使用。

• 还原：表示将存储结果返回。

• 导入、导出：对数据库中的数据进行导入和导出操作。

• 页面设置、打印预览、打印和发送：用于将输出的结果通过文件或打印机输出。

• 退出：退出 Visual FoxPro 系统。

2)"编辑"菜单

• 撤消、重做：撤消或恢复上一次的命令或操作。

• 剪切、复制和粘贴：将当前活动窗口中选定的内容实现移动或复制。

• 选择性粘贴：从剪贴板上连接或嵌入一个 OLE 对象。

• 清除：删除选定内容。

• 全部选定：选定当前窗口中所有内容。

• 查找、替换：在当前活动窗口中查找或替换指定内容。

• 定位行：定位到当前活动窗口的第几行。

• 插入对象、对象和链接：分别用于显示、编辑和修改可以链接或嵌入到表单或表的通用字段中的 OLE 对象。

• 属性：含有动作、外观和保存选项三个模块，动作选项组用于设置编辑窗口的行为，外观选项组用于设置编辑窗口的外观，保存选项组用于设置编辑窗口的保存方式。

3)"显示"菜单

• 工具栏：用于定制工具栏。

4)"格式"菜单

用于设置命令窗口和其他文档窗口的字体、字形、字号、行间距、缩进、注释等。

5)"工具"菜单

• 向导：包含 Visual FoxPro 系统的所有向导，可以帮助用户快速制作出各种应用程序对象，包括数据表、表单、报表、标签和查询等。

• 宏：打开宏对话框，创建宏。

• 类浏览器：打开类浏览器窗口，在窗口中列出了指定类对应的方法、属性和代码等相关信息。

• 组件管理库：列出当前系统可用的组件。

• 选项：完成系统的更复杂设置。

6）"程序"菜单

控制程序的执行。

7）"窗口"菜单

• 全部重排、隐藏、清除、循环：实现对窗口的管理。

• 命令窗口、数据工作期：用于选择窗口。

1.5.5　Visual FoxPro 的工作方式和文件类型

1. Visual FoxPro 的工作方式

在 Visual FoxPro 中，系统提供了 3 种操作方式，用户可根据情况选择合适的操作方式，实现对数据库的操作。

1）命令操作方式

命令操作是在命令窗口中逐条输入命令，直接操作指定对象的操作方式。用户在命令窗口中输入一条命令，然后按 Enter 键即可立即执行，其结果在主屏幕窗口中显示出来。命令操作为用户提供了一个直接操作的手段，其优点是能够直接使用系统的各种命令和函数，有效操纵数据库，但要求熟练掌握各种命令和函数的格式、功能、用法等细节。

2）菜单操作方式

Visual FoxPro 系统将许多命令做成菜单命令选项，用户通过选择菜单项来使用数据库。在菜单方式下，用户不必熟悉命令的细节和相应的语法规则，通过对话框来完成操作。有了这种方式，一般用户无需编程即可完成数据库的操作与管理。

3）程序操作方式

命令操作方式虽然比较方便、直观，但需要用户与机器不断交互，这样会降低执行速度。程序操作方式是预先将实现某种操作处理的命令序列编成程序，当用户需要执行这一系列命令时只需通过特定的命令来调用这个程序文件，系统就能自动逐条执行程序文件中的每一条命令，而不需要用户介入。

程序操作方式不仅运行效率高，而且可重复执行。并且，对于使用程序的人来说，可以不知道程序内部结构和其中的命令，而只需了解程序的允许步骤和运行过程中的人机交互要求即可。不足之处是，程序的编制，需要经过专门训练，只有具备一定设计能力的专业人员才能胜任，普通用户很难编写大型的、综合性较强的应用程序。

2. Visual FoxPro 的文件类型

1）Visual FoxPro 处理的文件类型

Visual FoxPro 系统中常见的文件类型包括项目、数据库、表、视图、查询、表单、报表、标签、程序、菜单、类等,为了便于查找,每种类型的文件都有其特定的扩展名,以不同的扩展名相互区分。Visual FoxPro 中常用的文件扩展名和文件类型如表 1.1 所示。

表 1.1　文件扩展名和文件类型

扩展名	文件类型	扩展名	文件类型
. APP	生成的应用程序	. CDX	复合索引文件
. DBC	数据库文件	. DBF	表文件
. DCT	数据库备注文件(与. DBC 文件配对)	. DCX	数据库索引文件
. EXE	可执行的程序文件	. FPT	表备注文件(与. DBF 文件配对)
. FRX	报表文件	. FRT	报表备注文件(与. FRX 文件配对)
. FXP	编译后的程序文件	. HLP	帮助文件
. IDX	单索引或压缩索引文件	. LBX	标签文件
. LBT	标签备注文件(与. LBX 文件配对)	. MEX	内存变量保存文件
. MNX	菜单文件	. MNT	菜单备注文件(与. MNX 文件配对)
. MPR	生成的菜单程序文件	. MPX	编译后的菜单程序文件
. PJX	项目文件	. PJT	项目备注文件(与. PJX 文件配对)
. PRG	源程序文件	. QPR	生成的查询程序文件
. QPX	编译后的查询程序文件	. SCX	表单文件
. SCT	表单备注文件(与. SCX 文件配对)	. SPR	生成的屏幕程序文件
. SPX	编译后的屏幕程序文件	. TBK	备注备份文件(.FPT 文件的备份)
. TXT	文本文件	. VUE	视图文件

2) Visual FoxPro 中表的类型

表是 Visual FoxPro 中存放数据的文件,具有行和列二维表的结构,是 Visual FoxPro 中很重要的使用对象,表文件的扩展名为. DBF,Visual FoxPro 中的表可以分为以下两种:

(1) 自由表:自由表是可以独立存在和使用的表文件,它和数据库文件无关。

(2) 数据库表:数据库实际上是一个数据仓库或者说容器,它把应用系统中相关的表集合在一起,以便管理。在数据库中的表就是数据库表。数据库表除了具有自由表的全部功能外,还具有数据词典的功能。

1.5.6　Visual FoxPro 系统环境的设置

Visual FoxPro 系统的环境设置决定了系统的操作运行环境和工作方式,设置是否合理、适当,直接影响系统的运行效率和操作的方便性。系统安装时按默认方式进行了相应的设置,用户可根据实际情况对系统环境做相应设置。

1. 系统环境设置功能

在 Visual FoxPro 主窗口中单击工具菜单下的"选项"菜单项,打开"选项对话框",如图 1.23 所示。

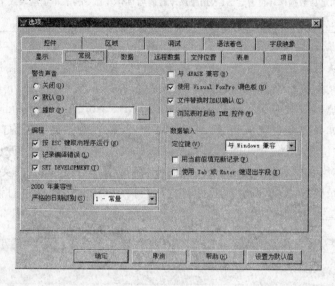

图 1.23 选项对话框

在选项对话框中有 12 个环境设置选项卡,分别可以查看、设置不同类型的系统环境。表 1.2 列出了各选项卡对应的设置功能。

表 1.2 选项对话框中各选项卡功能表

选项卡	功　能
显示	设置显示界面,确定是否显示状态栏、时钟、命令结果或系统信息
常规	设置数据输入、编程选项、警告声音、日期格式、调色板等相关选项
数据	设置表选项,确定是否使用 Rushmore 优化技术、索引唯一性强制、字符比较方式等选项
远程数据	设置远程数据访问选项,设置远程视图与连接的默认值等选项
文件位置	设置 Visual FoxPro 系统文件的默认存储位置,以及 Visual FoxPro 默认操作目录和帮助文件、辅助文件存储位置
表单	表单设计器选项设置,确定网格面积、所用刻度单位、最大设计区域及模板种类等选项
项目	设置项目管理器选项,确定是否使用向导,双击时是否运行或修改文件及源代码管理选项
控件	确定是否使用表单控件工具栏中查看类按钮所提供的有关可视类库和 OLE 控件选项
区域	确定日期、时间、货币或数字格式
调试	调试器显示及跟踪选项,确定使用什么字体及颜色

续表 1.2

选项卡	功　能
语法着色	确定区分程序元素（注释与关键字）所用字体及颜色
字段映像	确定从数据库环境设计器、数据库设计器或项目管理器中向表单拖动表或字段时创建的控件

2. 系统默认目录设置

系统默认目录是 Visual FoxPro 系统进行数据库操作时，表、索引、程序等各种文件的存储位置。文件操作时如不指明路径，系统从该默认目录下查找、存取指定文件。系统以安装目录 C:\Program Files\Microsoft Visual Studio\Vfp98\为默认目录。如果要变更默认目录，可单击工具菜单中选项菜单项，打开选项对话框，选择文件位置标签，在文件类型列表中选择默认目录，再单击修改按钮，打开更改文件位置对话框，如图 1.24 所示。选中使用默认目录复选框，在文本框中直接输入默认目录路径，或单击文本框右侧的"…"按钮，打开选择目录对话框，选择相应的目录并单击确定即可，指定目录便被设置为系统新的默认目录。

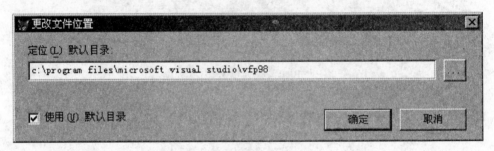

图 1.24　更改文件位置对话框

1.5.7　项目管理器的使用

所谓项目是 Visual FoxPro 中相关数据、文档和各类文件、对象的集合，亦即项目是与一个应用有关的所有文件的集合。在 Visual FoxPro 系统中，使用项目组织、集成数据库应用系统中所有相关的文件，形成一个完整的应用系统。项目管理器是 Visual FoxPro 系统创建、管理项目的工具，用来创建、修改、组织项目中的各种文件，对项目中的程序进行编译和连编，形成一个可以运行的应用程序系统。

1. 创建项目

使用项目前，首先必须创建项目。Visual FoxPro 中项目是以项目文件的形式创建、存储的，项目文件的扩展名为.PJX。创建项目的操作步骤如下：

（1）单击文件菜单中新建菜单项，打开新建对话框，如图 1.25 所示。

（2）在新建对话框中选择项目，单击新建文件按钮，打开创建对话框，在项目文件文本框中输入项目文件名，如"学生管理"，单击保存按钮，生成该项目文件，同时启动项目管理器，如图 1.26 所示。

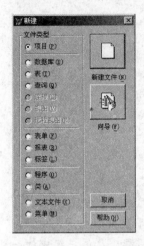 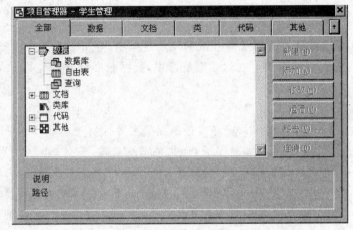

图 1.25　新建对话框　　　　　　　　图 1.26　项目管理器

2. 项目管理器的操作

项目管理器提供了一个精心组织的分层结构图，用以组织、管理项目中的各类文件，如同 Windows 的资源管理器。当打开项目管理器时，系统主菜单中会出现项目菜单，用户可以使用项目菜单或者项目管理器的 6 个选项卡及右侧的 6 个功能按钮，实现对相关文件的操作和管理。

（1）全部选项卡：组织、管理项目中的所有文件。

（2）数据选项卡：组织、管理项目中的所有数据资源，包括数据库、表、自由表、本地视图、远程视图、查询等。

（3）文档选项卡：组织、管理项目中所有利用数据进行操作的文档，包括表单、报表、标签等。

（4）类选项卡：组织、管理项目中所有的类和类库。

（5）代码选项卡：组织、管理项目中的程序代码文件等。

（6）其他选项卡：组织、管理项目中的其他类型文件。

$$\approx\approx\approx\text{　本章小结　}\approx\approx\approx$$

通过本章学习，要求掌握数据、数据库、数据库管理系统和数据库系统等概念；理解和掌握数据模型和数据库体系结构；了解数据管理技术的发展和 Visual Fox-Pro 数据库管理系统。

习 题 一

1. 单项选择题：

(1) 在数据管理技术的发展过程中，经历了人工管理阶段、文件系统阶段和数据库系统阶段。在这几个阶段中，数据独立性最高的是( )阶段。

A. 数据库系统　　　　　　　　B. 文件系统

C. 人工管理　　　　　　　　　D. 数据项管理

(2) 数据库系统与文件系统的主要区别是( )。

A. 数据库系统复杂，而文件系统简单

B. 文件系统不能解决数据冗余和数据独立性问题，而数据库系统可以解决

C. 文件管理只能管理程序文件，而数据库系统能够管理各种类型的文件

D. 文件系统管理的数据量较少，而数据库系统可以管理庞大的数据量

(3) 由计算机、操作系统、数据库管理系统、数据库、应用程序及用户组成的一个整体叫( )。

A. 软件系统　　　　　　　　　B. 数据库系统

C. 管理系统　　　　　　　　　D. 文件系统

(4) 数据库系统的核心是( )。

A. 应用程序　　　　　　　　　B. 数据库管理系统

C. 数据库　　　　　　　　　　D. 文件系统

(5) 数据库的基本特点是( )。

A. 数据结构化；数据独立性；数据冗余大，易移植；统一管理和控制

B. 数据结构化；数据独立性；数据冗余小，易扩充；统一管理和控制

C. 数据结构化；数据互换性；数据冗余小，易扩充；统一管理和控制

D. 数据非结构化；数据独立性；数据冗余小，易扩充；统一管理和控制

(6) 数据库、数据库系统和数据库管理系统三者之间的关系是( )。

A. 数据库管理系统包括数据库系统和数据库

B. 数据库包括数据库系统和数据库管理系统

C. 数据库系统包括数据库和数据库管理系统

D. 数据库管理系统包括数据库系统

(7) 在数据库中存储的是( )。

A. 数据　　　　　　　　　　　B. 数据模型

C. 数据以及数据之间的联系　　D. 信息

(8) 在数据库中,产生数据不一致的根本原因是(　　)。

A. 数据存储量太大　　　　　　B. 没有严格保护数据

C. 未对数据进行完整性控制　　D. 数据冗余

(9) 数据库管理系统是(　　)。

A. 一个完整的数据库应用系统　B. 一组硬件

C. 一组系统软件　　　　　　　D. 既有硬件,也有软件

(10) 按照传统的数据模型分类,数据库可分为(　　)3种类型。

A. 大型、中形和小型　　　　　B. 西文、中文和兼容

C. 层次、网状和关系　　　　　D. 数据、图形和多媒体

(11) 关系数据库系统中所使用的数据结构是(　　)。

A. 树　　　　　　　　　　　　B. 图

C. 表格　　　　　　　　　　　D. 二维表格

(12) Visual FoxPro 是一种(　　)数据库管理系统。

A. 网状型　　　　　　　　　　B. 层次型

C. 共享型　　　　　　　　　　D. 关系型

2. 简答题:

(1) 什么叫数据库、数据库管理系统、数据库系统? 三者有何区别和联系?

(2) 数据库有哪几种常用的数据模型? 关系模型具有哪些特征? 什么是关系数据库?

(3) 数据库管理系统具有哪些功能?

(4) 简述数据管理的发展过程。

第 2 章　Visual FoxPro 语言基础

本章导学

Visual FoxPro 和其他程序设计语言类似,有常量、变量及函数等语言成分,这些语言成分是命令及程序的基础。

本章将介绍变量、常量的基本概念和类型;介绍常用函数的格式与功能;介绍各种类型表达式的正确描述。通过示例介绍它们的使用,读者通过学习和练习熟练掌握这些基本语言成分,为后面章节内容的学习打下基础。

2.1　常量与变量

Visual FoxPro 是数据库管理系统的一种,数据是其重要的处理对象,Visual FoxPro 中处理的数据都属于某种数据类型。

2.1.1　常量

在 Visual FoxPro 中,常量是指在命令或程序运行过程中其值保持不变的量。常用的常量类型有 6 种,分别是数值型常量、浮点型常量、字符型常量、逻辑型常量、日期型常量和日期时间型常量。下面分别介绍它们的表示及使用方法。

1. 数值型常量

数值型常量用于表示十进制数值,可以是整数也可以是小数。如 32、126.7、−12.45 等都是数值型常量。

在 Visual FoxPro 中还有一种类似的用于表示货币值的常量,即货币型常量。货币值前须加上表示货币的符号,默认的货币符号是"$",比如 $32、$126.7、$−12.45等。

2. 浮点型常量

浮点型常量特指以浮点格式表示的数值常量。通常用来表示那些绝对值很大或很小、而有效位数不太长的一些数值,此种表示方法对应于日常应用中所采用的科学计数法。表示方式为

$$m\,e\,n\ \text{或}\ m\,E\,n$$

其中,m 为十进制数值,n 为十进制整数。表示的数值大小为 $m \times 10^n$。

38

比如,1.23e-3 和 0.5E12 分别表示 1.23×10^{-3} 和 0.5×10^{12}。

3. 字符型常量

字符型常量指用定界符括起来的任意一串可打印的 ASCII 码字符或汉字串。在 Visual FoxPro 中表示字符型常量时允许使用的定界符有 3 种,即单引号('')、双引号("")和方括号([ ])。定界符内的字符串长度最大为 254,也就是说字符型常量最多可包含 254 个英文字符或 127 个中文字符。例,'Abc',"山东东营",[aA Bb]都是字符型常量。

在表示字符型常量时,要注意的是:如果某一种定界符本身是字符型常量的组成部分,那么应选择另一种定界符来作此字符型常量的定界符。例如,字符串 It's 本身包含了字符"'",所以就应该用"It's "或[It's]来表示。

4. 逻辑型常量

逻辑型常量用来表示逻辑值,它只有两个值:"真"和"假"。逻辑值"真"用 .T. 、.t. 、.Y. 或 .y. 表示,逻辑值"假"用 .F. 、.f. 、.N. 或 .n. 表示。注意字符前后的圆点"."标记不可省略。

5. 日期型常量

日期型常量用来表示一个日期。日期型常量将表示日期的年、月、日值用花括号{}括起来,年、月、日之间的分隔符可以是"/"、"."或"-"等。如{12/29/07}、{01/18/08}等都是日期型常量。

在 Visual FoxPro 中日期型常量有两种表示形式,即严格的日期格式和传统的日期格式。

1)严格的日期格式

严格的日期格式的形式为{^年-月-日},即{^yyyy-mm-dd}。如{^2008-01-23}、{^1998-12-21}和{^2003-09-12}等都是用严格的日期格式表示的日期,要注意的是表示年份的数值是 4 位数。

2)传统的日期格式

传统的日期格式的形式为{月/日/年},即{mm/dd/[yy]yy}。如{01/23/08}、{12/21/98}和{09/12/03}等都是用传统的日期格式表示的日期。系统默认的日期显示格式为传统的日期格式。

在使用日期型常量时有以下几点需注意:

① 严格的日期格式可在任何状态下使用,传统的日期格式需在 SET STRICTDATE TO 0 状态下使用。系统隐含为 1 状态(即严格的日期格式状态)。

② 表示日期时,年月日之间的分隔符可以是"/"、"."或"-",但显示日期时系统默认的显示格式为月/日/年。

③ Visual FoxPro 几条常用的环境设置命令:

• SET CENTURY ON | OFF

此命令可用于在显示日期时是显示 4 位的年份还是 2 位的年份。

• SET MARK TO［＜字符表达式＞］

此命令可用于指定在显示日期时年月日间的分隔字符。

• SET DATE TO YMD | MDY | DMY

此命令可用于指定在显示日期时，按"年月日"、"月日年"或"日月年"方式显示。

对于日期和时间方面的设置也可利用系统菜单在"工具"→"选项"中的"区域"选项卡中进行设置。

下面分几种情况通过在命令窗口中执行不同命令的过程，来了解正确的日期格式的使用以及各种设置命令对日期格式的影响。

① 执行命令 ? DATE()

屏幕显示当前的系统日期,如 01/24/08。命令中出现的"DATE()"为系统日期函数,"?"命令为 Visual FoxPro 的显示命令,将在后面章节中介绍。

② 执行命令 ? {01/23/08}

屏幕显示如图 2.1 所示信息。

图 2.1　执行命令? {01-23-08}的显示信息

③ 执行命令 ? {^2008/01/23}

屏幕显示:01/23/08

④ 执行命令 ? {^08/01/23}

屏幕将显示如图 2.1 所示的错误提示信息。

以上几种命令执行情况下所显示的日期数据其年份均为 2 位,这是系统默认的状态。

• 执行命令 SET CENTURY ON

使系统显示日期型数据处于显示 4 位年份状态。

执行命令 ? {^2008/01/23}

屏幕显示：01/23/2008

此时显示的日期数据中，年份用4位数表示。

• 执行命令 SET CENTURY OFF

使系统显示日期型数据恢复为显示2位年份状态。

执行命令 ？{^2008/01/23}

屏幕显示：01/23/08

在以上几种命令执行情形中，所显示的日期数据格式都是按"月/日/年"方式来显示的，这也可以通过执行设置命令改变。

• 执行命令 SET DATE TO YMD

将使系统显示的日期数据按"年/月/日"方式显示。

执行命令 ？{^2008/01/23}

屏幕显示：08/01/23

• 执行命令 SET DATE TO DMY

将使系统显示的日期数据按"日/月/年"方式显示。

执行命令 ？{^2008/01/23}

屏幕显示：23/01/08

• 执行命令 SET DATE TO MDY

将使系统显示的日期数据格式恢复为默认的"月/日/年"

• 执行命令 SET STRICTDATE TO 0

使系统默认的日期格式改为传统的日期格式。

执行命令 ？{01/23/08}或执行命令？{01/23/2008}

屏幕显示：01/23/08

• 执行命令 SET STRICTDATE TO 1

使系统默认的日期格式改为严格的日期格式，此时如果执行命令？{01/23/08}将出现如图2.1所示的错误提示信息。

• 执行命令 SET MARK TO " * "

将改变系统显示日期数据时的分隔符，即由"月/日/年"改为"月 * 日 * 年"。当然分隔符也可根据需要任意改变。

执行命令 ？{^2008/01/23}

屏幕显示：23 * 01 * 08

• 执行命令 SET MARK TO

将恢复系统显示日期数据时的分隔符"/"。

执行命令：？{^2008/01/23}

屏幕显示：01/23/08

6. 日期时间型常量

此类型常量用于表示日期和时间值。系统默认的格式为{日期,时间},即
{mm/dd/[yy]yy [,] hh:mm:ss[a|p]}

例如,{^2007-03-23,11:30 p}表示 2007 年 3 月 23 日下午 11:30。

如果表示时间时有省略项,则"时:分:秒 a|p"的默认值为"12:00:00 am"。

例如,{^2008-01-01,} 表示 2008 年 1 月 1 日上午 12 :00;

     {^2007-10-1,3} 表示 2007 年 10 月 1 日上午 3:00。

2.1.2 变量

变量是指在命令或程序执行过程中其值可以改变的量。每个变量有一个标识符号称为变量名。在 Visual FoxPro 中,变量有字段变量和内存变量两类。

1. 内存变量

内存变量与内存中的存储单元相对应,是常驻内存的变量,常用来存放命令或程序执行时需要的数据或执行的结果,每一内存变量有一个标识符号称为变量名。内存变量分为一般内存变量即简单内存变量、系统内存变量和数组变量三种类型。

一般内存变量是用户根据需要定义的变量,比如,可定义 3 个内存变量 A、B、C 分别用来存放三角形 3 个边的长度,定义内存变量 S 用来存放三角形的面积。

系统内存变量是由系统自动定义好的具有特殊用途的变量,它的名字以下划线"_"开头。

数组变量则是一种特殊的内存变量,对应一组连续的内存单元。每一数组由一(序)列元素(即数组元素)组成,每个数组元素相当于一个简单内存变量。

1) 内存变量的命名

内存变量的符号名由字母、数字、下划线或汉字组成,名字的长度不超过 128 个字符,并且要求首字符为字母、下划线或汉字。因系统内存变量以下划线为首字符,为了便于区分内存变量的类型,对于用户自己定义使用的内存变量,应尽量避免以下划线开头。

例如,以下的字符串为合法的内存变量名。

    name、A1、bb

同样以下的包含汉字的字符串也为合法的内存变量名。

    学生 1、教师 2

但 a * b 和 1ab 则不是合法的内存变量名。

给变量取名的几点说明:

① 变量名不能与系统的保留字同名。

如 Use、List 或 Index 等均为系统的命令名,所以用户不能用它来给变量取

名。

② 在 Visual FoxPro 的变量名中不区分大小写字母,所以 a1 和 A1 代表同一个内存变量。

③ 用户给变量取的名字最好能达到看其名而知其意的效果,如用来存放和的变量取名为 SUM,存放面积的变量取名为 S 等。

④ 用户给内存变量取的名字最好也不要和当前数据表中的字段名同名。若必须如此命名,则在引用时可以在内存变量名前加一个前缀 m. 或 m—>(一个减号加一个大于号)以示区别,否则系统优先考虑的是字段名。

【例2.1】 下列用逗号分开的字符串中,哪些是合法的 Visual FoxPro 变量名?

A、a1A、2AB、A—BC、SUM、_SUM、面积、周长 1、A B、A? B

以上字符串中合法的变量名有:A、a1A、SUM、_SUM、面积、周长 1。

字符串 2AB 以数字符开头,所以不合法;字符串 A—BC 和 A? B 中含有字符"—"和"?",所以不合法;字符串 A B 含有空格,所以不合法。

2) 内存变量的定义、赋值、引用和屏幕显示

内存变量通过使用赋值命令来定义,一经定义即可使用。给内存变量赋值的命令有两条,格式分别为

【格式 1】<内存变量名>=<表达式>

【格式 2】STORE <表达式> TO <内存变量名表>

在【格式 1】中符号"="称为赋值号,命令"<内存变量名>=<表达式>"的功能是先计算表达式的值,然后将其赋给"="左边的变量。此命令一次只能给一个变量赋值。

在【格式 2】中"内存变量名表"指的是用逗号分开的若干变量名,命令"STORE <表达式> TO <内存变量名表>"的功能是先计算表达式的值,然后将其赋给"内存变量名表"中的各个变量,此命令一次可以给多个变量赋相同的值。

这两条命令均同时完成了对变量的命名、变量的赋值和定义变量数据类型的工作。可在表达式中直接引用内存变量的值。

【例2.2】 说明下列命令的功能。

a=3

b=6

s=a+b

以上 3 条命令的功能分别是:将 3 赋给 a;将 6 赋给 b;计算出 $a+b$ 的值为 9,然后赋给 s。

【例2.3】 说明下列命令的功能。

```
STORE 2 TO A,B
    C=8
    P=(A+B+C)/3
```

以上 3 条命令的功能分别是：将 2 赋给 A 和 B；将 8 赋给 C；计算出 $(A+B+C)/3$ 的值为 4，然后赋给 P。

对于变量的使用要注意以下几点：

① 在使用内存变量前，一定要先为其赋初值，否则将显示"找不到变量"的错误提示信息。

② 内存变量常用的数据类型可分为数值型、字符型、货币型、逻辑型、日期型和日期时间型等 6 种。一个具体的内存变量，其类型取决于赋给它的值的类型，即内存变量中存放的是什么类型数据，该变量就具有相应的数据类型。

③ 任何时候，任一变量只有一个值，且是最近给它赋的值。

④ 变量将保留所赋的值直到重新赋值获得新值。

内存变量值的屏幕显示可采用系统提供的"?"或"??"命令来完成。比如在命令窗口中执行"? P"命令，则在屏幕上会换行显示变量 P 的值；若执行"?? P"，则在屏幕上当前光标位置处显示变量 P 的值。

3）内存变量的显示

系统提供了相应的显示命令供用户随时查询当前已定义的内存变量的情况。

【格式】DISPLAY | LIST MEMORY［LIKE ＜通配符＞］［TO PRINTER ［PROMPT］| TO FILE ＜文件名＞］

【功能】显示当前内存单元中的内存变量的名、作用域、类型和值，根据需要可将显示结果送往打印机打印或保存到指定的文件中。

说明：

① 命令动词可选用 DISPLAY 或 LIST。选用 DISPLAY 表示查询结果分屏显示；选用 LIST 表示连续显示。

② 通配符有两个：问号"?"和星号" * "。问号"?"表示匹配任意单个字符；星号" * "表示匹配任意多个字符。

③ 选用子句"TO PRINTER"，表示将结果送往打印机打印；若是"TO PRINTER PROMPT"则会有"打印"对话框供用户选择。

④ 选用子句"TO FILE ＜文件名＞"，表示将结果保存到指定的文件中。

【例2.4】 在命令窗口依次执行以下命令，观察屏幕显示信息。

```
A=1
B='山东'
C={^2008/1/1}
```

DISPLAY MEMORY

屏幕显示如图 2.2 所示。显示信息包含了变量名、作用域、数据类型及变量的值等。

A	Pub	N	1	(	1.00000000)
B	Pub	C	"山东"		
C	Pub	D	01/01/08		

图 2.2　执行命令 DISPLAY MEMORY 的显示信息

A1＝11

A2＝22

A3A＝33

DISPLAY MEMORY LIKE A *

屏幕显示如图 2.3 所示。显示所有变量名首字符为 A 的内存变量信息。

A	Pub	N	1	(	1.00000000)
A1	Pub	N	11	(	11.00000000)
A2	Pub	N	22	(	22.00000000)
A3A	Pub	N	33	(	33.00000000)

图 2.3　执行命令 DISPLAY MEMORY LIKE A * 的显示信息

DISPLAY MEMORY LIKE A?

屏幕显示如图 2.4 所示。显示所有变量名首字符为 A 且名字长度不超过 2 个字符的内存变量信息。

A	Pub	N	1	(	1.00000000)
A1	Pub	N	11	(	11.00000000)
A2	Pub	N	22	(	22.00000000)

图 2.4　执行命令 DISPLAY MEMORY LIKE A? 的显示信息

DISPLAY MEMORY LIKE A? TO PRINTER

显示结果见图 2.4,同时将结果送打印机打印。

DISPLAY MEMORY LIKE A? TO FILE AB. TXT

显示结果见图 2.4,同时将结果送存文本文件 AB. TXT。打开文件 AB. TXT 可看出其内容同图 2.4。

4）内存变量的保存

由于内存变量的值无法永久保存,有时需要将一些内存变量以文件的形式保存下来供以后使用,这时可用内存变量的保存命令来实现。

【格式】SAVE TO ＜内存变量文件名＞

　　　　［ALL LIKE ＜通配符＞｜ALL EXCEPT ＜通配符＞］

【功能】将内存变量保存到内存变量文件中。

说明：

① 内存变量文件的扩展名是. MEM,此类型文件供后面介绍的恢复命令 RE-STORE 使用。

② 命令中若使用了 ALL LIKE <通配符>,指仅保存与通配符匹配的内存变量;若使用了 ALL EXCEPT <通配符>,指仅保存与通配符不匹配的内存变量。否则,保存全部内存变量。

【例2.5】 SAVE 命令的使用。

    SAVE TO AA   && 将内存中的全部内存变量保存到文件 AA
                                     . MEM中
    SAVE TO BB ALL LIKE A *   && 将内存中所有变量名首字符为"A"的内存变量
                                     保存到文件 BB. MEM 中
    SAVE TO CC ALL EXCEPT A * && 将内存中除了变量名首字符为"A"的其他内存
                                   变量保存到文件 CC. MEM 中

5）内存变量的恢复

根据需要用户可以随时将保存在内存变量文件中的内容恢复。

【格式】RESTORE FROM <内存变量文件名> [ADDITIVE]

【功能】从指定的内存变量文件中恢复内存变量。

说明:

① RESTORE 命令可以将利用 SAVE 命令保存的内存变量按需要恢复到内存使用。

② 若命令中无 ADDITIVE 选项,则从指定的内存变量文件中恢复所保存的内存变量之前将清除当前内存中的所有变量;若命令中有 ADDITIVE 选项,则在保留当前内存中的所有变量的基础上追加上内存变量文件中保存的内存变量。

【例2.6】 RESTORE 命令的使用。

    RESTORE FROM AA ADDITIVE   && 在内存中增加保留在文件 AA. MEM 中的
                                  内存变量供用户使用
    RESTORE FROM BB   && 在内存中恢复保留在文件 BB. MEM 中的内
                                 存变量,而原先的内存变量被清除

6）内存变量的删除

内存变量与内存的存储单元相对应,它们将会占用一定的内存空间。所以在程序或命令运行的过程中,有时出于节省内存空间的目的,如果某些内存变量使用后不再需要,用户在使用后根据需要可将全部或部分内存变量删除以释放其所占用的存储单元。

【格式 1】CLEAR MEMORY

【格式 2】RELEASE <内存变量表>

【格式 3】RELEASE ALL [LIKE <通配符> | ALL EXCEPT <通配符>]

【功能】删除全部或所指定的内存变量。

说明:

①【格式1】命令用于删除全部内存变量。

②【格式2】命令用于删除指定的内存变量,命令中的<内存变量表>指的是用逗号分开的将被删除的内存变量。

③【格式3】命令用于删除用通配符描述的一批内存变量。

【例2.7】 删除命令的使用。

RELEASE A,B   && 删除内存变量 A 和 B
RELEASE ALL LIKE A *   && 删除所有变量名的首字符为 A 的内存变量
RELEASE ALL   && 删除所有内存变量
CLEAR MEMORY   && 删除所有内存变量

2. 字段变量

字段变量指的是与数据表中的字段对应的变量,此类变量在建立数据表时定义,在定义字段时要说明字段名、类型和长度,这也就对字段变量的名、类型及存储每一字段值时占用的字节数等信息进行了说明。

字段变量与前面介绍的内存变量有所不同,它是随着数据表的建立而生成的,随着数据表的删除而删除,数据表打开后可引用其值。

【例2.8】 观察图 2.5 中的学生选课表 SCORE 中的字段变量。

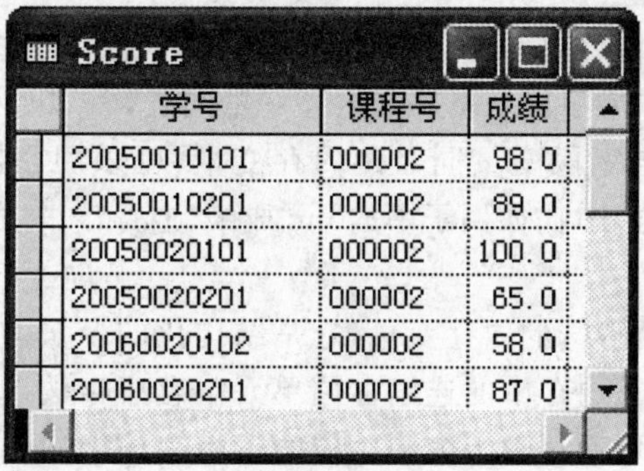

学号	课程号	成绩
20050010101	000002	98.0
20050010201	000002	89.0
20050020101	000002	100.0
20050020201	000002	65.0
20060020102	000002	58.0
20060020201	000002	87.0

图 2.5 学生选课表 SCORE 信息

在数据表中有 3 个字段变量:"学号"、"课程号"和"成绩"。它们的值随着记录的变化而变化。比如刚打开表时,当前记录为第一条记录,此时字段变量"学号"、"课程号"和"成绩"的值分别为"20050010101"、"000002"和"98.0";如果调整当前记录到 3 号记录,此时字段变量"学号"、"课程号"和"成绩"的值分别为"20050020101"、"000002"和"100.0"。

字段变量不能用前面介绍的赋值命令来定义和赋值,数据表中各记录字段的值,可以通过后面章节介绍的操作命令来改变。

【例2.9】 在命令窗口中依次执行以下命令,观察字段变量的引用情况。

USE SCORE	&& 打开 SCORE 表
? 学号,课程号,成绩	
20050010101 000002 98.0	&& 屏幕显示 1 号记录对应的 3 个字段变量的值
A1＝成绩－10	&& 将字段变量"成绩"的值 98.0 减去 10,得到值 88.0 赋给内存变量 A1
成绩＝A1	&& 定义内存变量"成绩",将内存变量"A1"的值赋给它,所以内存变量"成绩"的值为 88.0
? 成绩	
98.0	&& 屏幕显示的 98.0 是 1 号记录对应的字段变量"成绩"的值
? m.成绩,m－＞成绩,成绩	
88.0 88.0 98.0	&& 屏幕显示的 88.0、88.0、98.0 分别是内存变量"成绩"(用"m.成绩"和"m－＞成绩"说明)和 1 号记录对应的字段变量"成绩"的值
USE	&& 关闭数据表 SCORE,此时字段变量"成绩"不可引用了
? m.成绩,m－＞成绩,成绩	
88.0 88.0 88.0	&& 屏幕显示的 88.0、88.0、88.0 都是内存变量"成绩"的值。

从例 2.9 可看出,当数据表打开后,字段变量的值可引用,字段变量的当前值与当前记录对应。如果字段变量名与内存变量同名,引用时如果不加说明,此时字段变量优先。引用与字段变量同名的内存变量,可采用在内存变量名前加前缀"m."或"m－＞"的方法,比如例子中的"m.成绩"或"m－＞成绩"。

3. 数组

数组变量是一类特殊的内存变量,它是结构化的变量。每一数组由一序列元素即数组元素组成,在内存中的连续存储单元中有序存放。每个数组元素相当于一个简单内存变量,可通过数组名和对应的下标来访问数组元素。下标的个数称为数组的维数,在 Visual FoxPro 中所定义和使用的数组最多可以有 2 维。含有 1 个下标的数组称为一维数组,含有 2 个下标的数组称为二维数组。二维数组的 2 个下标,我们常称为行下标和列下标。数组在使用之前一般需先定义。

1) 数组的定义

【格式 1】DIMENSION ＜数组名 1＞(下标 1[,下标 2])

[,数组名 2(下标 1[,下标 2])…]

【格式 2】DECLARE ＜数组名 1＞(下标 1[,下标 2])

[,数组名 2(下标 1[,下标 2])…]

【功能】定义数组。

【例2.10】 数组的定义。

    DIMENSION A(5)，B(2,3)

此命令定义了 2 个数组，一维数组 A 和二维数组 B。其中，A 数组包含 5 个数组元素，即 $A(1)$、$A(2)$、$A(3)$、$A(4)$ 和 $A(5)$；B 数组包含 6 个数组元素，即 $B(1,1)$、$B(1,2)$、$B(1,3)$、$B(2,1)$、$B(2,2)$ 和 $B(2,3)$。

说明：

① 数组一般应先定义后使用，在 Visual FoxPro 中允许数组的重复定义。

【例2.11】 数组的重复定义。

    DIMENSION A(5)，B(2,3) && 此命令定义了 2 个数组，一维数组 A 和二维数组 B

    …

    DIMENSION A(2,5)　　　 && 此命令重新定义数组 A，此时数组 A 是二维数组了

② 数组定义命令中出现的数组描述，如，例 2.10 中出现的 $A(5)$ 和 $B(2,3)$ 称为数组定义符，它们不是数组元素 $A(5)$ 和 $B(2,3)$。数组定义符描述了数组的名字和各维的大小。比如数组 A 是一维的，下标最小为 1，最大为 5；数组 B 是二维的，行下标最小为 1，最大为 2，列下标最小为 1，最大为 3。

③ 一个数组包含的数组元素个数称为数组的大小。如，例 2.10 中定义的数组 A 包含 5 个元素，所以数组大小为 5；数组 B 包含 $2\times3=6$ 个元素，所以数组大小为 6。

④ 数组定义命令只是完成了数组变量的命名和大小说明，并没有完成数组变量的赋值和数组变量的数据类型的定义和说明（系统默认各数组元素初值为逻辑"假"，即.F.）。

⑤ 同一数组的各数组元素的数据类型可以不同，数组元素的赋值和引用与一般内存变量类似。同一数组的各元素可分别赋不同类型的值，也可同时给所有数组元素赋相同的值。

【例2.12】 数组元素的赋值与引用。

    DIMENSION A(5),B(2,3)

    A(1)=1

    A(2)="山东"

    A(5)={^2008/1/24}

    B=5

    B(2,1)=6

    ? A(1),A(2),A(5),B(1,1),B(2,3),B(2,1)

    1　山东　01/24/08　5　5　6

例子赋值命令中出现的类似"A(1)"或"A(5)"等指的是数组元素。数组 A 的

3 个元素分别赋了不同类型的值，"B=5"将数组 B 的所有元素赋值为 5。

⑥ 在 Visual FoxPro 中，数组的各元素按"行"的顺序存储在一连续的存储单元中，可按存储顺序来访问二维数组的各元素。如，例 2.12 中的数组 B 的存放顺序为 $B(1,1)$、$B(1,2)$、$B(1,3)$、$B(2,1)$、$B(2,2)$ 和 $B(2,3)$，由于元素 $B(2,2)$ 的存放顺序排在第五位，所以也可用"B(5)"来引用 $B(2,2)$。

【例2.13】 在命令窗口中顺序执行以下命令完成数组元素的赋值与查看。

```
DIMENSION A(5),B(2,3)
A(1)=1
A(2)="山东"
A(5)={^2008/1/24}
B=5
B(5)=6
DISPLAY MEMORY
```

屏幕显示如图 2.6 所示信息。

A		Pub	A		
(	1)	N	1	(	1.00000000)
(	2)	C	"山东"		
(	3)	L	.F.		
(	4)	L	.F.		
(	5)	D	01/24/08		
B		Pub	A		
(1,	1)	N	5	(	5.00000000)
(1,	2)	N	5	(	5.00000000)
(1,	3)	N	5	(	5.00000000)
(2,	1)	N	5	(	5.00000000)
(2,	2)	N	6	(	6.00000000)
(2,	3)	N	5	(	5.00000000)

图 2.6 数组元素的赋值与查看

2.2 函 数

函数是 Visual FoxPro 的重要语言成分，它与数学上的函数概念类似。在计算机语言中有许多操作是经常使用的，而这些操作的功能往往需要一系列命令才能实现，在计算机语言中常常通过函数的形式为用户提供这些功能服务。所以函数其实就是预先编制好的具有特定操作功能的程序。

Visual FoxPro 中的函数分为两大类：一类是 Visual FoxPro 自身定义的，称为标准函数;另一类是用户根据实际需要定义的,称为用户自定义函数。标准函数也称内部函数,用户不需做任何说明即可直接引用;自定义函数需要用户事先定义,即编制相应的程序来实现其功能,然后才能引用,自定义函数可看做是对标准函数的补充。关于自定义函数将在后面章节讨论。

函数的调用格式为

＜函数名＞(［参数表］)

其中,参数表指的是用逗号分开的若干函数参数。例如,EXP(2)表示计算 e^2;而LOG(5)＋LOG10(5)表示计算 ln 5＋lg 5。Visual FoxPro 提供了大量的标准函数供用户使用,这些函数可分为数值函数、字符函数、日期函数、转换函数及测试函数等类型。本小节将介绍一些常用的标准函数,其他的函数可根据需要查看有关的参考手册。

在学习和使用函数之前,有几点需注意:

① 从函数的调用格式可看出正确使用函数要注意函数名、参数及函数值 3 个要素。标准函数名是系统保留字,所以标准函数可用函数全名或名字的前 4 个及更多字母来调用,而用户自定义函数必须取全名。

② 函数调用格式中的"参数表"指的是放在括号中用逗号分开的若干函数参数,即使是无参数的函数,这一对括号也不能省略。此外函数参数有数据类型之分,所以引用时提供的参数必须与系统定义的参数类型匹配,否则将会出现语法错误。

③ 每一个函数有确定数据类型的返回值,所以函数调用可以出现在表达式中与其他数据进行运算。

2.2.1 数值函数

1. 绝对值函数 ABS( )

【格式】ABS(＜数值表达式＞)

【功能】返回＜数值表达式＞值的绝对值。

【例 2.14】 A＝－15
   B＝ABS(A)＊2
   ? B
   30

2. 符号函数 SIGN( )

【格式】SIGN(＜数值表达式＞)

【功能】根据＜数值表达式＞的值为正数、负数或 0,返回 1、－1 或 0。

【例 2.15】 A＝5

```
B=0
? SIGN(A),SIGN(B),SIGN(B-A)
  1     0     -1
```

3. 取整函数 INT( )

【格式】INT（<数值表达式>）

【功能】返回<数值表达式>值的整数部分。

【例 2.16】
```
A=12.4
B=-12.6
C=INT(A)
D=INT(B)
E=INT(A/10)
F=C-E*10
G=SIGN(B)*INT(ABS(B)+0.5)
? C,D
? E,F,G
12    -12
1    2    -13
```

取整函数 INT( )除了可以对一数值表达式取整以获取其值的整数部分外，取整函数还常用来获取整数的各位数值。比如，有一个 3 位正整数 N，则其百位数 A、十位数 B 和个位数 C 分别为 $INT(N/100)$、$INT((N-A*100)/10)$ 和 $N-A*100-B*10$，从其他正整数中获取各位数值也类似。

此外，取整函数 INT( )还可方便地用于实现四舍五入取整的功能，比如，对于数值 N，可用式子 $SIGN(N)*INT(ABS(N)+0.5)$ 来实现四舍五入取整，当然也可用后面介绍的求四舍五入函数 ROUND( )实现。

4. 求余数函数 MOD( )

【格式】MOD（<数值表达式 1>,<数值表达式 2>）

【功能】返回<数值表达式 1>除以<数值表达式 2>的余数。余数符号与除数符号相同。

【例 2.17】
```
? MOD(12,2), MOD(12,5)
      0           2
```

利用求余数函数 MOD( )，除了可获取两数值相除的余数外，也可以很方便获取整数的各位数值，比如，有一个 3 位正整数 N，则其个位数 C、十位数 B 和百位数 A 分别为 $MOD(N,10)$、$MOD(N-C,100)/10$ 和 $MOD(N-C-B*10,1000)/100$。

5. 求四舍五入函数 ROUND( )

【格式】ROUND（<数值表达式 1>,<数值表达式 2>）

【功能】返回＜数值表达式1＞进行四舍五入后的值，方法是按＜数值表达式2＞取整后的值 n 所指定的保留小数位数进行四舍五入，具体分为以下3种情况：

- $n>0$ 保留 n 位小数，小数点后第 $n+1$ 位四舍五入。
- $n=0$ 保留 0 位小数，小数点后第 1 位四舍五入。
- $n<0$ 将小数点左面第 n 位四舍五入。

【例2.18】

n=38.7342

? ROUND(n,3),ROUND(n,0),ROUND(n,−1),ROUND(n,−2),ROUND(−58.6,−2)

 38.734　　　　39　　　　40　　　　0　　　　−100

6. 指数函数 EXP( )

【格式】EXP（＜数值表达式＞）

【功能】返回以 e 为底，＜数值表达式＞为幂次的指数值，即返回 $e^{<数值表达式>}$。

【例2.19】 ? EXP(1)，EXP(2.5)

　　　　2.72　　　12.18

7. 求自然对数函数 LOG( )

【格式】LOG（＜数值表达式＞）

【功能】返回＜数值表达式＞的自然对数值。

【例2.20】 ? LOG(2),LOG(2.718 * 2)

　　　　0.69　　　1.693

使用求自然对数函数 LOG( )要注意的是：保证＜数值表达式＞的值大于 0，否则出错。

8. 求常用对数函数 LOG10( )

【格式】LOG10(＜数值表达式＞)

【功能】返回＜数值表达式＞的常用对数值。

【例2.21】 ? LOG10(2),LOG10(2.718 * 2)

　　　　0.30　　　　0.735

使用求常用对数函数 LOG10( )要注意的是：保证＜数值表达式＞的值大于 0，否则出错。

如果要求以其他数为底的对数值，可用换底公式结合求常用对数函数 LOG10( )或求自然对数函数 LOG( )来实现。比如，可用式子 LOG(B)/LOG(A) 或 LOG10(B)/LOG10(A) 来计算对数 $\log_a^b$。

9. 求平方根 SQRT( )

【格式】SQRT（＜数值表达式＞）

【功能】返回＜数值表达式＞值的平方根。

需注意的是＜数值表达式＞的值必须为正数或零。

【**例 2. 22**】　A＝5

　　　　　　B＝11

　　　　　　? SQRT(A),SQRT(A+B)

　　　　　　2.24　　　　4.00

10. 求最大值函数 MAX( )

【格式】MAX (＜表达式 1＞,＜表达式 2＞[,＜表达式 3＞…])

【功能】返回括号中出现的多个＜表达式＞值的最大值。

【**例2. 23**】

　　? MAX(12.8,67.12),MAX(‘HE‘,’YOU‘),MAX({^2007/12/1},{^2007/10/26})

　67.12　　　　　　　YOU　　　　　12/01/07

使用最大值函数 MAX( ),可以从两个或两个以上表达式中找出最大的值,但要求参与比较的表达式的值有相同的类型。

11. 求最小值函数 MIN( )

【格式】MIN(＜表达式 1＞,＜表达式 2＞[,＜表达式 3＞…])

【功能】返回括号中出现的多个＜表达式＞值的最小值。

【**例2. 24**】

　　? MIN (12.8,67.12),MIN (‘HE‘,’YOU‘),MIN ({^2007/12/1},{^2007/10/26})

　12.8　　　　　　HE　　　　　26/10/07

使用最小值函数 MIN( ),可以从两个或两个以上表达式中找出最小的值,但要求参与比较的表达式的值有相同的类型。

12. 随机函数 RAND( )

【格式】RAND()

【功能】返回一个 0~1 之间的随机数。

【**例 2.25**】　? RAND(),RAND(),RAND()

　　　　　　　　0.85　　　0.55　　　0.91

在使用随机函数时有几点说明需注意:

① 随机函数每执行一次均返回一个 0~1 之间的随机数,如果需要返回一个其他区间的随机数或随机整数,可作相应的处理。

10 * RAND()将返回一个 0~10 之间的随机数。

设 A 和 B 为整数,且 $B>A$,那么 INT($A+(B-A+1)$ * RAND())将返回一个[A,B]之间的随机整数。

② 随机函数 RAND()可指定一个函数参数 N 作为随机函数的种子数值,它可决定 RAND() 函数返回的数值序列。在程序设计时,为了保证得到随机程度更好的随机数序列,可引入随机函数的种子数值的方法。具体情况为在第一次使用 RAND()函数时使用一种子数 N,然后通过多次使用不带 N 参数的 RAND()函

数,将得到一个特定的随机数序列;如果 N 取负值,那么将会使用来自系统时钟的种子值;如果省略函数参数 N,RAND()函数将使用系统默认的种子数值。

【例 2.26】 顺序执行下列命令,观察如图 2.7 所示的屏幕显示结果,了解随机函数参数的使用。

? RAND(1),RAND(),RAND(),RAND(),RAND()
? RAND(2),RAND(),RAND(),RAND(),RAND()
? RAND(1),RAND(),RAND(),RAND(),RAND()
? RAND(-1),RAND(),RAND(),RAND(),RAND()
? RAND(-1),RAND(),RAND(),RAND(),RAND()
? RAND(-1),RAND(),RAND(),RAND(),RAND()

0.03	0.25	0.71	0.48	0.02
0.05	0.06	0.62	0.36	0.80
0.03	0.25	0.71	0.48	0.02
0.05	0.37	0.23	1.00	0.85
1.00	0.65	0.42	0.12	0.33
0.88	0.25	0.61	0.14	0.50

图 2.7 随机函数的使用

13. 三角函数

Visual FoxPro 的三角函数有 π 函数 PI()、正弦函数 SIN()、余弦函数 COS()及正切函数 TAN()。

【格式 1】PI()

【格式 2】SIN(<数值表达式>)

【格式 3】COS(<数值表达式>)

【格式 4】TAN(<数值表达式>)

【功能】PI()将返回圆周率 π 的近似值;

SIN(<数值表达式>)返回弧度为<数值表达式>值的正弦函数值;

COS(<数值表达式>)返回弧度为<数值表达式>值的余弦函数值;

TAN(<数值表达式>)返回弧度为<数值表达式>值的正切函数值。

【例 2.27】 ? SIN(PI()/6),COS(PI()/3),TAN(PI()/4)

| 0.50 | 0.50 | 1.00 |

14. 反三角函数

Visual FoxPro 的反三角函数有反正弦函数 ASIN()、反余弦函数 ACOS()和反正切函数 ATAN()。

【格式 1】ASIN(<数值表达式>)

【格式 2】ACOS(<数值表达式>)

【格式3】ATAN(＜数值表达式＞)

【功能】ASIN(＜数值表达式＞)返回指定＜数值表达式＞的反正弦值(弧度)。

ACOS(＜数值表达式＞) 返回指定＜数值表达式＞的反余弦值(弧度)。

ATAN(＜数值表达式＞)返回指定＜数值表达式＞的反正切值(弧度)。

【例 2.28】 ？ ASIN(0.5)，ACOS(0.5)/3.14159 * 180

0.52　　　　60.00005

【例 2.29】 已知三角形两边的长度和一夹角的度数,求第三边的长度及另一个夹角的大小。

A＝3.6

B＝6

d1＝50

C＝SQRT(A * A＋B * B−2 * A * B * COS(d1/180 * PI()))

？ C

d2＝ACOS((B * B＋C * C−A * A)/(2 * B * C))

？ d2

2.2.2 字符处理函数

在程序设计语言中,对字符数据的处理经常涉及类似于求字符串的长度、截取字符子串、判断字符子串在一字符串中出现的位置、字符子串的替换等操作,在 Visual FoxPro 中提供了实现相应功能的处理函数供用户选用。

1. 字符串长度函数 LEN( )

【格式】LEN (＜字符表达式＞)

【功能】返回＜字符表达式＞值的长度,即字符串包含的字符个数。

【例 2.30】 A="123456"

B='石油大学'

C=[山 东]

？ LEN(A)，LEN(B)，LEN(C)

6　　　　8　　　　5

在判断字符串长度时有几点需注意:

① 每个汉字及汉字字符占 2 字节,所以长度为 2。比如,'石油大学'含 4 个汉字,所以长度为 8。

② 在字符串中,每个空格字符占 1 字节。比如,字符串"A　B"中含有 3 个空格符,所以长度为 5;

③ 若＜字符表达式＞为一空字符串,则返回数值为零。比如字符串[],定界符间不含任意字符,所以长度为 0。

④ 若<字符表达式>为字符类型的字段变量,则返回的是定义表结构时所定义的此字段宽度。

2. 子串位置函数 AT( )

【格式】AT（<字符表达式1>,<字符表达式2>［,<数值表达式>］)

【功能】返回<字符表达式1>在<字符表达式2>中第<数值表达式>次出现的位置值(从左到右计数)。如果省略<数值表达式>,则指首次出现。

【例2.31】 A="ABCABCABC"

B="BC"

C="bc"

? AT(B,A),AT(B,A,3),AT(C,A)

2   8   0

【例2.32】 A="石油大学"

B="大学"

? AT(B,A),AT("东营",A)

5   0

如果<字符表达式1>在<字符表达式2>中不出现,则 AT( )函数的返回值为0。此外需注意的是,使用 AT( )函数在比较判断字符串时,区分大小写字母。如果想不区分字母的大小写,可使用相近的函数 ATC (<字符表达式1>,<字符表达式2>［,<数字表达式>］)。

3. 空格函数 SPACE( )

【格式】SPACE(<数值表达式>）

【功能】若<数值表达式>的值为 N,函数将返回由 N 个空格符组成的字符串。

【例2.33】 ? LEN(SPACE(3)), "A"+SPACE(2)+ "B"

3   A B

例2.33中表达式""A"+SPACE(2)+ "B""中出现的加号是字符串的连接运算符。

4. 重复字符函数 REPLICATE( )

【格式】REPLICATE (<字符表达式>,<数值表达式>)

【功能】返回将<字符表达式>值重复<数值表达式>次的字符串。

【例2.34】 A=REPLICATE("A",6)

B=REPLICATE("A"+ "B",2)

? A,B,A+B

AAAAAA   ABAB   AAAAAAABAB

5. 删除字符串前后空格函数

【格式 1】LTRIM(＜字符表达式＞)

【格式 2】RTRIM(＜字符表达式＞) 或 TRIM (＜字符表达式＞)

【格式 3】ALLTRIM(＜字符表达式＞)

【功能】返回删除了前置或尾部空格之后的字符串。具体为

· LTRIM()删除＜字符表达式＞值左边的前导空格之后得到的字符串作函数返回值。

· RTRIM()或 TRIM()删除＜字符表达式＞值右边的后续空格之后得到的字符串作函数返回值。

· ALLTRIM()删除＜字符表达式＞值左边前导空格和右边的后续空格之后得到的字符串作函数返回值。

【例 2.35】　A＝"abc"

　　　　　　B＝′efg

　　　　　　? ′+′+A+B,　　　　　　　　′+′+LTRIM(A)+B

　　　　　　+　　abc　efg　　　　　　　+abc　efg

【例 2.36】　? RTRIM(A)+B,　　　　　′+′+ALLTRIM(A)+B

　　　　　　　abcefg　　　　　　　　　　+abcefg

6. 子串截取函数

【格式 1】LEFT (＜字符表达式＞,＜数值表达式＞)

【格式 2】RIGHT (＜字符表达式＞,＜数值表达式＞)

【格式 3】SUBSTR(＜字符表达式＞,＜数值表达式 1＞[,＜数值表达式 2＞])

【功能】返回字符串的左子串、右子串或中间子串。若格式中＜数值表达式＞、＜数值表达式 1＞和＜数值表达式 2＞的值分别为 N、$N1$ 和 $N2$,则 3 种格式的子串截取函数功能具体为

· LEFT()返回＜字符表达式＞值左边的 N 个字符构成的子串。

· RIGHT()返回＜字符表达式＞值右边的 N 个字符构成的子串。

· SUBSTR()返回＜字符表达式＞值左边第 $N1$ 个字符起长度为 $N2$ 的字符子串。省略 $N2$,表示到最后 1 个字符。

【例 2.37】　B＝"石油大学"

　　　　　　? LEFT(B,2) , RIGHT(B,4)

　　　　　　　　石　　　　　　　大学

【例 2.38】　A＝"1234567"

　　　　　　B＝ SUBSTR(A,3,4)

　　　　　　C＝SUBSTR(A,6)

　　　　　　D＝SUBSTR(A,6,5)

<pre>
? B ,   C ,   D
3456   67   67
</pre>

子串截取函数使用的几点说明:

① 在使用 LEFT()和 RIGHT()时,如果 N 大于<字符表达式>值的长度,则返回<字符表达式>值的全部字符;如果 N 为负值或 0,则返回空字符串。

② 在使用 SUBSTR()时,如果 $N1$ 为 1,则此函数与 LEFT()实现的功能是等价的。

7. 宏代换函数

【格式】&<字符型内存变量>

【功能】用<字符型内存变量>所包含的字符替换符号串"&<字符型内存变量>"。

【例 2.39】 顺序执行下列命令,观察宏代换函数的使用。

<pre>
        a="xy"
        ? "&a"
</pre>

屏幕显示:xy

<pre>
        p1="abc"
        q="1"
        r="p&q"
        ? &r
</pre>

屏幕显示:abc

<pre>
        ? "xy&r"
</pre>

屏幕显示:xyp1

<pre>
        ? "xy&r. xy"
</pre>

屏幕显示:xyp1xy

使用宏代换函数时要特别注意的是宏代换函数能作为字符串的一部分出现,此时应以"."来标记该字符型内存变量名的结束,避免与后续的字符混淆。比如,在例 2.39 中的命令序列执行完成后,在命令窗口中执行下列命令:

<pre>
    ? "&a. &r",   "&a. &r. &a"
</pre>

屏幕将显示:xyp1 xyp1xy

与例 2.39 的命令执行过程相比较,会发现在使用宏代换函数时,"xy&r"与"&a. &r"效果是一样的;同样,"xy&r. xy"与"&a. &r. &a"也是一样的。

在程序中适当地使用宏代换函数可以提高程序的通用性和编程的灵活性,在后面编程章节中还会介绍它的使用。

2.2.3 日期与时间函数

1. 系统日期函数 DATE( )

【格式】DATE( )

【功能】返回当前的系统日期。函数返回值是一日期型量。

【例 2.40】 ? DATE( )

        01/24/08

2. 系统时间函数 TIME( )

【格式】TIME( )

【功能】返回当前的系统时间。函数返回值是一字符型量,形式是:时:分:秒。

【例 2.41】 ? TIME( )

        07:40:20

3. 年份函数 YEAR( )

【格式】YEAR(<日期型表达式>)

【功能】返回<日期型表达式>值中的年份。函数返回值是 4 位正整数。

【例 2.42】 ? YEAR(DATE( )),YEAR ({^2007/10/23})

     2008   2007

4. 月份函数 MONTH( )

【格式】MONTH(<日期型表达式>)

【功能】返回<日期型表达式>值中的月份。函数返回值是 1~2 位正整数。

【例 2.43】 ? MONTH(DATE( )),MONTH({^2007/10/23})

     1   10

5. 日期函数 DAY( )

【格式】DAY(<日期型表达式>)

【功能】返回<日期型表达式>值中的日数。函数返回值是 1~2 位正整数。

【例 2.44】 ? DAY(DATE( )),DAY({^2007/10/23})

     24   23

6. 星期函数 DOW( )

【格式】DOW(<日期型表达式>)

【功能】返回<日期型表达式>值所表示的日期是一星期中的第几天。函数返回值是 1 位正整数,星期日是一星期中的第一天。

【例 2.45】 ? DOW(DATE( )),DOW({^2007/10/23})

     3   3

2.2.4 转换函数

1. 大小写字母转换函数

【格式 1】LOWER(＜字符表达式＞)

【格式 2】UPPER(＜字符表达式＞)

【功能】实现＜字符表达式＞值中大小写字母转换。具体为

• LOWER()将＜字符表达式＞值中的所有大写字母转换为小写字母,其余字符不变。

• UPPER()将＜字符表达式＞值中的所有小写字母转换为大写字母,其余字符不变。

【例 2.46】 ? LOWER("AbcDef"),UPPER("AbcDef")

　　　　　　abcdef　　　　　　　ABCDEF

2. 字符型与日期型数据转换函数

【格式 1】CTOD(＜字符型表达式＞)

【格式 2】DTOC(＜日期型表达式＞)

【功能】实现字符型与日期型数据间的相互转换。具体为

• CTOD()将指定的＜字符型表达式＞的值转换成日期型的值,要求＜字符型表达式＞值是"月/日/年"形式。

• DTOC()返回对应于＜日期型表达式＞值的字符串。日期格式可由 SET CENTURY 或 SET DATE 确定。函数值形式是"mm/dd/yy",如果采用 DTOC(＜日期型表达式＞,1)格式,则函数值形式是"yyyymmdd"。

【例 2.47】 ? CTOD("12/28/2007"),CTOD("12/28/07")

　　　　　　12/28/07　　　　　　　12/28/07

【例 2.48】 A＝"02/13/2007"

　　　　　　? YEAR(CTOD(A))

　　　　　　2007

【例 2.49】 A＝{^2007/08/28}

　　　　　　? DTOC(A),DTOC(A,1)

　　　　　　08/28/07　　　20070828

3. 字符 ASCII 码与字符转换函数

【格式 1】ASC(＜字符表达式＞)

【格式 2】CHR(＜数值表达式＞)

【功能】实现字符 ASCII 码与字符间的相互转换。具体为

• ASC()返回＜字符表达式＞值左边第一个字符的 ASCII 码。函数值为 0～

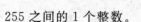

255 之间的 1 个整数。

· CHR( ) 返回 ASCII 码为＜数值表达式＞值对应的字符。要求＜数值表达式＞的值应为 0～255 之间的整数。

【例 2.50】 ? ASC("A"),ASC("ABC")

65   65

? CHR(65)， CHR(97)

A   a

4. 字符型与数值型数据转换函数

【格式 1】VAL(＜字符表达式＞)

【格式 2】STR(＜数值表达式＞[,＜长度＞ [,＜小数＞]])

【功能】实现字符型与数值型数据相互间的转换。具体为

· VAL( ) 返回＜字符表达式＞值忽略前导空格之后，从左到右直至遇到非数值型字符为止所出现的数字符构成的数值，如果＜字符表达式＞值的第一个字符不是数字，也不是加、减号或小数点等，则返回 0。

· STR( ) 返回＜数值表达式＞值按调用形式中指定的＜小数＞及＜长度＞约定之后的数字字符串。

在转换时需注意的是：

＜长度＞：指定转换后结果的字符串长度，省略则默认为 10 且只转换整数部分，对小数四舍五入。此时如果＜长度＞大于等于＜数字表达式＞值整数部分的位数，用前导空格填充返回的字符串；否则返回一串星号，表示数值溢出。

＜小数＞：保留的小数位数，末位四舍五入，省略则只转换整数部分。

【例 2.51】 求 VAL( ) 函数引用对应的结果。

函数引用	函数返回值
VAL ("123.4")	123.40
VAL ("1 23.4")	1.00
VAL ("123.45a")	123.45
VAL ("12b3.45a")	12.00
VAL ("123.459")	123.46

【例 2.52】 求 STR( ) 函数引用对应的结果。

函数引用	函数返回值
STR(123.5)	" 124"
STR(123.5,6,2)	"123.50"
STR(123.5,4,2)	" 124"
STR(123.5,2,2)	" ** "

【例 2.53】X＝－12.345

Y＝28.544

? STR(X,6,2),STR(Y,5,2)

－12.35   28.54

? '$ $'＋STR(X,6),'**'＋STR(Y,6)

**   29

? '$'＋STR(X),'*'＋STR(Y)

$ －12 *   29

2.2.5 测试函数

1. 条件测试函数 IIF( )

【格式】IIF (＜逻辑表达式＞,＜表达式 1＞,＜表达式 2＞)

【功能】若＜逻辑表达式＞的值为真,则返回＜表达式 1＞的值;若为假,则返回＜表达式 2＞的值。＜表达式 1＞和＜表达式 2＞可以是任意合法的表达式。

【例 2.54】A＝5

B＝6

C＝7

M1＝IIF(A＞B,A,B)

M2＝IIF(B＞C, "B＞C","B＜＝C")

? M1,M2

6   B＜＝C

2. 当前记录号测试函数 RECNO( )

【格式】RECNO([＜工作区号＞｜＜别名＞])

【功能】返回指定工作区打开的表文件的当前记录的记录号。对于空表返回值为1。省略函数参数,指对当前工作区打开的表文件进行测试。

【例 2.55】USE STUD

? RECNO()

1

```
GOTO 3
? RECNO()
3
```

3. 记录总数测试函数 RECCOUNT( )

【格式】RECCOUNT（[<工作区号>｜<别名>]）

【功能】返回指定工作区中打开的表包含的记录数。省略函数参数,指对当前工作区打开的表文件进行测试。

【例 2.56】
```
USE STUD
? RECCOUNT()
10
```

4. 表起始标志测试函数 BOF ( )

【格式】BOF（[<工作区号>｜<别名>]）

【功能】返回指定工作区中打开表的记录指针移到文件起始处是否为真。如果记录指针指向表文件中首记录的前面,则函数返回真(.T.),否则函数返回假(.F.)。省略函数参数,指对当前工作区打开的表文件进行测试。对于空表的测试,函数返回真(.T.)。

【例 2.57】
```
USE STUD
? BOF()
.F.
SKIP -1
? BOF()
.T.
```

5. 表结束标志测试函数 EOF( )

【格式】EOF([<工作区号>｜<别名>])

【功能】返回指定工作区中打开表的记录指针移到文件尾是否为真。如果记录指针指向表中尾记录之后,函数返回真(.T.),否则函数返回假(.F.)。省略函数参数,指对当前工作区打开的表文件进行测试。对于空表的测试,函数返回真(.T.)。

【例 2.58】
```
USE STUD
? EOF()
.F.
GO BOTTOM
? EOF()
.F.
SKIP 1
? EOF()
```

.T.

6. 查询结果测试函数 FOUND( )

【格式】FOUND([＜工作区号＞｜＜别名＞])

【功能】返回指定工作区中对打开的表文件最近一次的 CONTINUE、FIND、LOCATE 或 SEEK 等命令的执行是否成功。成功即对符合条件的记录定位成功,函数返回真(.T.);否则函数返回假(.F.)。省略函数参数,指对当前工作区打开表文件的查询结果进行测试。

【例 2.59】　USE STUD

　　　　　　LOCATE FOR 姓名＝"张三"

　　　　　　? FOUND()

　　　　　　.F.

2.3　表　达　式

表达式是由常量、变量、函数及运算符等构成的有意义的式子,是程序设计语言的重要语言成分,是正确书写各种命令和编写程序的基础。

在介绍 Visual FoxPro 各种类型的表达式之前,先具体介绍系统提供的常用命令:计算和显示命令。

【格式1】?［＜表达式表＞]

【格式2】?? ＜表达式表＞

【功能】先计算出表达式的值,然后将表达式的值在屏幕上显示输出。"?"命令是在当前行的下一行的首位开始输出＜表达式表＞的各值;"??"命令是在当前行光标所在处开始输出＜表达式表＞的各值。

【例 2.60】　? DATE()

　　　　　　?? TIME()

屏幕显示系统当前的日期和时间,如 01/24/0808:30:00。

2.3.1　数值表达式

数值表达式是由数值型常量、变量、函数、运算符及括号等构成的有意义的式子。数值表达式也称为算术表达式,表达式的值也是数值型量。

系统提供的算术运算符有:

　　　　　( )　　＋　－　＊＊(或＾)　　＊　／　％

这些运算符的含义分别是括号、加(正号)、减(负号)、乘方、乘、除和求余。它们的运算优先顺序为

（　）　→　＊＊（或＾）　→　＊　　／　％　→　＋　－

要说明的是,同级运算符的运算优先顺序是从左到右。比如,乘(＊)、除(／)和求余(％)运算。在表达式中可通过括号来改变运算顺序。

【例2.61】 将下列代数式写成 Visual FoxPro 表达式。

① $\dfrac{80-60\times3}{20+45\times2}$　　　　② $\dfrac{(2\cdot\sin45°)^3}{2+e^2\cdot\ln5}$

解　① $(80-60*3)/(20+45*2)$

　　　② $(2*\mathrm{SIN}(45/180*3.14))**3/(2+\mathrm{EXP}(2)*\mathrm{LOG}(5))$

在书写算术表达式时要注意乘号不能省略,另外可适当增加一些括号来增强可读性。

【例2.62】 在命令窗口输人以下命令序列,观察执行结果。

```
A=2
B=5
C=2
X1=(-B+SQRT(B**2-4*A*C))/(2*A)
X2=(-B- SQRT(B**2-4*A*C))/(2*A)
? "X1=",X1,"X2=",X2
```

屏幕显示:X1 ＝ －0.5000　　X2 ＝ －2.0000

以上命令序列求出了一元二次方程 $2x^2+5x+2=0$ 的根。

2.3.2　字符表达式

字符表达式是由字符型常量、变量、函数、运算符及括号等构成的有意义的式子。"＋"、"－"是两种字符串的连接运算符,可以将两个参与运算的字符串连接成一个字符串。"＋"连接是原样连接,即将参与运算的两个字符串首尾相连形成一个新的字符串;"－"连接是前一个字符串尾部空格移到了后一个字符串尾部的两字符串连接。

【例 2.63】 字符串连接运算。

"abc"+"123"	运算结果:	"abc123"
"abc"－"123"	运算结果:	"abc123"
"abc " +"123"	运算结果:	"abc 123"
"abc "－"123"	运算结果:	"abc123 "

2.3.3　关系表达式

关系表达式是用关系运算符连接两数值表达式、字符表达式或日期表达式等构成的式子。关系表达式的值为逻辑真(.T.)或逻辑假(.F.)。

表达式的一般形式为

<表达式1><关系运算符><表达式2>

关系运算符见表 2.1 所示。各个运算符的运算优先级相同。

表 2.1　关系运算符

运算符	名　称
>	大于
>=	大于等于
<	小于
<=	小于等于
=	等于
<>、#、或！=	不等于
$	包含于,字符串包含比较
==	全等,字符串精确比较

【例 2.64】 关系运算。

7>=6	运算结果：	.T.
9<=8	运算结果：	.F.
"a"=="a"	运算结果：	.T.
"ab" $ "ab"	运算结果：	.T.
"ab" $ "1abc"	运算结果：	.T.
"1abc" $ "ab"	运算结果：	.F.
"ab" $ "1ab2"	运算结果：	.T.
"ab" $ "1a b2"	运算结果：	.F.
"a"="ab"	运算结果：	.F.
"ab"="a"	运算结果：	.T.
"1ab"="a"	运算结果：	.F.
"AB">"A"	运算结果：	.F.

说明：

① $ 运算的一般格式为

<字符表达式1> $ <字符表达式2>

当<字符表达式1>包含于<字符表达式2>,即<字符表达式1>值是<字符表达式2>值的子串时,运算的结果为真,否则为假。

② ==运算用于两字符串的精确比较,即只有参与运算的两字符串完全一样时(长度一样、各对应字符一样),结果才为真,否则为假。

③ 当=运算用于两字符数据比较时,在系统默认状态下(即在 SET EXACT OFF 下)是非精确比较,此时运算符=右边的字符串若是左边字符串的前缀,运算结果为真;否则为假。如果执行命令 SET EXACT ON 之后,那么=运算和==运算完全相同。

④ 日期型数据的大小比较,按年月日的顺序比,数值大者为大。

2.3.4 逻辑表达式

逻辑表达式是由逻辑型常量、变量、函数、关系表达式及逻辑运算符等构成的有意义的式子。逻辑表达式的值为逻辑真(.T.)或逻辑假(.F.)。

逻辑运算符有:.NOT.(或!)、.AND. 和.OR.,分别称为逻辑非、逻辑与和逻辑或。逻辑运算符前后的圆点"."标记也可省略。设 X、Y 为 2 个逻辑数据,那么逻辑运算规则如表 2.2 所示。

表 2.2 逻辑运算规则

X	Y	.NOT.X	X.AND.Y	X.OR.Y
.T.	.T.	.F.	.T.	.T.
.T.	.F.	.F.	.F.	.T.
.F.	.T.	.T.	.F.	.T.
.F.	.F.	.T.	.F.	.F.

逻辑运算符运算的优先顺序是:.NOT. → .AND. → .OR.

【例 2.65】 逻辑运算。

.NOT.("a"=="a")	运算结果:	.F.
("ab" $ "ab") .AND. ("ab" $ "1abc")	运算结果:	.T.
"ab" $ "1ab2" .OR. (3>5)	运算结果:	.T.
5>6 .AND. 6>3 .OR. '9'<'1'	运算结果:	.F.

对于一个包含各种运算符的复杂的逻辑表达式来说,运算的优先顺序为

圆括号→算术和日期运算→字符串运算→关系运算→逻辑运算

2.3.5 日期表达式

日期表达式是由日期型数据构成的一种特殊的表达式,其形式为

① 日期型数据加上一个正整数 n,得到一个顺延了 n 天的新日期。

② 日期型数据减去一个正整数 n,得到一个提前了 n 天的新日期。

③ 两日期型数据相减,得到一个整数,表示两日期相减的天数。

【例 2.66】 ? DATE()

01/24/08

? DATE()＋2

01/26/08

? DATE()－2

01/22/08

? {^2008/1/20}－{^2007/1/20}

365

◆◆◆ 本章小结 ◆◆◆

本章介绍了常量、变量的类型及使用方法,分类介绍了常用的函数以及各种类型的表达式。对于常量的使用要注意不同类型值的表达方法,如严格的日期常量格式、字符常量的定界符、逻辑常量的表示等;对于变量则要注意它的类型与值的区别、变量值的更新等;对于函数的使用要注意引用的格式、函数参数的个数及类型、函数值的类型等;对于表达式则要注意各部分的类型及运算符的运算优先次序等。只有熟练掌握了这些基础知识,才能更好地进入下一章的学习。

习 题 二

1. 单项选择题:

(1) 在 Visual FoxPro 中,可以在同类数据之间进行减"－"运算的数据类型是(　　)。

A. 数值型、字符型、逻辑型　　　　B. 数值型、字符型、日期型

C. 数值型、日期型、逻辑型　　　　D. 逻辑型、字符型、日期型

(2) 在以下 4 个选项中,每个选项有 2 个分别运算的函数,运算结果相同的是(　　)。

A. LEFT("FoxPro",3)与 SUBSTR("FoxPro",1,3)

B. YEAR(DATE())与 SUBSTR(DTOC(DATE()),7,2)

C. ROUND(123.456,2)与 INT((123.456＊100))/100

D. 假定 A＝"abc ",B＝"efg",A－B 与 A＋B

(3) 函数运算 YEAR(DATE())返回值的类型是(　　)。

A. 逻辑型　　　　　　　　　　　B. 字符型

C. 备注型　　　　　　　　　　　D. 数值型

(4) 设 A＝"123",则 2＊&A 的值为(　　)。

A. "2 * & A"   B. "2&123"

C. 246   D. "2 * 123"

(5) 下列表达式中,运算结果为字符串的是(   )。

A. "ABCD" − "ABCD"   B. "ABCD"＋"ABCD"＝"2 * ABCD"

C. YEAR(DATE())   D. ABCD * 2

(6) 要判断数值型变量 Y 是否能够被 2 整除,错误的条件表达式为(   )。

A. MOD(Y,2)＝0   B. INT(Y/2)＝Y/2

C. Y%2＝0   D. INT(Y/2)＝MOD(Y,2)

(7) 以下日期型常量表达正确的是(   )。

A. "2008−03−21"   B. (2008−03−21)

C. {^2008−03−21}   D. 2008−03−21

(8) 下面各项中,属于 Visual FoxPro 常量的是(   )。

A. 12/3   B. "12/3"

C. F . AND. T   D. 12 月 3 日

(9) 下面各项中,属于合法的 Visual FoxPro 变量名的是(   )。

A. 姓＋名   B. "姓名"

C. & 姓名   D. 姓名

(10) 同一个数组中的所有数组元素的数据类型(   )。

A. 必须相同   B. 必须不同

C. 可相同也可不同   D. 不可改变

(11) 以下字符型常量表达不正确的是(   )。

A. "ABC"   B. [ABC]

C. ′ABC′   D. (ABC)

(12) 在下列函数中,函数返回值为数值的是(   )。

A. BOF()   B. STR(123)

C. AT(′人民′,′中华人民共和国′)   D. SUBSTR(DTOC(DATE()),7)

2. 将下列数学表达式写成 Visual FoxPro 表达式:

(1) $\dfrac{20-30\times 23}{10+126\div 4}$;   (2) $\dfrac{-b+\sqrt{b^2-4ac}}{2a}$;

(3) $a[x^2+b(x-c)]$;   (4) πr^2 ;

(5) $a^2+b^2-2ab\text{COS }c$ (6) $|a|\text{e}^{-2}$。

3. 将下列 Visual FoxPro 表达式写成一般数学表达式:

(1) (A＋B) ** 3;

(2) SQRT(S * (S−A) * (S−B) * (S−C));

(3) $((C ** 2) * SIN(A) * SIN(B))/(2 * SIN(A+B))$;

(4) $M1 * EXP(-A * X)/M2 * M3$;

(5) $(X * (X-1)+2)/2+Y$;

(6) $A * (B+C * (D-E/(F+G)-H))$。

4. 写出下列表达式的值:

(1) INT(-135) * 2;　　　　　　(2) MOD(21,4);

(3) SUBSTR("ABCDEFGH",4,2);　(4) SUBSTR("数据库系统",7,4);

(5) "AB"+SPACE(3)+"CDEFGH";

(6) UPPER("abCEefGH")+ "ABC";

(7) LOWER("abCEef　")-"ABC"+"D";

(8) LEN("ABC123") * 2;　　　　(9) {^2008/3/13}-{^2008/3/10};

(10) ALLTRIM(" 数据库系统 ");

(11) LEFT("abcdefgh",2)+RIGHT("abcdefgh",3);

(12) {^2008/3/13}-3;　　　　　(13) 6>5;

(14) CHR(65)+"A";　　　　　　(15) 21%4;

(16)"AB"<"AC";　　　　　　　(17) "PUT" $ "COMPUTER";

(18) AT("P", "COMPUTER");　　(19) YEAR({^2008/3/13})+2;

(20) MONTH({^2008/3/13})。

5. 已知:姓名="张三",性别="男",出生日期={^1969/08/14},婚否=.T.,工作日期={^1991/09/15},职称="讲师",基本工资=800。写出描述下列条件的Visual FoxPro表达式。

(1) 姓张的职工;

(2) 职称为讲师的男职工;

(3) 1969 年出生的男职工;

(4) 基本工资大于 800 元且工龄大于 10 年;

(5) 已婚且性别为男;

(6) 8 月份出生或 9 月份参加工作;

(7) 1990 年以前参加工作的讲师;

(8) 年龄小于 30,职称为教授或高级工程师;

(9) 姓张且姓名为两个汉字;

(10) 工龄大于 10 年且姓名的第二个字为"晓"。

第3章　数据库的基本操作

本章导学

　　本章将主要介绍 Visual FoxPro 中对数据库和表的操作，并详细介绍所涉及的命令。主要内容包括表结构、表记录的操作及对数据库、表的操作，重点掌握对表记录的命令的使用。

　　Visual FoxPro 是关系数据库管理系统，表是存储数据的基本单位，数据库是多个表的集合。因此，表和数据库是 Visual FoxPro 系统中的两大要素，本章主要讨论有关表和数据库的基本操作。

3.1　表结构的创建和编辑

　　Visual FoxPro 中的表有两类：一类包含在数据库中，称为数据库表；另一类与数据库无关，脱离数据库独立存在，称为自由表。在数据库内部创建的表是数据库表，直接创建的表是自由表。自由表可以添加到数据库中成为数据库表，数据库表也可以移出数据库成为自由表。

　　无论是数据库表还是自由表，均由两部分内容组成：表结构和表记录。表结构描述了数据存放形式以及存储的顺序，确定了表中字段的名称、类型、宽度、小数位数和是否允许为空值等信息。表记录是表的数据主体，字段是构成记录的基本单元。建立一个表文件首先要建立表结构，然后再输入具体的表记录。

3.1.1　表结构的建立

　　在 Visual FoxPro 中，建立表结构有 3 种方法：第一种是通过表设计器建立；第二种是通过表向导建立；第三种是使用 SQL 命令建立。一般常用表设计器来创建表。

1. 通过表设计器建表

1) 指定表名及保存位置

　　选择系统菜单"文件"→"新建"命令，或者单击常用工具栏中"新建"按钮打开如图 3.1 所示的"新建"对话框，选中"表"单选按钮，单击右侧的"新建文件"按钮，打开如图 3.2 所示的"创建"对话框。选定保存位置，输入表文件名（如"STUD"），单击"保存"按钮,将打开如图 3.3 所示的表设计器。

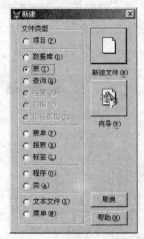 

图 3.1　"新建"对话框　　　　　　　　图 3.2　"创建"对话框

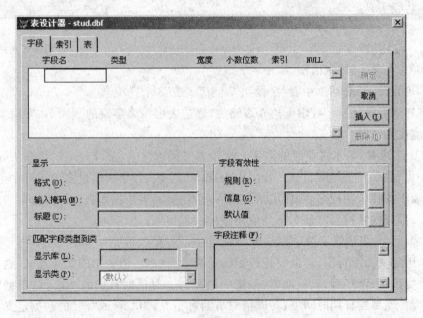

图 3.3　"表设计器"初始状态

2) 在表设计器中输入字段名,设置字段的数据类型、宽度和小数位数

在图 3.4 中,输入字段名,逐次设置字段名的类型、宽度和小数位数等信息。在索引项下,选择一种排序方式。选中或取消 NULL 项,表示该字段是否允许空值。所谓 NULL 值,指在用户为其他字段赋值时,可以不给该字段输入值。

NULL 值既不同于 0,也不同于空格,它不能参与大小或相等比较。当输入完表结构后,单击"确定"按钮会退出表设计器,并提示用户是否输入数据记录。如果选择"是",则出现如图 3.5 所示的记录输入界面,此时可以输入记录;如果选择"否",则返回到命令窗口。

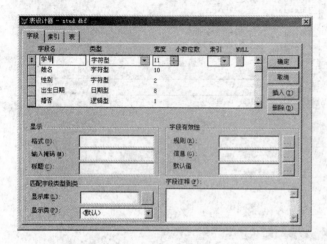

图 3.4 "表设计器"结束状态

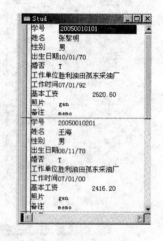

图 3.5 记录输入界面

3)"表设计器"对话框

"表设计器"对话框中含"字段"、"索引"、"表"3 个选项卡。

(1)"字段"选项卡:用于建立表结构,确定表中每个字段的字段名、字段类型、字段宽度和小数位数等。

① 字段名:表示某字段的名字。字段名必须以汉字、字母和下划线开头,由汉字、字母、数字和下划线组成。数据库表支持长字段名,字段名最多为 128 个字符;自由表不支持长字段名,字段名最多为 10 个字符。当数据库表转化为自由表时截去超长部分的字符。字段名不能使用系统的保留字。

② 类型:表示该字段中存放数据的类型。若存放的是一些符号,不进行数值运算,则定义为字符型;若需要进行数值运算,则根据数值表示的实际意义,选择数值型、货币型、浮点型、双精度型、整型中的一种。对描述日期的字段,可根据需要定义为日期型或日期时间型;对取值只有两种情况,为"真"或"假"的数据定义为逻辑型;若存储的字符超过 254 个,可定义为备注型;若要保存图片或 OLE 对象,可定义为通用型。备注型和通用型字段的信息都没有直接存放在表文件中,而是存放在一个与表文件同名的.FPT 文件中。

③ 宽度:表示该字段允许存放数据的最大宽度。字符型字段的最大宽度为 254 个字符,数值型字段和浮点型字段的最大宽度为 20 位,逻辑型字段的宽度固

定为1,日期型字段的宽度固定为8,通用型字段和备注型字段的宽度固定为4。

④ 小数位数:只对数值型、浮点型、双精度型等数值型字段有效,允许最大宽度为20。在计算宽度时,小数点本身也算作一个字符。

若建立的是数据库表,则下面还有显示、字段有效性等内容。

⑤ 字段的显示属性:

• 格式:控制字段在浏览窗口、表单、报表等显示时的样式。控制字符及功能如表3.1所示。

表 3.1 字段的显示格式字符

字 符	功 能	字 符	功 能
A	字母字符,不允许空格和标点符号	R	显示文本框的格式掩码,但不保存到字段中
D	使用当前的 SET DATE 格式	T	删除前导空格和结尾空格
E	使用英国日期格式	!	字母字符转换成大写
K	光标移至该字段选择所有内容	^	用科学计数法表示数值数据
L	数值字段显示前导 0	$	显示货币符号

• 输入掩码:控制输入该字段的数据的格式。掩码字符及功能如表3.2所示。

表 3.2 字段的显示掩码字符

字 符	功 能	字 符	功 能
X	任意字符	*	左侧显示 *
9	数字字符和十一号	.	指定小数点位置
#	数字字符、十一号和空格	,	用逗号分隔整数部分
$	指定位置显示货币符号	$ $	货币符号与数字不分开显示

• 标题:若表结构中字段名用的是英文,则可以在标题中输入汉字,这样显示该字段值时就比较直观了。若没有设置标题,则将表结构中的字段名作为字段的标题。

⑥ 字段有效性:

• 规则:限制该字段的数据的有效范围。如定义的"性别"字段为字符型,但性别只有"男"或"女",则可以在选择"性别"字段时,在规则中输入:性别="男".OR.性别="女"。这样当给"性别"字段输入记录值时就只能输入"男"或"女"。

• 信息:字符型数据。当向设置了规则的字段输入不符合规则的数据时,就会将所设置的信息显示出来。

• 默认值:当向表中添加记录时,系统向该字段预置值。如大学生中大部分为男生,则可以在"性别"字段中输入默认值"男"。这样,输入记录时只有女生才需要改变默认值,可以减少输入。

（2）"索引"选项卡：为表建立索引。

（3）"表"选项卡：对表的记录进行描述，控制记录数据。

① 记录有效性：

• 规则：指定记录的有效条件，满足该条件，数据才能输入到表中，它确定的是该记录各字段值之间的总体数据关系是否有错。

• 信息：当记录的数据不符合规则时，由系统显示给用户的提示信息。

② 触发器：

当对记录进行操作时，若设置了触发器，则对触发器设置的条件表达式进行验证，若其值为.T.，则允许进行相关操作；否则，拒绝操作。

• 插入触发器：当向表中插入或追加记录时，判断其表达式的值，为"真"则允许插入或追加，为"假"则拒绝操作。

• 更新触发器：当要修改记录时，判断其表达式的值，为"真"则允许修改，为"假"则拒绝操作。

• 删除触发器：当要删除记录时，判断其表达式的值，为"真"则允许删除，为"假"则拒绝操作。

2．通过命令建表

在命令窗口中利用建表命令同样可以打开表设计器创建表。

【格式】CREATE ＜表文件名[．DBF]＞

【功能】打开"表设计器"对话框，进行表的设计。

【例 3.1】 用命令建立表。

在命令窗口输入命令：

　　　CREATE STUD. DBF

按回车键后，系统同样会打开图 3.3 所示的表设计器窗口，再按照上述步骤操作即可建立 STUD 表。

3.1.2　表结构的编辑

1．表结构的修改

表建立之后，在使用中可能出现修改表结构的情况。例如，增加字段、删除字段、修改字段名、修改字段类型等。

表结构的修改有两种方式：菜单方式和命令方式。

1）菜单方式

在"文件"菜单中选择"打开"命令，在"打开"对话框中选择要打开的表。在"显示"菜单中选择"表设计器"命令，将打开如图 3.6 所示的表设计器。在此对话框中，可采用全屏幕编辑方式完成对表结构的修改。

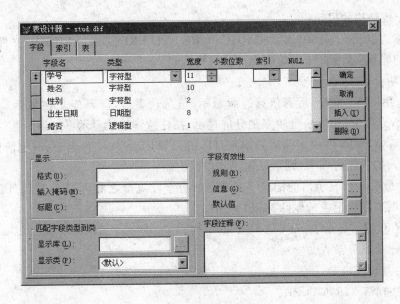

图 3.6　表结构的修改

2）命令方式

【格式】MODIFY STRUCTURE

【功能】打开表设计器修改表结构。

说明：

① 执行 MODIFY STRUCTURE 命令时，Visual FoxPro 系统首先建立一个备份文件。表文件的备份文件的扩展名为.BAK，备注文件的备份文件的扩展名为.TBK，结构修改完成后，Visual FoxPro 再自动将备份文件中数据添加到新修改的表中。

② 如果同时修改字段名和它的类型，Visual FoxPro 将不能正确地送回原来的数据并造成数据的丢失。在这种情况下，应先修改字段名，退出 MODIFY STRUCTURE 并存盘，然后再使用该命令修改字段的类型。

③ 如果在修改字段名的同时插入或删除了字段，会引起字段位置发生变化，有可能造成数据丢失。但是，在插入或删除字段的同时却可以修改字段的宽度或字段的类型。

④ 如果修改表结构后出现了数据丢失现象，或者对其不满意，可利用备份文件将表恢复到修改前的状态。方法是：先将新的表文件删除掉，再将表备份文件的扩展名.BAK 改为表文件扩展名.DBF，将备注备份文件扩展名.TBK 改为备注文件的扩展名.FPT。

2. 表结构的显示

【格式】LIST|DISPLAY STRUCTURE [TO PRINT|TO FILE <文件名>]

【功能】显示或打印当前表文件的结构。

说明：

① 用 LIST 命令，所有信息连续显示，信息较多时，屏幕停止在最后一屏；用 DISPLAY 命令，如果信息较多则分屏显示，按任意键继续显示下一屏。

② TO PRINT：决定信息输出到打印机；TO FILE <文件名>：决定信息输出到文件。如无任何选项，则默认输出到屏幕。

③ 最后一行显示出的记录字节数是所有字段宽度之和再加 1，这额外的一个字节是用来存放记录的删除标记"＊"的。

【例 3.2】 显示表 STUD.DBF 的结构。

在命令窗口输入命令：

　　USE STUD

　　LIST STRUCTURE

屏幕显示结果如图 3.7 所示。

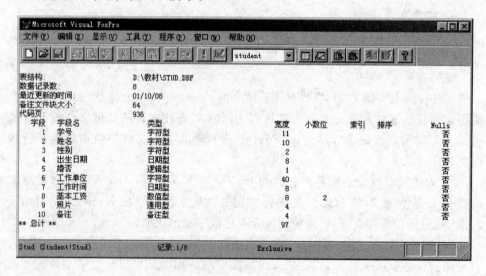

图 3.7　表结构的显示

3.2 表的基本操作

3.2.1 表的打开和关闭

若要操作表,首先应打开表。结束对表的操作后,也应该及时关闭表文件,将内存中的数据存入磁盘。如果没有及时关闭文件,由于人为的误操作或突然停电等因素,将可能导致数据被破坏。

1. 表的打开

表的打开有两种方式:菜单方式和命令方式。

1) 菜单方式

在“文件”菜单中选择“打开”命令,或者单击工具栏中“打开”按钮,出现“打开”对话框,双击要打开的表名,或者选中要打开的表名,单击“确定”按钮就可打开相应的表文件。

2) 命令方式

【格式】USE [<路径>][数据库名!]<表文件名>|?

【功能】打开指定路径下的表和相关的索引文件。

说明:

① <路径>:指定表文件所在的位置。若省略,则打开当前盘、当前路径下的表文件。

② [数据库名!]<表文件名>:指定打开某数据库中的表文件。若未指定数据库名,则在当前数据库中查找,若当前数据库中没有找到,则按自由表方式打开。

③ 如果表文件中含有通用型、备注型字段,则同名的.FPT 文件也同时打开。

④ 若不指定表文件名而使用“?”,则系统会弹出“使用”对话框,以便用户指定要打开的表。

【例3.3】 打开在 D 盘 Visual FoxPro 子目录中的自由表 STUD. DBF。

在命令窗口输入命令:

    USE D:\Visual FoxPro\STUD. DBF

2. 表的关闭

表的关闭有两种方式:菜单方式和命令方式,通常使用命令方式关闭表文件。关闭表文件的命令方式有以下几种:

1) 打开另一个表文件

如果当前有打开的表,当打开另一表文件时,系统将自动关闭先前打开的表文件。

2) 使用不带任何选项的 USE 命令

【格式】USE

【功能】关闭当前已打开的表文件。

3) 使用 CLEAR 命令

【格式】CLEAR ALL

【功能】关闭所有打开的表文件、索引文件、格式文件及备注文件等。

4) 使用 CLOSE 命令

【格式 1】CLOSE ALL

【功能】关闭各种类型文件。

【格式 2】CLOSE DATABASES

【功能】关闭所有打开的数据库文件、表文件、索引文件、格式文件及备注文件等。

5) 退出 Visual FoxPro 系统

【格式】QUIT

【功能】关闭所有打开的文件,退出 Visual FoxPro 系统,返回到操作系统下。

3.2.2 表记录的输入

完成表结构的建立后,系统弹出输入记录对话框。如果选择"是",可直接进入输入记录窗口;如果选择"否",则不输入记录。没有记录的表称为空表,可以根据需要随时向空表或已有记录的表中追加记录。

1. 追加记录

【格式】APPEND [BLANK]

【功能】在当前已打开表的末尾追加一条或多条记录。

说明:

BLANK:表示在表末尾追加一条空记录,并自动返回命令窗口,此时系统并不弹出编辑窗口。

【例 3.4】 向 STUD. DBF 表中追加记录示例。

在命令窗口输入命令:

```
USE STUD        && 打开 STUD. DBF 表

APPEND          && 打开如图 3.8 所示的浏览窗口,添加新记录
```

在此窗口中,用户可以输入每条记录的数据。输入记录时,如果输入的数据没有达到字段宽度,按回车键、向下光标键或 TAB 键均可结束该字段的输入,进入下一字段;如果输入的数据达到字段宽度,光标自动移动到下一字段起始位置,不需再按回车键。

图 3.8　添加新记录窗口

输入的数据必须与字段类型一致,否则系统将不接受。对于逻辑型字段,输入的数据应为 T、t、F、f、Y、y、N、n 这些有效的字符;对于日期型字段,系统具有 10 种格式,系统默认格式为美国格式"mm/dd/yy",中间的"/"由系统自动提供,不需用户输入,输入的数字应在正常范围内;对于数值型字段,输入的应是正负号、数值和小数点。

当表中含有备注型字段时,双击 memo 处或当光标在 memo 处时按 Ctrl＋PgDn 键,便进入备注信息录入界面(如图 3.9 所示),此时可以输入大段的文字信息,当输入完后按 Ctrl＋W 键存盘返回,或按 Esc 键放弃存盘返回。存盘返回后,系统会将 memo 的首字母改写为大写的 Memo,表示该记录的备注型字段已输入备注型内容。

当表中含有通用型字段时,双击 gen 处或当光标在 gen 处时按 Ctrl＋PgDn 键,便进入通用型字段的录入界面(如图 3.10 所示)。用户单击主菜单中的"编辑"→"插入对象"或"粘贴",可以插入各类对象类型。最后按 Ctrl＋W 键存盘返回,或按 Esc 键放弃存盘返回。存盘返回后,系统会将 gen 改写为 Gen,表示该记录的通用型字段已输入内容。

备注型字段和通用型字段的信息被保存在.FPT 备注文件中,其文件名和表文件同名。

2. 从其他表追加记录

【格式】APPEND FROM ＜表文件名＞［＜范围＞］［FOR ＜条件＞］

　　　　［WHILE ＜条件＞］［FIELDS ＜字段名表＞］［TYPE ＜文件类型＞］

【功能】将指定表文件中规定范围内符合条件的记录自动追加到当前数据表的末尾。

说明:

① ＜表文件名＞:指读取数据的表文件名,如果未指定扩展名,系统默认为

图 3.9 备注型字段编辑窗口　　　　图 3.10 通用型字段编辑窗口

.DBF。

　　② 数据的追加是从命令指定的表文件追加到当前表文件。因此,应先将需要追加记录的表文件打开,然后再利用该命令进行追加。

　　③ 一般情况下,磁盘上指定表文件的结构与当前打开的数据表的结构应该相同,即字段名、类型和宽度等应该一致。

　　④ 若选择 FIELDS <字段名表>选项,则仅有<字段名表>所列字段的内容被追加进来。如果当前表中存在<字段名表>中未列出的字段,则当前表中该字段值为空。

　　⑤ TYPE 选项用来指定追加来自文本文件中的数据,其中<文件类型>可以是 SDF 或 DELIMITED <分隔符>。

　　【例 3.5】 将表 STUD.DBF 中性别为"男"的记录追加到表 STUDMAN.DBF中。

　　在命令窗口输入命令:

　　　　USE STUDMAN　　　　　　　　　　&& 打开需追加记录的表

　　　　APPEND FROM STUD FOR 性别="男"　&& 将符合条件的记录追加到当前表

3. 追加备注型和通用型字段

【格式 1】APPEND MEMO <备注型字段名> FROM <文本文件名>

　　　　　　［OVERWRITE］

【功能】将文本文件的内容复制到备注型字段中。

说明:

　　如无 OVERWRITE 选项,文件内容将追加到指定备注字段中;如有此项,则用文件的内容替换备注字段当前的内容。

　　【例 3.6】 将表 STUD.DBF 中第二条记录的备注型字段"备注"的内容用文

件 D:\AA. TXT 的内容替换。

在命令窗口输入命令：

  USE STUD

  GO 2   && 将第二条记录设为当前记录

  APPEND MEMO 备注 FROM D:\AA. TXT OVERWRITE

【格式 2】APPEND GENERAL ＜通用型字段名＞ FROM
  ＜OLE 对象文件名＞

【功能】从 OLE 文件中将其内容复制到通用型字段中。

【例 3.7】 将表 STUD. DBF 中第二条记录的通用型字段"照片"的内容用文件 D:\PHOTO. JPG 的内容替换。

在命令窗口输入命令：

  USE STUD

  GO 2   && 将第二条记录设为当前记录

  APPEND GENERAL 照片 FROM D:\PHOTO. JPG

4. 插入记录

【格式】INSERT ［BEFORE］［BLANK］

【功能】在当前记录前或后插入一条新记录,新记录以编辑状态显示出来(记录输入界面如图 3.5 所示);也可以在当前记录前或后插入一条空白记录,此时不显示编辑窗口。

说明：

① BLANK:插入一条空记录。

② BEFORE:打开浏览窗口,在当前表的当前记录前插入新记录;若无该项,则在当前表的当前记录后插入新记录。

【例 3.8】 在表 STUD. DBF 的第二条记录前插入一条空记录,在第三条记录后插入一条新记录。

则在命令窗口输入命令：

  USE STUD

  GO 2

  INSERT BEFORE BLANK

  GO 3

  INSERT

3.2.3 表记录的显示

表记录的显示是表的操作中最重要的部分,有菜单方式和命令方式两种,在此我们仅介绍应用广泛的命令方式。

【格式】LIST | DISPLAY［FIELDS ＜字段名表＞］［＜范围＞］［FOR
＜条件＞］［WHILE ＜条件＞］［TO PRINTER［PROMPT］| TO
FILE ＜文件名＞］［OFF］［NOCONSOLE］

【功能】显示当前表文件中指定＜范围＞内符合＜条件＞的记录中＜字段名
表＞所列字段的信息。

说明：

① ＜范围＞：表示操作的记录范围，一般有以下 4 种选择：

• ALL：对所有的记录进行操作。

• NEXT N：只对从当前记录开始往后的连续的 N 条记录进行操作。

• RECORD N：只对第 N 条记录进行操作。

• REST：只对从当前记录开始到表文件末尾为止的所有记录进行操作。
其中，N 可以是常数，也可以是数值表达式。

② FOR＜条件＞和 WHILE＜条件＞：

• FOR＜条件＞：在指定的范围内，按条件逐个检查所有记录，即从＜范围＞
内的第一条记录开始，当记录满足条件时，执行相应命令；当记录不满足条件时就
跳过，直到该范围内的所有记录都检查完为止。

• WHILE＜条件＞：在指定的范围内，按条件逐个检查后面记录，即从＜范
围＞内的第一条记录开始，当记录满足条件时，执行相应命令，并把记录指针下移
一条记录，一旦遇到一条不满足条件的记录，就停止查找并结束该命令的执行。

• FOR＜条件＞和 WHILE＜条件＞均实现对表记录的筛选，若它们同时使
用，则 WHILE 优先，若它们均不使用，则显示＜范围＞中的所有记录。

③ FIELDS＜字段名表＞：指定显示的字段。

④ OFF：指定是否显示记录号。若省略 OFF，则在每条记录前显示记录号。

⑤ NOCONSOLE：表示不向 Visual FoxPro 主窗口和活动的用户自定义窗口
输出结果。

⑥ TO PRINTER［PROMPT］：用来指定将命令的结果输出到打印机。若有
PROMPT，表示打印开始前显示一个对话框，在此对话框中可以调整打印机的设
置；若无 PROMPT，表示按默认设置打印。

⑦ TO FILE＜文件名＞：用来指定将命令的结果输出到指定文件中，文件名
为＜文件名＞。

⑧ LIST 和 DISPLAY 的区别：

• 不带任何选项时，LIST 命令的默认范围是 ALL，执行完后，记录指针定位
在文件尾；DISPLAY 命令的默认范围为当前记录，执行完后，记录指针定位在当

前记录。

• 如果表中记录信息较多，一屏显示不完，DISPLAY 每显示一屏就暂停一次，按任意键显示下一屏；而 LIST 命令则不暂停，而是继续向后滚动显示，最终将最后一屏显示在当前窗口上。

【例 3.9】 显示 STUD.DBF 表中的所有记录。

在命令窗口输入命令：

  USE STUD

  LIST   && 或者用 DISPLAY ALL

屏幕显示结果如图 3.11 所示。

记录号	学号	姓名	性别	出生日期	婚否	工作单位	工作时间	基本工资	照片	备注
1	20050010101	张黎明	男	10/01/70	.T.	胜利油田孤东采油厂	07/01/92	2620.60	gen	Memo
2	20050010201	王海	男	08/11/78	.T.	胜利油田孤东采油厂	07/01/00	2416.20	gen	memo
3	20050010202	李梅	女	08/10/86	.T.	大庆油田采油二厂	07/01/06	1920.30	gen	memo
4	20050020101	王海雁	女	06/07/80	.T.	大庆油田采油三厂	07/01/04	2214.50	gen	memo
5	20050020201	李春	女	01/01/80	.T.	胜利油田孤东采油厂	11/20/01	2510.00	gen	memo
6	20060010201	李辉	男	08/12/86	.F.	胜利油田孤岛采油厂	06/30/05	1962.20	gen	memo
7	20060020102	王小琳	女	08/09/86	.F.	胜利油田现河采油厂	06/30/05	1960.00	gen	memo
8	20060020201	吴海	男	11/10/88	.F.	大庆油田采油一厂	01/01/07	1816.30	gen	memo

Stud (Student!Stud) 记录:EOF/8 Exclusive

图 3.11　例 3.9 结果

【例 3.10】 显示 STUD.DBF 表中性别为"男"的记录的姓名、性别、工作单位、工作时间等信息。

在命令窗口输入命令：

  USE STUD

  LIST FOR 性别="男" FIELDS 姓名,性别,工作单位,工作时间

屏幕显示结果如图 3.12 所示。

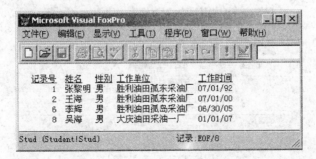

图 3.12　例 3.10 结果

【例 3.11】 显示 STUD. DBF 表中 2000 年以后工作的职工的姓名、性别、出生日期、工作单位、工作时间、基本工资等信息。

在命令窗口输入命令：

USE STUD

LIST FOR YEAR(工作时间)＞＝2000 FIELDS 姓名，性别，出生日期，工作单位，工作时间，基本工资

屏幕显示结果如图 3.13 所示。

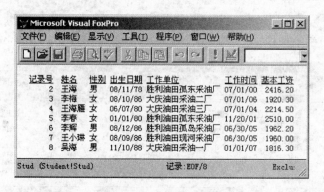

图 3.13　例 3.11 结果

【例 3.12】 显示 STUD. DBF 表中第三条记录之后 5 条记录的学号、姓名、工作单位等字段信息。

在命令窗口输入命令：

USE STUD

GO 3　　　　　　　　&& 将第三条记录设置为当前记录

LIST NEXT 5 FIELDS 学号，姓名，工作单位

屏幕显示结果如图 3.14 所示。

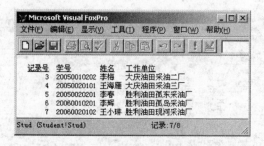

图 3.14　例 3.12 结果

3.2.4 表记录的定位

对表记录的操作是靠记录指针定位的,记录指针作为一种内部标志,用来指出表文件的当前记录。对表文件的许多操作都是对当前记录进行的,如果要对某条记录进行处理,必须移动记录指针,使其指向该记录。在打开表文件时,记录指针默认指向第一条记录。随着命令的执行,记录指针会发生移动。在表的索引文件未打开的情况下,记录指针是按表的物理顺序移动的;而在表的索引文件打开的情况下,记录指针一般是按表的逻辑顺序移动的。记录指针的移动称为记录指针的定位,通常有绝对定位和相对定位两种。

1. 绝对定位

【格式 1】[GO|GOTO][RECORD]<记录号>

【功能】将记录指针定位到<记录号>指定的记录上。

说明:

<记录号>:指定一个物理记录号,它是记录在表中的物理顺序,与索引文件的打开与否无关,即与表的逻辑顺序无关,无论索引文件是否打开,均移到物理记录号所指的记录。

【例 3.13】 记录绝对定位命令示例。

在命令窗口输入命令:

```
USE STUD
GOTO 2
? RECNO()          && 系统主窗口显示 2
GO 3
? RECNO()          && 系统主窗口显示 3
GO 4
? RECNO()          && 系统主窗口显示 4
```

【格式 2】GO|GOTO <TOP|BOTTOM>

【功能】将记录指针移动到当前表文件的首记录或尾记录。

说明:

① TOP:将记录指针移动到表文件的首记录。

② BOTTOM:将记录指针移动到表文件的尾记录。

2. 相对定位

【格式】SKIP [记录数]

【功能】以当前记录为基准,使记录指针在表中向后(正数)或向前(负数)移动[记录数]指定条数的记录。

说明：

① 记录数：用来指定记录指针需要移动的记录数，缺省情况下记录指针移到下一记录，相当于命令 SKIP 1。如果"记录数"为正数，则记录指针向文件尾移动"记录数"条记录；如果"记录数"为负数，则记录指针向文件头移动"记录数"条记录。

② 如果记录指针指向表的最后一条记录，并且执行 SKIP 命令，则 RECNO()函数返回值比表的记录总数大 1，EOF()函数返回值为真(.T.)；如果记录指针指向表的第一条记录，并执行 SKIP −1 命令，则 RECNO()函数返回值与第一条记录的记录号相同，BOF()函数返回值为真(.T.)。

③ 相对定位与是否打开索引文件有关。如果打开了索引，则记录指针按索引文件中的逻辑顺序移动，否则按表文件中的物理顺序移动。

【例 3.14】 记录相对定位命令示例。

在命令窗口输入命令：

```
USE STUD
? RECNO()          && 系统主窗口显示 1
SKIP 4
? RECNO()          && 系统主窗口显示 5
SKIP −2
? RECNO()          && 系统主窗口显示 3
```

3.2.5 表记录的修改

在表的使用维护过程中，有大量的工作是对数据记录的修改，通常可以采用编辑修改、浏览修改和替换修改 3 种方式。

1. 编辑修改

【格式】EDIT|CHANGE [FIELDS <字段名表>][<范围>][FOR <条件>][WHILE <条件>]

【功能】弹出编辑窗口，供用户以交互方式修改表记录。

说明：

① FIELDS<字段名表>：若选择此选项，则只列出字段名表中的字段，且显示顺序同字段名表中的顺序相同；若未选择此选项，将显示表中的所有字段。

② [<范围>][FOR <条件>][WHILE <条件>]：同前面其他命令所述。

2. 浏览修改

【格式】BROWSE [FIELDS <字段名表>][FOR <条件>]

【功能】弹出浏览窗口，供用户以交互方式修改表记录。

说明：

[FIELDS <字段名表>][FOR <条件>]：同前面其他命令所述。

3. 替换修改

【格式】REPLACE <字段名 1> WITH <表达式 1> [ADDITIVE]

[,<字段名 2> WITH <表达式 2> [ADDITIVE]]…

[<范围>][FOR <条件>][WHILE <条件>][NOOPTIMIZE]

【功能】对指定范围内符合条件的记录,将<字段名>的内容用指定<表达式>的值替换。

说明：

① <字段名 1> WITH <表达式 1> [ADDITIVE] [,<字段名 2> WITH <表达式 2> [ADDITIVE]]…：表示用<表达式 1>的值替换<字段名 1>中的数据,用<表达式 2>的值替换<字段名 2>中的数据,依次类推。

<字段名 N>和<表达式 N>的数据类型必须相同。对于数字型字段,当<表达式 N>的值大于字段宽度时,将截去小数部分,并对小数部分作四舍五入取整;如果结果仍然放不下,则采用科学计数法,但数值的精度会有所降低;如果还放不下,则将该字段的内容用星号"＊"替换,表示溢出。

② ADDITIVE：此选项仅在替换备注型字段时才使用,表示将表达式的值追加在原备注字段内容之后。缺省此选项,表示用表达式的值替换原备注字段内容。

③ 如果同时缺省[<范围>][FOR <条件>][WHILE <条件>],则仅对当前记录进行修改。

④ REPLACE 命令常常用来对表中数据做成批修改。

【例 3. 15】 将 STUD. DBF 表中所有职工的基本工资增加 100 元。

在命令窗口输入命令：

　　USE STUD

　　REPLACE ALL 基本工资 WITH 基本工资＋100

【例 3. 16】 将 STUD. DBF 表中所有已婚职工的基本工资增加 50 元。

在命令窗口输入命令：

　　USE STUD

　　REPLACE 基本工资 WITH 基本工资＋50 FOR 婚否＝.T.

3.2.6 表记录的删除

表记录的删除是表维护的一项经常性工作,因为删除意味着数据的消失,所以对记录的删除要慎重。删除可分为逻辑删除和物理删除两种,逻辑删除可以恢复,物理删除不可恢复。

1. 逻辑删除记录

【格式】DELETE[<范围>][FOR <条件>][WHILE <条件>]

【功能】给当前打开的表文件中符合条件的记录打上删除标记。

说明：

① [<范围>][FOR <条件>][WHILE <条件>]等各选项意义同前，如果同时缺省，则仅删除当前记录。

② DELETE 命令仅仅是在要删除的记录前加上一个删除标记"＊"，并不是真正地从表文件中将该记录删除掉。用 LIST 命令显示时，仍然可以看到这些记录，只不过逻辑删除的记录在记录号后用"＊"表示。

③ 根据 SET DELETED ON/OFF 设置的不同，执行该命令后，不同的操作将产生不同结果。

• SET DELETED ON：表示删除标记有效，处理记录时忽略有删除标记的记录。

• SET DELETED OFF(默认值)：表示删除标记失效，处理记录时命令对有删除标记的记录仍然起作用。

【例 3.17】 删除 STUD.DBF 中所有男职工的记录。

在命令窗口输入命令：

```
USE STUD
DELETE FOR 性别="男"
LIST
```

屏幕显示结果如图 3.15 所示。

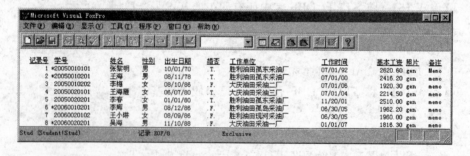

图 3.15 例 3.17 结果

2. 恢复逻辑删除记录

【格式】RECALL[<范围>][FOR <条件>][WHILE <条件>]

【功能】取消表中满足条件的记录的删除标记。

说明：

① [<范围>][FOR<条件>][WHILE<条件>]等各选项意义同前,如果同时缺省,则仅恢复当前记录。

② 只能恢复由 DELETE 命令逻辑删除的记录,对物理删除的记录无法恢复。

【例 3.18】 恢复 STUD. DBF 中删除的所有记录。

在命令窗口输入命令:

```
USE STUD

RECALL ALL
```

3. 物理删除记录

【格式】PACK [MEMO][DBF]

【功能】将当前表文件中所有带删除标记" * "的记录全部真正地删除掉。

说明:

① MEMO:若选中此项,表示只从备注文件中删除未使用的空间,但不从表中删除标有删除标记的记录。

② DBF:仅从表中删除标有删除标记的记录,但不影响备注文件。

③ 若不带任何选项,则 PACK 命令将同时作用于表和备注文件。

【例 3.19】 物理删除 STUD. DBF 中所有男职工的记录。

在命令窗口输入命令:

```
USE STUD

DELETE FOR 性别="男"

PACK
```

4. 物理删除全部记录

【格式】ZAP

【功能】将当前表文件中所有记录全部删除,只留下表的结构。

说明:

使用 ZAP 命令相当于执行 DELETE ALL 命令后,再执行 PACK 命令。该命令执行后不能恢复,要谨慎使用。

3.2.7 表 的 删 除

【格式】DELETE FILE <表文件名>|?

【功能】将指定的表文件从磁盘上删除。

说明:

① 要删除的文件名一定要有扩展名,或使用通配符。

② 如果删除的表文件存在与其相关的备注文件(. FPT)和索引文件(. CDX 或. IDX),则应同时删除这些文件。

③ 删除一个表文件时,应保证该表文件处于关闭状态。

④ 要删除的表文件如果不是在默认的路径下,则应指明文件所在路径。

⑤ 若不指定文件名或使用"?",系统会弹出"删除"对话框,选择要删除的表文件路径、文件类型及文件名后,单击"删除"按钮。

⑥ 该命令仅能删除自由表,数据库表的删除在后续章节介绍。

【例 3.20】 删除当前路径下的 STUD.DBF 表文件及其备注文件、索引文件。

在命令窗口输入命令:

```
USE                        && 关闭当前表文件
DELETE FILE STUD. *        && . * 表示删除文件名为 STUD 的所有文件
```

3.2.8 表的复制

1. 表结构的复制

【格式】COPY STRUCTURE TO <表文件名> [FIELDS <字段名表>]
　　　　[[WITH] CDX|[WITH] PRODUCTION]

【功能】对当前打开的数据表结构进行复制,形成一个指定名称的新表结构。

说明:

① 命令执行前,需复制的表文件必须是打开的,执行后,生成的新表文件只有结构。

② FIELDS 选项中<字段名表>用于确定新表文件结构的字段名,<字段名表>中的字段必须是原表文件中具有的字段。若省略该项,则原样复制当前表文件的结构。新表文件名不能与被复制的当前表文件同名。

③ 选项[WITH]CDX 和[WITH]PRODUCTION 的功能相同,当原表文件中有一个结构索引文件时,可以使用这两项中的任一项,该命令会自动为新表文件建一个结构复合索引文件,它与原结构索引文件有相同的标识和索引表达式。有关索引的概念在后续章节中介绍。

【例 3.21】 根据 STUD.DBF 中的学号、姓名、性别、出生日期等 4 个字段生成一个新表文件 STUDPART1.DBF。

在命令窗口输入命令:

```
USE STUD                   && 打开原表文件
COPY STRUCTURE TO STUDPART1 FIELDS 学号,姓名,性别,出生日期
USE STUDPART1              && 打开新表文件
LIST STRUCTURE            && 显示新表文件结构
```

屏幕显示结果如图 3.16 所示。

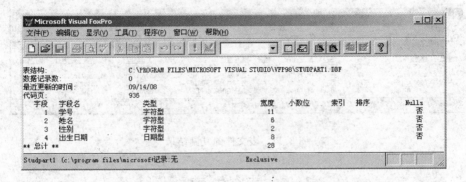

图 3.16 表结构的复制结果

2. 表文件的复制

【格式】COPY TO ＜表文件名＞ ［＜范围＞］［FOR ＜条件＞］

　　　　［WHILE ＜条件＞］［FIELDS ＜字段名表＞］［TYPE ＜文件类型＞］

【功能】将当前数据表中指定范围内符合条件的记录复制到一个指定名称的新的数据表中。

说明：

① 同时缺省范围、条件和"FIELDS ＜字段名表＞"选项时，复制后得到的新数据表与原来的表完全一样。

② FIELDS ＜字段名表＞：仅复制指定字段，并且新表中字段顺序与＜字段名表＞中字段顺序一致。

③ TYPE ＜文件类型＞：产生扩展名为.TXT 的文本文件，其中＜文件类型＞可以是 SDF 或 DELIMITED ＜分隔符＞。

【例3.22】 将 STUD.DBF 中所有男同学的记录复制到 STUDMAN.DBF 中。

在命令窗口输入命令：

```
USE STUD                    && 打开原表文件
COPY TO STUDMAN FOR 性别＝"男"
USE STUDMAN                 && 打开新表文件
LIST                        && 显示新表文件内容
```

屏幕显示结果如图 3.17 所示。

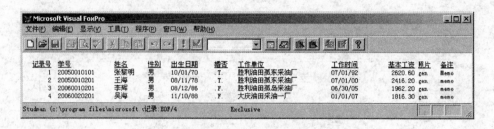

图 3.17　表文件的复制结果

3.3　表 的 索 引

　　建立数据表时,表中记录的顺序是由输入的顺序决定的,每次添加的记录由系统自动加到文件的末尾。这种未经过人工调整而存在的文件的记录顺序,称为文件的"物理顺序"。但是,用户对数据常常会有不同的需求,为了使用户能更方便地使用数据,需要对文件中的记录重新排列顺序。Visual FoxPro 系统提供了两种方法对表中的数据进行重新组织:排序和索引。

　　排序是从物理上对表进行重新整理,按照指定的关键字段来重新排列表中数据记录的顺序,并产生一个新的表文件。新表的产生既费时间又浪费空间,并且对原表进行增、删、改等操作时,新表不能随之更改,这会造成数据不一致的问题,因此实际中很少使用。索引是从逻辑上对表进行重新整理,按照指定的关键字段来建立索引文件,既能达到加快查询速度的目的,又可以克服排序方法的缺点。索引在实际中应用很广,是本节的重点。

3.3.1　索引的概念

　　Visual FoxPro 中的索引是由指针构成的文件,这些指针逻辑上按照索引关键字表达式值的顺序排列,这种顺序称为记录的逻辑顺序。索引文件和表文件分别存储,不改变表中记录的物理顺序。创建索引实际上就是创建一个由指向.DBF文件记录的指针构成的文件。索引文件可看成是由两个字段组成的一张索引表:第一个字段放的是索引关键字表达式值,并按索引关键字表达式值排序;第二个字段放的是记录指针,它指向原表的物理地址。

　　索引文件必须与原表一起使用,查询时首先根据索引关键字表达式值在索引文件中找到对应的记录号,然后再到表里直接定位到该记录号对应的记录。这样的查询方式使顺序查询和随机查询都有较高的效率。并且建立索引后,对原表进行增、删、改等操作时,索引文件能够自动更新,从而保证了数据的一致性。

1. 索引文件的类型

Visual FoxPro 的索引文件分为单索引文件和复合索引文件两种。

1) 单索引文件

单索引文件是根据一个索引关键字表达式建立的索引文件,文件的扩展名为
.IDX,可以用 INDEX 命令建立。单索引文件通常作为临时索引,在需要时临时创
建。

2) 复合索引文件

复合索引文件是指索引文件中可以包含多个索引,文件的扩展名为.CDX。
索引之间用唯一的索引标识名区别,每个索引标识名的作用等同于一个单索引文
件名。

复合索引文件又可分为两种:结构复合索引文件和独立复合索引文件。结构
复合索引文件由 Visual FoxPro 自动命名,与相应的表文件主文件名相同,扩展名
为.CDX。该索引文件随表文件同时打开和同时关闭。在对表记录进行增、删、改
等操作时,系统会自动对结构复合索引文件的全部索引标识进行维护。独立复合
索引文件主文件名不与表文件名相同,扩展名为.CDX。在打开表时不会自动打
开此索引文件,由命令指定打开。

单索引文件和独立复合索引文件使用较少,结构复合索引文件使用较多。

2. 索引关键字的类型

索引关键字是由一个或若干个字段构成的索引表达式,索引表达式的类型决
定了不同的索引方式。在 Visual FoxPro 中,有 4 种类型的索引:主索引、候选索
引、普通索引、唯一索引。

1) 主索引

主索引的索引关键字的值不允许出现重复值,一个数据表只能创建一个主索
引。主索引仅适用于数据库表,自由表没有主索引。

2) 候选索引

候选索引也是在索引关键字中不允许出现重复值的索引,这种索引是作为主
索引的候选者出现的,对一个表可以创建多个候选索引。数据库表和自由表都可
以建立候选索引。

由于主索引和候选索引都必须与表文件同时打开和同时关闭,因此它们都存
储在结构复合索引文件中,不能存储在独立复合索引文件和单索引文件中。

3) 普通索引

普通索引是最简单的索引,允许关键字值的重复出现,并且每个数据表可以建
立多个普通索引。普通索引可以用来对数据表中的记录进行排序,适合于一对多
永久关联中"多"的一边的索引。数据库表和自由表都可以建立普通索引。

4）唯一索引

唯一索引同样允许在索引关键字中出现重复值,在索引文件中保留的仅是第一次出现的索引关键字值。数据库表和自由表都可以建立唯一索引。

3.3.2 索引的建立

1. 命令方式

【格式】INDEX ON ＜索引关键字表达式＞ TO ＜单索引文件＞
　　　　|TAG ＜标识名＞[OF ＜独立复合索引文件名＞][FOR ＜条件＞]
　　　　[COMPACT][ASCENDING|DESCENDING][UNIQUE]
　　　　[ADDITIVE]

【功能】对当前表文件按指定的索引关键字表达式建立索引文件。

说明:

① ＜索引关键字表达式＞:指定建立索引文件的关键字表达式,可以是单一字段名,也可以是多个字段组成的字符型表达式,表达式中各字段的类型只能是数值型、字符型、日期型和逻辑型。

当表达式是单个字段名时,字段类型不用转换;否则数值型的字段用 STR 函数转换成字符型,日期型的字段用 DTOC 函数转换成字符型,逻辑型的字段用 IIF 函数转换成字符型,然后利用字符串的连接运算组成＜索引关键字表达式＞。

② ＜单索引文件＞:指定要建立的单索引文件名。

③ TAG ＜标识名＞:此选项仅在建立复合索引文件时有效,指定建立或追加标识的标识名。

④ OF ＜独立复合索引文件名＞:指定独立复合索引文件名。若有此选项,表示在指定的独立复合索引文件中追加一个标识,若指定的独立复合索引文件不存在,系统将自动建立指定的文件。若没有此选项,表示在结构复合文件中追加一个标识,若结构复合索引文件不存在,系统将自动建立结构复合索引文件。

⑤ FOR ＜条件＞:表示只对满足条件的记录建立索引。

⑥ COMPACT:此选项仅对单索引文件有效,表示建立压缩索引文件。

⑦ ASCENDING|DESCENDING:ASCENDING 表示按升序建立索引,DESCENDING 表示按降序建立索引。缺省时,按升序建立索引。

⑧ UNIQUE:表示建立的是唯一索引。

⑨ ADDITIVE:表示保留以前打开的索引文件。否则,除结构复合索引文件外,以前打开的其他索引文件都将被关闭。

【例 3.23】　对 STUD. DBF 表文件分别按姓名和出生日期建立单索引文件 INAME. IDX 和 IBIRTHDAY. IDX。

在命令窗口输入命令：

　　USE STUD

　　INDEX ON 姓名 TO INAME

　　INDEX ON 出生日期 TO IBIRTHDAY

【例 3.24】　在 STUD.DBF 表文件的结构复合索引文件中分别按姓名和出生日期各追加一个标识 INAME 和 IBIRTHDAY。

在命令窗口输入命令：

　　USE STUD

　　INDEX ON 姓名 TAG INAME

　　INDEX ON 出生日期 TAG IBIRTHDAY

【例 3.25】　在 STUD.DBF 表文件的结构复合索引文件中先按姓名再按出生日期追加一个标识 INB。

在命令窗口输入命令：

　　USE STUD

　　INDEX ON 姓名＋DTOC(出生日期) TAG INB

2. 菜单方式

利用菜单方式建立索引文件的具体步骤如下：

(1) 打开表文件。

(2) 选择"显示"→"表设计器"命令，打开"表设计器"对话框，选择"索引"标签，如图 3.18 所示。

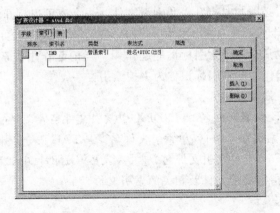

图 3.18　"索引"选项卡

(3) 在索引名中输入索引标识名，在类型的下拉列表框中确定一个索引类型，在表达式中输入索引关键字表达式，在筛选中输入确定参加索引的记录条件，在排序序列下确定排序顺序是升序还是降序。

（4）确定好各项后，单击"确定"按钮，关闭表设计器，同时索引建立完成。

（5）用表设计器建立的索引都是结构复合索引文件。

3.3.3 索引的删除

1. 标识的删除

【格式1】DELETE TAG ＜标识名1＞ ［OF ＜复合索引文件名1＞］
　　　　［，＜标识名2＞ ［OF ＜复合索引文件名2＞］］…

【功能】从指定的复合索引文件中删除指定标识。

说明：

OF ＜复合索引文件名＞：指定复合索引文件，若省略，默认为结构复合索引文件。

【格式2】DELETE TAG ALL ［OF ＜复合索引文件名＞］

【功能】从指定的复合索引文件中删除全部标识。

2. 单索引文件的删除

【格式】DELETE FILE ＜单索引文件名＞

【功能】删除指定的单索引文件。

说明：

关闭的索引文件才能被删除，文件名必须带扩展名。

3.3.4 索引的使用

要利用索引，必须同时打开表和索引文件。一个表可以打开多个索引文件，但任何时候只有一个索引文件能起作用；同一个复合索引文件也可能包含多个索引标识，任何时候也只有一个索引标识能起作用。当前起作用的索引文件称为主控索引文件，当前起作用的索引标识称为主控索引。

1. 打开索引文件

【格式1】USE ＜表文件名＞［INDEX ＜索引文件名表＞|？］［ORDER
　　　　［＜索引序号＞|＜单索引文件名＞|［TAG］＜索引标识名＞
　　　　［OF ＜复合索引文件名＞］］［ASCENGING|DESCENDING］］

【功能】打开指定的表文件及相关的索引文件。

说明：

① INDEX ＜索引文件名表＞|？：指定要打开的一个或多个索引文件。若是多个索引文件，中间用逗号分隔。若未指定索引文件或使用了"？"，则 Visual FoxPro 将显示"打开"对话框，提示用户选择要打开的索引文件。

② ＜索引序号＞：系统为管理方便，自动为索引文件设置了唯一的序号，序号

最小值为 1。序号的编号规则为先将单索引文件按它们在＜索引文件名表＞中的顺序编号，再将结构复合索引文件按标识建立的顺序连续编号，最后将独立复合索引文件中的标识先按它在＜索引文件名表＞中的顺序，再按标识建立的顺序连续编号。

③ ORDER［＜索引序号＞|＜单索引文件名＞|［TAG]＜索引标识名＞[OF＜复合索引文件名＞]:指定主索引。选择此选项时，主索引文件将不是＜索引文件名表＞中的第一个单索引文件，而是此选项指定的单索引文件或标识。各选项含义如下：

• ＜索引序号＞:指定主索引的序号，若为 0，则表示不设主索引。

• ＜单索引文件名＞:指定＜单索引文件名＞为主索引。

• ［TAG]＜索引标识名＞[OF＜复合索引文件名＞]:将＜复合索引文件名＞中的指定标识＜索引标识名＞设置为主索引，OF＜复合索引文件名＞缺省时表示是结构复合索引文件。

④ ASCENGING|DESCENDING:表示打开主索引时索引文件被强制以升序或降序索引，缺省此选项，主索引按原有顺序打开。

【例 3.26】 在打开 STUD. DBF 表文件的同时打开结构复合索引文件，索引标识为 INB 的索引作主索引。

在命令窗口输入命令：

    USE STUD ORDER TAG INB

【格式 2】SET INDEX TO [＜索引文件名表＞][ORDER [＜索引序号＞|

    ＜单索引文件名＞|[TAG]＜索引标识名＞

    [OF ＜复合索引文件名＞]][ASCENGING|DESCENDING]]

    [ADDITIVE]

【功能】在已打开表文件的前提下，打开相关索引文件。

说明：

ADDITIVE:表示保留以前打开的索引文件。否则，除结构复合索引文件外，以前打开的其他索引文件都将被关闭。

2. 关闭索引文件

【格式 1】USE

【功能】关闭当前打开的表文件及所有索引文件。

【格式 2】SET INDEX TO

【功能】关闭当前打开的所有单索引文件和独立复合索引文件。

【格式 3】CLOSE INDEXS

【功能】关闭当前打开的所有单索引文件和独立复合索引文件。

说明：

当表未关闭时,结构复合索引文件无法被关闭。

3. 改变主索引

【格式】SET ORDER TO [<索引序号>|<单索引文件名>|[TAG]

　　　　<索引标识名>[OF<复合索引文件名>]

　　　　[ASCENGING|DESCENDING]]

【功能】重新指定主索引。

说明：

<索引序号>:指定主索引的序号。如果该项值为 0 或缺省,则取消主索引,恢复表文件的原始顺序。

3.3.5 索引的更新

当表中的记录被修改时,系统会自动更新所打开的索引文件,及时反映数据的变化。对于没有打开的索引文件,索引不能自动更新。为避免以后使用旧索引文件时导致错误,应该使用重新索引命令更新已经建立的索引文件。

【格式】REINDEX [COMPACT]

【功能】对当前数据表按索引表达式重新进行索引,使对应的索引文件得到更新。

说明：

COMPACT:表示将标准的单索引文件变为压缩的单索引文件。

3.4　表的查询和统计

查询和统计是数据库应用的重要内容。查询就是按照给定的条件在表中查找所需的记录,从而为日常决策提供足够的判断依据,离开了查询的数据库仅仅是一组数据的罗列。统计是指对数据表统计记录个数、对数值型字段按记录求和、求平均值和分类汇总等操作。

3.4.1 表的查询

对表记录的查询,系统提供了两种方式:条件查询和索引查询,其中索引查询又包含常量查询和表达式查询两种。

1. 条件查询

【格式】LOCATE [<范围>] FOR <条件>[WHILE <条件>]

　　　　[NOOPTIMIZE]

【功能】在当前表文件的指定范围内顺序查找符合条件的第一条记录,并将记录指针指向该记录。

说明:

① <条件>:表示查询所需满足的条件。

② <范围>:指定查找范围,缺省时为 ALL。

③ 在查找过程中,若找到满足条件的记录,记录指针指向第一条满足条件的记录,用 FOUND() 函数测试返回逻辑真;若找不到满足条件的记录,FOUND() 函数返回逻辑假。此时,如果指定了查找范围,记录指针将指向范围内最后一条记录;否则,记录指针指向文件尾。

④ 该命令为顺序查找。查找时,如果没有打开索引文件,查找按记录号顺序进行;若打开了索引,则查找按主索引顺序进行。

⑤ 该命令的最大特点是可以在没有进行排序或索引的无序表中进行任意条件的查询,这是索引查询做不到的,但在大型表中查询速度和效率也是最低的。

⑥ CONTINUE 命令:在利用 LOCATE 命令找到第一条满足条件的记录后,可以用 CONTINUE 命令继续查找下一条满足条件的记录。CONTINUE 命令必须在 LOCATE 命令之后使用,否则出错。

⑦ 在一次条件查询中,LOCATE 命令仅使用一次,而 CONTINUE 命令可使用多次。

【例 3.27】 在 STUD.DBF 表中查找基本工资超过 2 000 元的男性职工的信息。

在命令窗口输入命令:

```
USE STUD
LOCATE FOR 基本工资>=2000 AND 性别="男"
DISPLAY              && 显示满足条件的第一条记录
CONTINUE             && 继续查找
DISPLAY              && 显示满足条件的下一条记录
```

屏幕显示结果如图 3.19 所示。

2. 常量查询

【格式】FIND <字符串>|<数值常数>

【功能】在数据表和有关索引文件打开的情况下,在表文件的主控索引中查找关键字表达式值与<字符串>或<数值常数>相匹配的第一条记录。

说明:

① 使用该命令时,必须打开相应的索引文件,且主控索引需建立在查询内容的基础上。

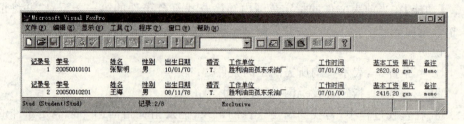

图 3.19　例 3.27 结果

② 该命令只能查找字符型或数值型数据。若是字符型常量,定界符可省略;若是字符型变量,则需要用宏代换函数(&)转换。

③ 在查找过程中,若找到满足条件的记录,记录指针指向第一条满足条件的记录,且用 FOUND() 函数测试返回逻辑真,RECNO() 函数返回该记录的记录号,EOF() 函数返回逻辑假;若找不到满足条件的记录,FOUND() 函数返回逻辑假,RECNO() 函数返回表的记录数加 1,EOF() 函数返回逻辑真。

④ 该命令没有继续查找命令,如果有多个与关键字匹配的记录,则记录指针只定位在其中的第一条记录。由于是在索引文件中查询,若存在相同关键字段值的记录,则一定排列在一起,若想继续查询后面的若干条满足条件的记录,用 SKIP 命令顺序移动指针即可。

【例 3.28】　FIND 命令示例。

在命令窗口输入命令:

```
USE STUD
INDEX ON 学号 TAG SNO          && 以学号为关键字添加索引标识 SNO
FIND 20050010101
DISPLAY
FIND 张黎明
DISPLAY                        && 查找不到,因为当前主控索引为学号
INDEX ON 姓名 TAG SNAME        && 以姓名为关键字添加索引标识 SNAME
FIND 张黎明
DISPLAY                        && 显示记录
FIND 20050010101
DISPLAY                        && 查找不到,因为当前主控索引为姓名
SET ORDER TO TAG SNO          && 改变主控索引
X="20050010101"
FIND &X                        && 使用宏代换函数转换
DISPLAY                        && 显示记录
```

3. 表达式查询

【格式】SEEK ＜表达式＞

【功能】在表文件的主索引中查找关键字值与＜表达式＞值相匹配的第一条记录。

说明：

① 使用该命令时，必须打开相应的索引文件，且主控索引需建立在查询内容的基础上。

② 该命令可以查找字符型、数值型、日期型、逻辑型表达式的值。若是字符型常量，则必须加定界符；若是字符型变量，则不再需要用宏代换函数（&）转换；也可以是空字符串。

③ 在查找过程中，若找到满足条件的记录，记录指针指向第一条满足条件的记录，且用 FOUND() 函数测试返回逻辑真，RECNO() 函数返回该记录的记录号，EOF() 函数返回逻辑假；若找不到满足条件的记录，FOUND() 函数返回逻辑假，RECNO() 函数返回表的记录数加 1，EOF() 函数返回逻辑真。

④ 该命令没有继续查找命令，如果有多个与关键字匹配的记录，则记录指针只定位在其中的第一条记录。由于是在索引文件中查询，若存在相同关键字段值的记录，则一定排列在一起，若想继续查询后面的若干条满足条件的记录，用 SKIP 命令顺序移动指针即可。

【例 3.29】 SEEK 命令示例。

在命令窗口输入命令：

```
USE STUD                    && 同时打开结构复合索引,利用例 3.28 中已
                               建的索引标识 SNAME 和 SNO
SET ORDER TO TAG SNAME      && 改变主控索引
SEEK "张黎明"
DISPLAY
INDEX ON 婚否 TAG SMAR
SEEK .T.
DISPLAY
SET ORDER TO TAG SNO
X="20050010101"
SEEK X
DISPLAY
INDEX ON 工作时间 TAG STIME
SEEK {^2000-12-10}+20
```

DISPLAY

3.4.2 表的统计

在数据库实际应用中,经常对数据表中的数据进行统计计算,例如,统计记录数、对数值型字段求和、求平均值和分类汇总等。

1. 统计记录数

【格式】COUNT［<范围>］［FOR <条件>］［WHILE <条件>］
　　　　［TO <内存变量>］

【功能】统计当前表中指定范围内满足条件的记录个数。

说明:

① ［<范围>］［FOR<条件>］［WHILE<条件>］:含义同前面其他命令所述,若缺省,则计算当前表中所有记录个数。

② TO<内存变量>:指定用于存储统计结果的内存变量或数组。若不选该项,则记录数仅显示在主窗口的状态栏中,不保存。

【例 3.30】 COUNT 命令示例。

在命令窗口输入命令:

　　USE STUD

　　COUNT FOR 婚否 TO X 　　　&& 统计所有已婚职工人数

　　? X

2. 求和

【格式】SUM［<数值表达式表>］［<范围>］［FOR<条件>］［WHILE
　　　　<条件>］［TO<内存变量名表>|TO ARRAY<数组名>］
　　　　［NOOPTIMIZE］

【功能】对指定范围内满足条件的记录按指定的各个表达式分别求和。

说明:

① ［<范围>］［FOR <条件>］［WHILE <条件>］:含义同前面其他命令所述。

② <数值表达式表>:指定需要求和的一个或多个字段或字段表达式。如果省略<数值表达式表>,则对所有数值型字段分别求和,其实质是实现表文件数值型字段的纵向求和。

③ TO <内存变量名表>|TO ARRAY <数组名>:将数值表达式的各个求和结果依次存入<内存变量名表>或<数组名>,列表中的内存变量名用逗号分隔,其变量个数不得少于<数值表达式表>中表达式的个数。

④ NOOPTIMIZE:使命令的 Rushmore 优化无效。

【例3.31】 SUM 命令示例。

在命令窗口输入命令：

　　USE STUD

　　SUM 基本工资 FOR 婚否 TO X 　　&& 统计所有已婚职工的基本工资总额

　　? X

3. 求平均值

【格式】AVERAGE ［＜数值表达式表＞］［＜范围＞］［FOR＜条件＞］

　　　　［WHILE＜条件＞］［TO＜内存变量名表＞

　　　　|TO ARRAY ＜数组名＞］［NOOPTIMIZE］

【功能】对指定范围内满足条件的记录按指定的各个表达式分别求平均值。

说明：

各参数含义参照 SUM 命令说明。

【例3.32】 AVERAGE 命令示例。

在命令窗口输入命令：

　　USE STUD

　　AVERAGE 基本工资 FOR 婚否 TO X && 统计所有已婚职工的基本工资的平均值

　　? X

4. 综合计算

【格式】CALCULATE ＜数值表达式表＞［＜范围＞］［FOR＜条件＞］

　　　　［WHILE＜条件＞］［TO＜内存变量名表＞|TO ARRAY＜数组名＞］

　　　　［NOOPTIMIZE］

【功能】对指定范围内满足条件的记录按指定的各个表达式分别进行计算。

说明：

＜数值表达式表＞可以是表3.3中函数的任意组合。

表3.3　CALCULATE 命令可包含的函数及含义

函　数	含　义	函　数	含　义
AVG(数值表达式)	求算术平均值	NPV(＜EXP*N1*＞,＜EXP*N2*＞[,＜EXP*N3*＞])	求净现值
CNT()	求记录个数	STD(数值表达式)	求标准偏差
MAX(表达式)	求最大值	SUM(数值表达式)	求和
MIN(表达式)	求最小值	VAR(数值表达式)	求均方差

【例3.33】 CALCULATE 命令示例。

在命令窗口输入命令：

　　USE STUD

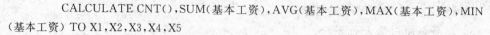
CALCULATE CNT(),SUM(基本工资),AVG(基本工资),MAX(基本工资),MIN
(基本工资) TO X1,X2,X3,X4,X5

　　* 统计所有职工的人数、基本工资总额、平均基本工资、基本工资最大值、基本工资最小值

5. 分类汇总

【格式】TOTAL TO <汇总文件名> ON <关键字段>
　　　　[FIELDS <字段名表>][<范围>][FOR <条件>]
　　　　[WHILE <条件>][NOOPTIMIZE]

【功能】按关键字段对当前表文件的<字段名表>所列字段进行分类汇总,并将汇总结果存入汇总文件。

说明:

① [<范围>][FOR <条件>][WHILE <条件>]:含义同前面其他命令所述。

② 使用 TOTAL 命令前,必须先按关键字段进行排序或索引,否则,该命令无效。

③ ON <关键字段>:分组依据,将当前表文件中关键字段值相同的记录分成一类,每一分类在汇总表中产生一条记录,该记录中汇总字段值为该分类所有记录中相应汇总字段值之和,非汇总字段值为该分类中第一条记录在该字段的取值。

④ FIELDS <字段名表>:指出汇总字段,缺省时对表中所有数值型字段进行汇总。

⑤ 默认范围为 ALL。

⑥ 如果表结构中字段宽度不足以容纳汇总结果,系统将自动修改汇总表中该字段的宽度,以便能存放汇总的结果。

【例 3.34】　TOTAL 命令示例。

在命令窗口输入命令:

```
USE STUD
INDEX ON 性别 TAG SEX
TOTAL ON 性别 TO HZ       && 以性别为关键字段,对 STUD 中所有记录进行分
                            类汇总
USE HZ
LIST
```

屏幕显示结果如图 3.20 所示。

图 3.20　例 3.34 结果

3.5　数据库的操作

3.5.1　数据库的创建

数据库的创建是开发数据库应用系统的基础,所以建立数据库的基本框架是十分重要的。Visual FoxPro 中创建数据库实际上是创建一个扩展名为.DBC 的文件,用来存放数据库的定义信息。与此同时,Visual FoxPro 还将自动建立一个扩展名为.DCT 的数据库备注文件和一个扩展名为.DCX 的数据库索引文件。

建立数据库的方法有多种,常用的有 3 种:命令方式、菜单方式和利用项目管理器方式。

1. 命令方式

【格式】CREATE DATABASE [<数据库名>|?]

【功能】创建一个指定名称的数据库文件,并打开此数据库。

说明:

① <数据库名>:指定生成的数据库文件,默认扩展名为.DBC,同时自动建立相关联的数据库备注文件和索引文件,扩展名分别为.DCT 和.DCX。

② 如果用"?"代替数据库名,Visual FoxPro 系统会弹出"创建"对话框,以便用户选择数据库建立的路径和输入数据库名。

【例 3.35】　CREATE DATABASE 命令示例。

在命令窗口输入命令:

CREATE DATABASE STUDENT 　　&& 在默认路径下建立了 STUDENT. DBC
数据库

2. 菜单方式

菜单方式建立数据库的具体步骤如下:

(1) 选择"文件"→"新建",弹出"新建"对话框。

(2) 选择"数据库"单选按钮,再单击"新建文件"按钮,弹出"创建"对话框。

（3）在"创建"对话框中输入文件名，单击"保存"按钮，系统自动打开数据库文件，并将如图 3.22 所示的数据库设计器打开。

3. 利用项目管理器建立数据库

新建或打开已建立的项目文件，出现如图 3.21 所示的项目管理器窗口。选择"数据"选项卡的"数据库"，然后单击"新建"按钮，出现新建数据库对话框。单击"新建数据库"按钮，出现"新建"对话框，选择数据库的路径并输入数据库名后单击"保存"按钮，完成数据库的建立，并打开该数据库设计器。

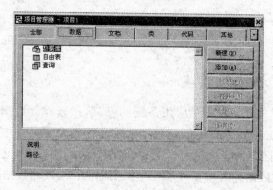

图 3.21　项目管理器

3.5.2　数据库的打开

1. 命令方式

【格式】OPEN DATABASE [<数据库名>|?][EXCLUSIVE|SHARED]

【功能】打开指定数据库文件。

说明：

① 同名的数据库备注文件和索引文件一起被打开。

② 如果用"?"代替数据库名，Visual FoxPro 系统会弹出"打开"对话框，以便用户选择要打开的数据库。

③ EXCLUSIVE：以独占模式打开数据库。如果用户以独占模式打开数据库，其他用户将不能使用它。

④ SHARED：以共享模式打开数据库。如果用户以共享模式打开数据库，其他用户可以访问它。

⑤ 如果用户没有使用 EXCLUSIVE 或 SHARED 时，当前的 SET EXCLU-SIVE 设置将决定数据库的打开模式。

⑥ 在数据库打开的情况下，它所包含的所有表可以使用。但是，表并没有被真正打开，用户若要对表进行增、删、改等操作，必须先用 USE 命令打开表。

【例3.36】 OPEN DATABASE 命令示例。

在命令窗口输入命令：

　　　OPEN DATABASE STUDENT && 在默认路径下打开 STUDENT. DBC 数据库

2. 菜单方式

菜单方式打开数据库的具体步骤如下：

（1）选择"文件"→"打开"，弹出"打开"对话框。

（2）选择数据库文件所在的文件夹，并选择所要打开的数据库文件，单击"确定"按钮。

3. 利用项目管理器打开数据库

打开已建立的项目文件，出现项目管理器窗口，选择"数据"选项卡，选择要打开的数据库名，单击"打开"按钮即可。

3.5.3　数据库的关闭

1. 命令方式

【格式】CLOSE［ALL|DATABASE］

【功能】关闭打开的数据库。

说明：

① ALL：关闭所有打开的对象，包括数据库、表、索引、项目管理器等。

② DATABASE：关闭当前打开的数据库和数据库表，如果当前没有打开的数据库，则关闭所有打开的自由表。

2. 利用项目管理器关闭数据库

打开已建立的项目文件，出现项目管理器窗口，选择"数据"选项卡，选择"数据库"下面需要关闭的数据库名，单击"关闭"按钮即可。

3.5.4　数据库的修改和删除

1. 数据库的修改

1）命令方式

【格式】MODIFY DATABASE［<数据库名>|?］

【功能】打开如图 3.22 所示的数据库设计器窗口，对数据库进行修改。

说明：

① <数据库名>：指定修改的数据库文件。

② 如果用"?"代替数据库名，Visual FoxPro 系统会弹出"打开"对话框，以便用户选择要修改的数据库。

图 3.22 数据库设计器

2) 利用项目管理器修改数据库

打开已建立的项目文件,出现项目管理器窗口,选择"数据"选项卡,选择"数据库"下面需要修改的数据库名,单击"修改"按钮,弹出数据库设计器窗口。

2. 数据库的删除

1) 命令方式

【格式】DELETE DATABASE <数据库名>|?

【功能】删除指定名称的数据库文件。

说明:

① <数据库名>:指定要删除的数据库文件,可以包括数据库的路径和数据库名字。

② 如果用"?"代替数据库名,Visual FoxPro 系统会弹出"打开"对话框,以便用户选择要删除的数据库。

③ 被删除的数据库不能处于打开状态。

④ 被删除的数据库中的表将成为自由表。

2) 利用项目管理器修改数据库

打开已建立的项目文件,出现项目管理器窗口,选择"数据"选项卡,选择"数据库"下面需要删除的数据库名,单击"移去"按钮,弹出如图 3.23 所示的"选择"对话框。若单击"移去"按钮,则仅将数据库从项目中移去;若单击"删除",将从磁盘上删除数据库,被删除的数据库中的表将成为自由表。

图 3.23 "选择"对话框

3.5.5　数据库表的添加、移去和重命名

新创建的数据库是一个空库，用户可以在打开的数据库中建立新表，也可以将一个已经存在的自由表添加到数据库中。将自由表添加到数据库中，该自由表即变成数据库表，同时也就具有数据库表的诸多特点；将数据库表移出数据库时，该数据库表也就变成了自由表，同时也就失去了数据库表的特点。任何一个数据表只能为某一个数据库所有，不能同时添加到多个数据库中。

1. 向数据库中添加表

1) 命令方式

【格式】ADD TABLE ＜数据表名＞

【功能】向当前打开的数据库中添加指定名称的数据表。

2) 菜单方式

操作步骤如下：

① 打开目的数据库及其数据库设计器窗口。

② 执行主窗口"数据库"菜单中的"添加表"命令，或者在数据库设计器窗口中按右键，在弹出的快捷菜单中执行"添加表"命令。

③ 在弹出的"打开"对话框中，选定要添加的数据表，单击"确定"按钮即可。

2. 从数据库中移去表

1) 命令方式

【格式】REMOVE TABLE ＜数据表名＞[DELETE]

【功能】从当前打开的数据库中移去或删除指定名称的数据表。

说明：

如果选用 DELETE 选项，表示从数据库中移去指定数据表的同时从磁盘上删除该数据表；否则，仅从数据库中移去指定的数据表，使其成为自由表。

2) 菜单方式

操作步骤如下：

① 打开目的数据库及其数据库设计器窗口。

② 选择要移去的数据表。

③ 执行主窗口"数据库"菜单中的"移去"命令，或者右键单击要移去的数据表，在弹出的快捷菜单中选择"删除"命令，系统将弹出如图 3.23 所示的"选择"对话框。若单击"移去"按钮，则仅将数据库从项目中移去；若单击"删除"，将从磁盘上删除数据库，被删除的数据库中的表成为自由表。

3. 数据库中表的重命名

1) 命令方式

【格式】RENAME TABLE <表文件名 1> TO <表文件名 2>

【功能】将当前数据库中<表文件名 1>重命名为<表文件名 2>(<表文件名 1>和<表文件名 2>都必须有扩展名)。

2) 菜单方式

操作步骤如下:

① 在"项目管理器"中,选定需要重命名的表。

② 从"项目"菜单中选择"文件改名"命令,弹出如图 3.24 所示的"重命名文件"对话框。

③ 在文本框中输入新的文件名(注意保留原来的文件扩展名),单击"确定"按钮即可。

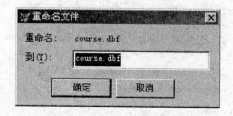

图 3.24 "重命名文件"对话框

3.6 多表的操作

在以前所述的对表的操作中,在某一时刻只能对一个表进行操作,而在实际应用中,却经常遇到同时对多个表进行操作的问题。为了解决这一问题,Visual FoxPro 引入了工作区的概念。

3.6.1 工作区

1. 工作区的概念

工作区是 Visual FoxPro 在内存中开辟的一块区域,用于存放打开的表。

Visual FoxPro 系统提供了 32 767 个工作区,在某一时刻每个工作区只能打开一个表文件。虽然在 Visual FoxPro 系统中同时可以在多个工作区打开多个表文件,但在任何时刻用户只能对一个工作区进行操作,这个工作区称为当前工作区或主工作区,又称为活动工作区。

为了区分工作区,Visual FoxPro 系统采取了两种方法:一是对工作区进行了编号,32 767 个工作区的编号分别用 1~32767 表示;二是给每个工作区定义了一个别名,其中 1~10 号工作区的别名分别为 A~J,11~32767 号工作区的别名分别为 W11～W32767。除此之外,用户还可以使用工作区中打开表的表名来区分工作区。

2. 工作区的选择

当系统启动时,1 号工作区是当前工作区,若想改变当前工作区,可使用 SE-LECT 命令来实现。

【格式】SELECT ＜工作区号＞|＜工作区别名＞|＜打开表的表名＞

【功能】选择一个工作区为当前工作区。

说明:

① ＜工作区号＞|＜工作区别名＞|＜打开表的表名＞:指定选择的工作区。

② 命令 SELECT 0 表示选用当前未使用过的编号最小的工作区作为当前工作区。

【例 3.37】 SELECT 命令示例。

在命令窗口输入命令:

```
SELECT 1                && 或 SELECT A
USE STUD
SELECT 2                && 或 SELECT B
USE SCORE
SELECT STUD             && 或 SELECT A、SELECT 1
LIST
```

3. 非当前工作区字段的引用

Visual FoxPro 系统对当前工作区上的表可以进行任何操作,也可以对其他工作区中的表数据进行访问。在 Visual FoxPro 系统中的当前工作区可采用以下两种方式访问其他工作区的表数据。

【格式】＜工作区别名＞ －＞ ＜字段名＞或＜工作区别名＞．＜字段名＞

【功能】访问指定工作区打开表中当前记录的字段值。

说明:

① ＜工作区别名＞:指定要访问的工作区。

② ＜字段名＞:指定要访问的字段。

【例 3.38】 命令示例。

在命令窗口输入命令:

```
SELECT 1
USE STUD
SELECT 2
USE SCORE
```

SELECT STUD

　LIST 学号,姓名,性别,工作时间,B->课程号,SCORE->成绩

屏幕显示结果如图 3.25 所示。

图 3.25　例 3.38 结果

由上图结果可以看出,在调用其他工作区表文件数据时只能访问被访问表中当前记录的字段值,很显然,这极易引起错误。那么,能否使被访问表文件的记录指针根据当前表文件记录指针的指向而自动移动呢? 关联可以实现这个要求。

3.6.2　表的关联

1. 关联的概念

所谓表文件的关联是指把当前工作区中打开的表与另一个工作区中打开的表进行逻辑连接,使得当前工作区中表的记录指针移动时,被关联工作区的表记录指针也相应移动,以实现对多个表的同时操作,但不生成新表。

进行表的关联时,当前工作区中的表称为关联表,亦称父表;被关联工作区的表称为被关联表,亦称子表。父表与子表建立关联时,必须以父表和子表中共有的某一个字段为标准,该字段称为关键字段。根据父表和子表中关键字段值对应相等的记录条数的不同,可以将表文件的关联分为一对一关联、一对多关联和多对多关联。

1) 一对一关联

如果父表中的某一条记录只能对应子表中的一条记录,而子表中的某一条记录也只能对应父表中的一条记录,则这两表间关联称为一对一关联。这种关系不常用。

2) 一对多关联

如果父表中的某一条记录对应子表中的多条记录,而子表中的某一条记录只能对应父表中的一条记录,则这两表间关联称为一对多关联。这种关系常用。例如,在一个学生信息表中包含每个学生的基本档案信息,以学号作为主关键字;另

一个课程成绩表中包含每个学生的成绩信息,学号作为普通关键字。对于学生信息表中的每一条记录,在课程成绩表中都有同一学号的多条记录,而课程成绩表中的每条记录都对应学生信息表中唯一的一条记录,则这两个表文件之间的关联就是一对多关联。

3) 多对多关联

如果父表中的某一条记录对应子表中的多条记录,子表中的某一条记录也对应父表中的多条记录,则这两表间关联称为多对多关联。这种关系也常用。为了建立这种多对多关联,至少需要三个表,第三个表作为中间表,将父表与子表关联起来。例如,每一个学生选修多门课,每门课又可以被多个学生选修,则学生信息表和课程表之间的关联就是多对多关联。为了实现这两个表间的关联,需要增加一个课程成绩表,通过课程成绩表将学生信息表和课程表关联起来。

2. 关联的建立

1) 一对一关联的建立

【格式】SET RELATION TO ＜关键字段表达式＞|＜数值表达式＞ INTO ＜工作区别名＞|＜工作区号＞[ADDITIVE]

【功能】将当前工作区的表文件与＜工作区别名＞(或＜工作区号＞)指定的工作区中的表文件按＜关键字段表达式＞(或＜数值表达式＞)建立关联。

说明:

① 当用＜关键字段表达式＞建立关联时,关键字必须是两个表文件共有的字段,且别名表文件已按关键字段建立了索引文件,并已指定为主控索引。

② 当需要同时用多个字段与其他文件建立关联时,可以使用这几个字段的组合构造＜关键字段表达式＞,以建立文件之间的关联,即使用 SET RELATION TO ＜字段1+…+字段 n＞ INTO ＜工作区别名＞|＜工作区号＞命令格式。

③ 当父表文件的记录指针移动时,子表文件的记录指针根据主控索引文件指向关键字段值与父表文件相同的记录。如果子表中没有与关键字段值相同的记录,则记录指针指向文件尾,即 EOF()为.T.。

④ 当按＜数值表达式＞建立关联时,别名表不需要打开索引文件,两个表文件按照记录号相联系,父表文件的记录指针移动时,子表文件的记录指针移至与数值表达式相等的记录上,若找不到此记录,记录指针指向文件尾,即 EOF()为.T.。

⑤ ADDITIVE:表示当前表与其他工作区表已有的关联仍有效,实现一个表和多个表之间的关联;否则取消当前表与其他工作区表已有的关联,当前表只能与一个表建立关联。

【例 3.39】 将表文件 STUD.DBF 和 SCORE.DBF 以学号为关键字段建立关联。

在命令窗口输入命令:

SELECT 2	&& 选择工作区 2
USE SCORE	&& 打开表文件 SCORE. DBF
INDEX ON 学号 TAG 学号	&& 建立学号标识
SET ORDER TO TAG 学号	&& 指定学号为主索引
SELECT 1	
USE STUD	
SET RELATION TO 学号 INTO 2	&& 建立一对一关联
LIST 学号,姓名,B->成绩	

屏幕显示结果如图 3.26 所示。

图 3.26　例 3.39 结果

【例 3.40】　将表文件 STUD. DBF 和 SCORE. DBF 按记录号建立关联。

在命令窗口输入命令:

SELECT 2	&& 选择工作区 2
USE SCORE	&& 打开表文件 SCORE. DBF
SELECT 1	
USE STUD	
SET RELATION TO RECNO() INTO 2	&& 按记录号建立一对一关联
GO 3	
DISPLAY 学号,姓名,B->成绩	

屏幕显示结果如图 3.27 所示。

继续输入:

SKIP	
? RECNO(),RECNO(2)	&& 显示当前工作区和 2 号工作区的记录号

4   4   &&.记录号保持一致

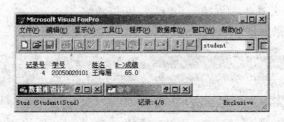

图 3.27   例 3.40 结果

2) 一对多关联的建立

【格式】SET SKIP TO [<别名 1>[,<别名 2>]…]

【功能】将当前表文件与其他工作区中的表文件建立一对多关联。

说明：

① SET SKIP 命令要在使用 SET RELATION 命令建立了一对一的关联之后来使用,才能将一对一的关联进一步定义成一对多的关联。

② 当前工作区表记录指针移动时,别名库文件的记录指针指向第一个与关键字表达式值相匹配的记录,若找不到相匹配的记录,则记录指针指向文件尾部,即 EOF() 为.T. 。

③ 当父表中的一个记录与子表的多个记录相匹配时,在父表中使用 SKIP 命令,并不使父表的指针移动,而是子表的指针向后移动,指向下一个与父表相匹配的记录；重复使用 SKIP 命令,直至在子表中没有与父表当前记录相匹配的记录后,父表的指针才继续向后移动。重复上述过程,直到父表记录指针指向文件尾为止。

④ 无任何选择项的 SET SKIP TO 命令将取消一对多的关联（一对一的关联仍然存在）。

【例 3.41】   将表文件 STUD. DBF 和 SCORE. DBF 按学号建立一对多的关联。

在命令窗口输入命令：

    SELECT 2   &&.选择工作区 2
    USE SCORE   &&.打开表文件 SCORE. DBF
    INDEX ON 学号 TAG 学号   &&.建立学号标识
    SET ORDER TO TAG 学号   &&.指定学号为主索引
    SELECT 1
    USE STUD
    SET RELATION TO 学号 INTO 2   &&.建立一对一关联

117

SET SKIP TO B

　　LIST 学号,姓名,性别,B->课程号,B->成绩

屏幕显示结果如图 3.28 所示。

图 3.28　例 3.41 结果

3) 一个表对多个表关联的建立

【格式】SET RELATION TO [<关联表达式 1> INTO <别名 1>|
　　　　<工作区 1>[,<关联表达式 2> INTO <别名 2>
　　　　|< 工作区 2>…][ADDITIVE]]

【功能】将主工作区中的表与多个其他工作区中的表建立关联。

说明：

　　① <关联表达式 1>表示与别名 1 表文件建立关联时的关键字段表达式，<关联表达式 2>表示与别名 2 表文件建立关联时的关键字段表达式,建立关联时,关键字段必须是两个表文件的共有字段,且别名表文件已按关键字段建立了索引文件,并指定为主控索引。

　　② 当父表文件的记录指针移动时,多个子表文件的记录指针根据各自的主控索引文件指向关键字段值与父表文件相同的记录。

　　③ 其他有关参数均同前述。

3. 关联的取消

取消数据间的关联可以采用以下 4 种方法:

(1) 在建立关联的命令中,如果不选用 ADDITIVE 选项,则在建立新的关联的同时,取消了当前表的原有关联。

(2) 命令"SET RELATION TO"取消当前表与其他表之间的关联。

(3) 命令"SET RELATION OFF INTO <别名>|<工作区号>"取消当前表与指定别名表之间的关联。

(4) 关闭表文件,关联都被取消,下次打开时,必须重新建立。

本章小结

通过本章学习,要求掌握 Visual FoxPro 中数据库建立、修改、删除的方法及表结构的建立与修改;重点掌握表数据的插入、追加、删除、恢复、修改、查询命令的应用;理解并掌握表结构和表文件的复制、表索引的应用及表记录的统计、求和、求平均值、分类汇总等,了解多表的操作。

习 题 三

1. 单项选择题:

(1) 在 Visual FoxPro 中,打开数据库表的命令是( )。

A. USE   B. OPEN

C. USE TABLE   D. OPEN TABLE

(2) 在当前盘建立自由表 STUDENT. DBF 的命令是( )。

A. CREATE STUDENT   B. MODI STUDENT

C. EDIT STUDENT   D. CREATE STRUC STUDENT

(3) 一个表的全部备注字段的内容存储在( )。

A. 同一表备注文件   B. 不同表备注文件

C. 同一文本文件   D. 同一数据库文件

(4) 在 Visual FoxPro 环境下,用 LIST STRU 命令显示表中每个记录的长度总计为 60,用户实际可用字段的总宽度为( )。

A. 60   B. 61

C. 59   D. 58

(5) 下列操作中,不能用 MODIFY STRUCTURE 命令实现的是( )。

A. 为数据表增加字段   B. 删除数据表中的某些字段

C. 对数据表中的字段名进行修改　　　D. 对记录数据进行修改

(6) 不能对记录进行编辑修改的命令是(　　)。

A. MODI STRU　　　　　　　　　B. CHANGE

C. BROWSE　　　　　　　　　　D. EDIT

(7) 如果需要给当前表增加一个字段,应使用的命令是(　　)。

A. APPEND　　　　　　　　　　B. MODIFY STRUCTURE

C. INSERT　　　　　　　　　　D. EDIT

(8) 使用 DELETE FILE 命令(　　)。

A. 可以从磁盘中删除任意类型的文件

B. 只能从磁盘中删除.DBF 文件

C. 只能从磁盘中删除数据库文件

D. 在删除.DBF 文件时,可以自动删除对应的备注文件

(9) COPY STRUCTURE 命令的功能是(　　)。

A. 复制表结构和表中数据　　　　B. 只复制表结构

C. 只复制表中数据　　　　　　　D. 以上都不对

(10) COPY TO 命令的功能是(　　)。

A. 复制表结构和表中数据　　　　B. 只复制表结构

C. 只复制表中数据　　　　　　　D. 以上都不对

(11) 在表文件尾部增加一条空记录,应该使用命令(　　)。

A. APPEND　　　　　　　　　　B. APPEND BLANK

C. INSERT　　　　　　　　　　D. INSERT BLANK

(12) 设表文件及其索引文件已打开,为了确保记录指针定位在记录号为 1 的记录上,应使用命令(　　)。

A. GO TOP　　　　　　　　　　B. GO BOF()

C. GO 1　　　　　　　　　　　D. SKIP 1

(13) 在以下关于索引的说明中,错误的是(　　)。

A. 索引可以提高查询速度　　　　B. 索引可能降低更新速度

C. 索引和排序具有不同的含义　　D. 不能更新索引字段

(14) 索引字段值不唯一,应该选择的索引类型是(　　)。

A. 主索引　　　　　　　　　　　B. 普通索引

C. 候选索引　　　　　　　　　　D. 唯一索引

(15) 对于表索引操作,(　　)说法是正确的。

A. 一个独立索引文件中可以存储一个表的多个索引

B. 主索引不适用于自由表

C. 表文件打开时,所有复合索引文件都自动打开

D. 用 INDEX 命令仅能建立单索引文件

(16) 假设一个表包含职工号(C,4)和工资(N,4)两个字段。要求按工资升序、工资相同者按职工号升序排列,建立索引文件使用的命令是( )。

A. INDEX ON 工资/A,职工号/D TO CN

B. SET INDEX ON 工资,职工号 TO CN

C. INDEX ON STR(工资,4)+职工号 TO CN

D. INDEX ON 工资/A 职工号/A TO CN

(17) 在表文件已经打开的情况下,打开索引文件可用命令( )。

A. USE <索引文件名表>

B. INDEX WITH <索引文件名表>

C. SET INDEX TO <索引文件名表>

D. INDEX ON <索引文件名表>

(18) 对已经打开的学生成绩表文件 CJ.DBF 按"性别"及"总分"的降序建立索引,应当使用的命令是( )。

A. INDEX TO CJX 性别+总分

B. INDEX TO CJX 性别-总分

C. INDEX TO CJX 性别+STR(-总分,3)

D. INDEX TO CJX ON 性别+STR(100-总分)

(19) 要打开多个数据表文件,应该在多个( )中。

A. 工作区   B. 数据库

C. 工作期   D. 项目

(20) 当前记录号为 3,将第 6 号记录设置为当前记录的命令是( )。

A. SKIP -6   B. SKIP +6

C. SKIP +3   D. SKIP -3

(21) 若当前数据表中有 200 个记录,当前记录号是 8,执行命令 LIST NEXT 5 的结果是( )。

A. 显示第五号记录的内容

B. 显示 1~5 号记录的内容

C. 显示 8 号记录的 5 个字段

D. 显示从 8 号记录开始往后 5 条记录的内容

(22) 在人事数据表文件中要显示所有姓王的职工的记录,使用命令( )。

A. LIST FOR 姓名="王 ***"

B. LIST FOR STR(姓名,1,2)="王"

C. LOCATE FOR 姓名＝"王"

D. LIST FOR SUBST(姓名,1,2)＝"王"

(23) 对当前数据表执行命令"LIST 姓名,职称 FOR 年龄＜35 .and. 职称＝'高级工程师'"的结果是(　　　)。

　　A. 显示所有记录的姓名和职称

　　B. 显示所有年龄在 35 岁以下的高级工程师的记录

　　C. 显示所有年龄在 35 岁以下的记录的姓名和职称

　　D. 显示所有年龄在 35 岁以下的高级工程师的姓名和职称

(24) 学生表中有姓名、性别、出生日期等字段,要显示所有 1985 年出生的学生姓名,应使用的命令是(　　　)。

　　A. LIST 姓名 FOR 出生日期＝1985

　　B. LIST 姓名 FOR 出生日期＝"1985"

　　C. LIST 姓名 FOR YEAR(出生日期)＝1985

　　D. LIST 姓名 FOR YEAR("出生日期")＝1985

(25) 当前表中,查找第 2 个女同学的记录,应使用命令(　　　)。

A. LOCATE FOR 性别＝"女" NEXT 2

B. LOCATE FOR 性别＝"女"

C. LOCATE FOR 性别＝"女"
　　CONTINUE

D. LIST FOR 性别＝"女" NEXT 2

(26) 假设一个表文件及按姓名建立的索引文件已打开,下列表述中两个命令作用相同的是(　　　)。

A. GO TOP 和 GO 1

B. LIST FOR 姓名＝"王"和 LIST WHILE 姓名＝"王"

C. FIND "王"和 SEEK 王

D. FIND 王 和 SEEK "王"

(27) 用 APPEND 命令插入一条表记录后,被插入的记录在表中的位置是(　　　)。

　　A. 表最前面　　　　　　　　B. 表最末尾

　　C. 当前记录之前　　　　　　D. 当前记录之后

(28) 数据表中记录暂时不想使用,为提高数据表的使用效率,对这些"数据"要进行(　　　)。

　　A. 逻辑删除　　　　　　　　B. 物理删除

　　C. 不加处理　　　　　　　　D. 数据过滤

(29) 若要恢复 DELETE 命令删除的记录,应该如何操作(　　)。

A. 用 RECALL 命令　　　　　　B. 立即按 ESC 键

C. 用 RELEASE 命令　　　　　　D. 用 FOUND 命令

(30) Visual FoxPro 系统中的 PACK 命令可以删除当前数据表文件的(　　)。

A. 全部记录　　　　　　　　　　B. 满足条件的记录

C. 本身　　　　　　　　　　　　D. 全部有删除标记的记录

(31) 当前表中有 4 个数值型字段:高等数学、英语、计算机网络和总分。其中高等数学、英语、计算机网络的成绩均已录入,总分字段为空。要将所有学生的总分自动计算出来并填入总分字段中,应使用命令(　　)。

A. REPL 总分 WITH 高等数学+英语+计算机网络

B. REPL 总分 WITH 高等数学,英语,计算机网络

C. REPL 总分 WITH 高等数学+英语+计算机网络 ALL

D. REPL 总分 WITH 高等数学+英语+计算机网络 FOR ALL

(32) 使用 REPLACE 命令时,如果范围短语为 ALL 或 REST,则执行该命令后记录指针指向(　　)。

A. 末记录　　　　　　　　　　　B. 首记录

C. 末记录的后面　　　　　　　　D. 首记录的前面

(33) 设职工表文件已经打开,其中有工资字段,要把指针定位在第一个工资大于 800 元的记录上,应使用命令(　　)。

A. FIND FOR 工资>800　　　　B. SEEK 工资>800

C. LOCATE FOR 工资>800　　　D. FIND 工资>800

(34) 执行如下命令:

USE 职工

LOCATE FOR 工资=1200

为了将指针定位在下一条工资为 1 200 的记录上,应该接着使用命令(　　)。

A. SKIP　　　　　　　　　　　　B. CONTINUE

C. SEEK 1200　　　　　　　　　D. FIND 1200

(35) 设当前表中有 10 条记录,当 EOF() 为真时,命令? RECNO()的显示结果是(　　)。

A. 10　　　　　　　　　　　　　B. 11

C. 0　　　　　　　　　　　　　　D. 空

(36) 设 STU. DBF 文件中有姓名字段,并且按姓名字段索引的文件也已打开。执行命令"name="张三""后,不能将记录指针定位到相应记录的命令是

（　　）。

A. FIND &name　　　　　　　B. SEEK &name

C. LOCATE FOR 姓名＝name　　D. LOCATE FOR 姓名＝"张三"

（37）计算职称为工程师的所有职工的工资总和，并把计算结果存入内存变量gzzh，应该使用命令（　　）。

A. SUM 工资 TO gzzh FOR 职称＝"工程师"

B. SUM ON 工资 TO gzzh FOR 职称＝"工程师"

C. AVERAGE 工资 TO gzzh FOR 职称＝"工程师"

D. AVERAGE ON 工资 TO gzzh FOR 职称＝"工程师"

（38）已打开一个表文件，其中每条记录对应一名职工。下面四条命令中，（　　）可以统计出所有职工的平均工资。

A. SUM ALL 工资 TO XY

B. AVERAGE ALL 工资 TO XY

C. SUM ALL ON 工资 TO XY

D. COUNT ALL FOR 工资＝0 TO XY

2. 简答题：

（1）什么是数据库表？什么是自由表？

（2）如何编辑备注型字段的值？

（3）复制表可以使用 COPY STRUCTURE 和 COPY TO 等命令，说明它们之间的差异。

（4）在 Visual FoxPro 中可以建立哪几种索引文件，它们有什么不同？

（5）结构复合索引文件和独立复合索引文件各有什么特点？

（6）LOCATE、FIND、SEEK 命令在使用上有什么区别？怎么判断查询是否成功？

3. 操作题：

（1）设有一职工表 MEMBER.DBF，包括以下字段：姓名（C,8）、性别（C,2）、出生日期（D,8）、职称（C,6）、基本工资（N,7,2）、退休（L,1）。写出完成如下要求的 Visual FoxPro 命令：

① 显示所有的男性高工的记录；

② 按基本工资升序显示基本工资在 1 200 元以上的女职工的记录；

③ 在第十条记录的前面插入一条新记录；

④ 对该表中所有未退休的职工基本工资一律增加 200 元；

⑤ 按出生日期从早到晚的顺序，出生日期相同的按基本工资的降序排列，生成一个新文件 XMB.DBF；

⑥ 查找第一个 1960 年以前出生的男性高工的记录；

⑦ 对已经退休的职工加上删除标记并显示所有记录；

⑧ 统计所有女职工的人数；

⑨ 求表中所有男性高工的基本工资总和；

⑩ 求所有 1960 年 1 月 1 日以后出生的女职工的平均工资。

（2）利用表设计器建立设备表 SB.DBF，包括以下字段：编号 C（5）、名称 C（6）、启用日期（D）、价格 N（9，2），部门 C（2），主要设备（L），备注（M），商标（G）。内容如下：

编号	名称	启用日期	价格	部门	主要设备	备注	商标
016-1	车床	03/05/90	62044.61	21	.T.	从光华仪表厂租入	
016-1	车床	01/15/92	27132.73	21	.T.		
037-2	磨床	07/21/90	241292.12	22	.T.		
038-1	钻床	10/12/89	5275.00	23	.F.	1997 年 12 月封存	
100-1	微机	08/12/97	8810.00	12	.T.		插入图片
101-1	复印机	06/01/92	10305.01	12	.F.		
210-1	轿车	05/08/95	151000.00	11	.F.	插入图片	

完成如下操作：

① 显示第三条记录开始的 3 条记录；

② 显示 21 部门的主要设备或非主要设备；

③ 显示 1992 年启用的主要设备；

④ 确定表中的第四条记录为当前记录；

⑤ 将 SB.DBF 复制为 SB1.DBF；

⑥ 打开 SB1.DBF 将最后两条记录逻辑删除，微机价格改为 6 500；

⑦ 复制 SB.DBF 结构为 SB2.DBF，且仅要前 5 个字段；

⑧ 从 SB.DBF 中复制价格大于 10 000 的记录；

⑨ 删除名为启用日期字段；

⑩ 对 SB.DBF 进行按部门汇总价格；

⑪ 按部门汇总设备的台数。

第4章　程序设计基础

本章导学

通过前面章节的介绍,可以了解到 Visual FoxPro 提供了丰富且功能强大的操作命令以及方便快捷的菜单操作方式。对于复杂问题的解决,更多的是采用程序文件的工作方式,即程序操作方式。Visual FoxPro 和其他程序设计语言类似,提供了相应的命令和操作供用户进行程序设计。Visual FoxPro 支持面向过程的程序设计方式和面向对象的程序设计方式。本章将介绍面向过程程序设计的基础知识。

本章将主要介绍程序、程序设计、程序设计语言、流程图、顺序结构、选择结构、循环结构、子程序、过程、自定义函数以及变量作用域等基本概念;介绍程序文件的建立与编辑修改方法;介绍在 Visual FoxPro 中用于描述程序基本结构的相关命令或语句;介绍模块化的程序设计方法等内容。读者通过对基本概念的学习,了解程序设计的方法;借助例子及编程练习,掌握各种基本结构的程序设计方法,掌握模块化程序设计的基本方法。所有这些需要通过编程练习及上机实践才能更好地体会和掌握。

4.1　结构化程序设计概述

程序文件的工作方式即程序操作方式是 Visual FoxPro 提供的工作方式之一,程序是相关命令的集合。后面介绍的顺序结构、选择结构及循环结构是 3 种基本的程序结构。顺序结构是指顺序执行程序的命令或语句序列;选择结构也称为分支结构,是指根据对设定的条件进行检查判断,根据检查判断的结果决定程序的执行流程;循环结构是指根据实际重复执行某一命令序列的结构,其中重复执行的命令序列称为循环体。结构化程序设计的基本思想就是要求在设计任一程序时都采用这 3 种基本结构来表示,相应的所设计出来的程序称为结构化程序。

1. 算法

用 Visual FoxPro 来解算实际问题,首先要求设计者设计出解算问题的步骤和方法（即算法），然后用 Visual FoxPro 的命令来描述算法，从而得到相关命令的集合（即程序），这一过程即为程序设计，运行程序才可以实现相应的功能或解决相应的问题。从这一过程可看出，算法设计在解决问题的过程中是很重要的一步，可以看做是程序设计的基础。算法的描述方法很多，可以用自然语言来描述，但往往很烦琐，所以更多的是采用图形的方法来描述，其中算法流程图是常用的一种。

2. 流程图

流程图用一些基本的图形符号来描述解决问题时计算机的执行过程及程序的流向。构成流程图的图形符号如图 4.1 所示。

起止框：表示程序的开始或结束。

处理框：代表各种处理命令或操作。

判断框：表示检查判断设定的条件。

输入/输出框：表示各种输入/输出操作。

流向线：表示程序的流向。

图 4.1　流程图基本图形符号

【例 4.1】　用流程图描述求梯形面积的算法。

解　求梯形面积的过程可分为以下 3 步：

① 从键盘输入任一梯形的上底 $a1$、下底 $a2$ 和梯形的高 h。

② 求面积 $S = 0.5 \times (a1 + a2) \times h$。

③ 输出面积 S。

从这个流程可看出，整个处理过程是一顺序结构的简单过程。求梯形面积的流程如图 4.2 所示。

【例 4.2】　从键盘输入一个任意数 x，求出并输出其绝对值 y。

解　求出任意数 x 的绝对值 y 的过程可分为如下几步：

① 从键盘输入任意一数 x。

② 如果 $x \geqslant 0$ 那么 $y = x$，否则 $y = -x$。

③ 输出 y。

从这个处理流程可看出，它既包含了顺序结构还包含了一个基本分支结构。处理流程的这 3 步是一顺序结构。其中的第②步是一个分支结构，在此结构中"$x \geqslant 0$"是设定的判断条件，根据判断的结果决定是求 $y = x$ 还是求 $y = -x$ 是两个分

127

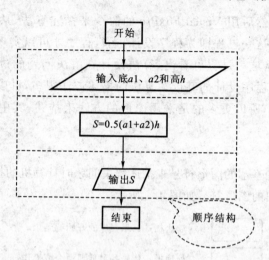

图 4.2　求梯形面积

支。求任意数 x 的绝对值的流程如图 4.3 所示。

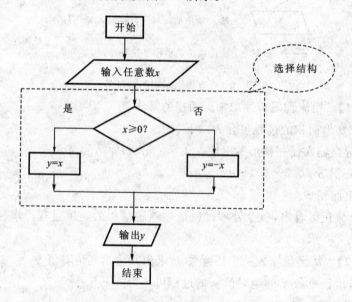

图 4.3　求任意数 x 的绝对值 y

【例 4.3】　求从键盘输入的一组正整数的和。

解　由于不知道这组数有几个,所以不妨假设当从键盘输入一个 0 时,表示这组正整数已输入结束。求从键盘输入的一组正整数的和可分以下几步完成:

①　将 0 赋给存放整数和的变量 S。

②　从键盘输入一个数 x。

③ 如果 $x>0$,将 x 累加到 S;否则求和结束,转第⑤步。

④ 转第②步。

⑤ 输出整数和 S。

从这个流程可看出,第②～④步是一个循环结构,它根据输入的数 x 是否为 0 来决定是否重复执行将 x 累加到 S 的工作。

整个求和过程用流程图表示如图 4.4 所示。图中虚线部分是一个循环结构,其中,"$S=S+x$"和"输入任意数 x"是此循环的循环体,循环体的执行与否是根据输入的 x 是否大于 0 来决定的。

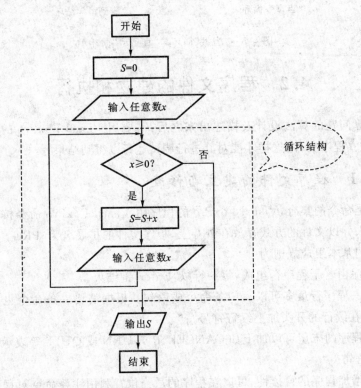

图 4.4 求一组正整数的和

循环结构有两种类型:一种称为"当型"循环;另一种称为"直到型"循环。这两种循环的执行流程如图 4.5 所示。显然,图 4.4 所示的求一组正整数的和采用的是"当型"循环。

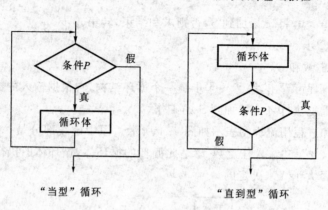

图 4.5 "当型"循环与"直到型"循环

4.2 程序文件的建立和执行

当解算问题的算法设计及描述出来之后,需要用 Visual FoxPro 的命令将其描述,即建立程序文件,这样才能对其进行调试运行以得到结果。

4.2.1 程序文件的建立与修改

程序是命令的集合,Visual FoxPro 的程序由 Visual FoxPro 命令按一定的方式组织起来并以文件的方式存放在外存上,程序文件的扩展名为.PRG。

程序的基本组成规则为

① 程序由若干程序行组成,每一行以"Enter"键结束。

② 每一程序行最多可以写一条命令或语句。根据需要一条命令也可分多行书写,但需在续行的开头加上续行符号";"。

③ 在程序的末尾可以加上如 CANCEL、RETURN 或 QUIT 等表示程序结束的命令或语句。

④ 为增加程序的可读性,可以在程序的适当位置利用注释命令对程序的某一行、某一部分或整个程序作必要的注释和说明。

1. 程序文件的建立

常用的建立程序文件的方法是利用 Visual FoxPro 命令或通过菜单操作完成。

1) 命令方式

【格式】MODIFY COMMAND [<程序文件名>]

【功能】打开一个编辑窗口,用于创建或修改 Visual FoxPro 源程序文件。

说明：

① 在命令格式中的＜程序文件名＞指的是文件说明"[＜盘符＞][＜路径＞]＜程序文件名＞"。

② 省略＜盘符＞指当前盘；省略＜路径＞指当前目录；省略＜程序文件名＞，则使用系统默认的名字"程序1"或"程序2"等。

③ 在使用此命令时，系统默认文件的扩展名为.PRG。

【例4.4】 利用 MODIFY COMMAND 命令创建文件 MAIN.PRG。

在命令窗口输入 MODIFY COMMAND MAIN 之后，屏幕出现如图4.6所示的编辑窗口。

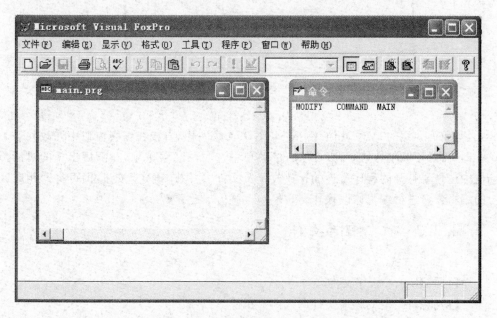

图4.6　MODIFY COMMAND命令编辑窗口

用户可以在编辑窗口中输入和修改程序，当完成这些工作之后用户可以用鼠标操作关闭程序编辑窗口以创建程序文件或用快捷键 Ctrl＋W 保存程序并退出编辑窗口；用户也可以按"Esc"键或用快捷键 Ctrl＋Q 放弃此次操作，系统将出现如图4.7所示的提示信息供用户选择。

2）菜单方式

用户也可以在"文件"菜单中选"新建"菜单项，在随后出现的对话框中选择"程序"可选项，按"新建文件"按钮，屏幕将打开图4.6所示的编辑窗口。

2. 程序的修改

对于已存在程序文件的修改，也可以采用命令方式和菜单方式。对于命令方

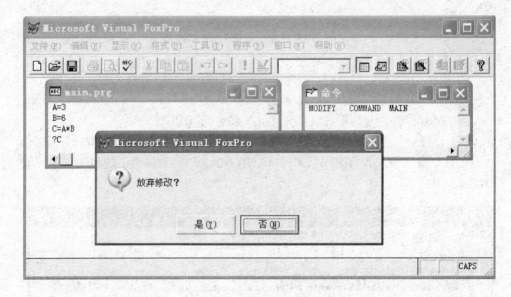

图 4.7 退出编辑窗口提示

式,与前面介绍的"MODIFY COMMAND"命令一样,直接在编辑窗口中修改并保存即可;对于菜单方式,可以在"文件"菜单中选"打开"菜单项,在随后出现的对话框中选择要打开的程序文件的存放位置及文件名并按"确定"按钮,即可打开相应的编辑窗口进行编辑修改操作。

4.2.2 执行程序文件

1. 命令方式

【格式】DO ＜程序文件名＞

【功能】将指定的程序文件调入内存执行。

说明:

命令中的＜程序文件名＞可以是完整的文件说明,即"[＜盘符＞][＜路径＞]＜程序文件名＞"。

【例 4.5】 运行程序 MAIN. PRG

　　DO MAIN. PRG

2. 菜单方式

① 在"程序"菜单中选"运行"菜单项,打开"运行"对话框。

② 在"运行"对话框选择要运行的程序文件的存放位置及文件名,并单击"运行"命令按钮。

4.2.3 基本命令

在这小节中,主要介绍在进行程序设计时,常用的一些基本命令。

1. 清屏命令 CLEAR

【格式】CLEAR

【功能】清除屏幕上的显示内容。

2. 注释命令 NOTE 等

【格式 1】NOTE ＜注释内容＞

【格式 2】* ＜注释内容＞

【格式 3】&& ＜注释内容＞

【功能】在程序中加入注释等说明信息。

在程序的适当位置利用注释命令对程序、命令或命令序列等在功能及其他方面进行必要的注释说明,可以增强程序的可读性。这 3 条注释命令中,格式 3 还可以直接放在其他命令之后。

【例 4.6】 注释命令的使用。

```
 * MODIFY COMMAND L4_6. PRG
CLEAR                               && 清屏
NOTE 求矩形的周长和面积
A＝14.5                             && 矩形的长
B＝3.6                              && 矩形的宽
 *求周长和面积,结果存入变量 P 和 S 中
P＝2 * (A＋B)
S＝A * B
? "周长＝",P,"面积＝",S            && 输出结果
RETURN
```

3. 对话开关命令

【格式】SET TALK OFF|ON

【功能】关闭或打开命令执行时的对话开关。即决定是否显示命令执行的结果,系统默认状态为 ON 状态。

【例 4.7】 打开 STUD 表,分别统计所有姓"张"学员的平均年龄和所有姓"王"学员的平均年龄。

```
 * MODIFY COMMAND L4_7. PRG
CLEAR
SET TALK OFF
USE STUD
```

AVERAGE YEAR(DATE())−YEAR(出生日期) FOR LEFT(姓名,2)="张" TO
ZHANG

AVERAGE YEAR(DATE())−YEAR(出生日期) FOR LEFT(姓名,2)="王" TO
WANG

? [姓"张"学员平均年龄是], ZHANG

? [姓"王"学员平均年龄是], WANG

USE

SET TALK ON

RETURN

在例 4.7 的程序中,如果没有"SET TALK OFF"命令,那么在执行 AVER-
AGE 命令时除了将统计结果保存到内存变量"ZHANG"和"WANG",屏幕上还将
显示此命令的执行结果,显然这是没有必要的。

4. 返回命令 RETURN

【格式】RETURN [TO MASTER][TO 过程名]

【功能】将控制返回。

此命令常出现在程序段的最后,用于结束程序段的运行,将控制返回到:

① 调用程序或命令窗口(选用格式 RETURN)。

② 主程序(选用格式 RETURN TO MASTER)。

③ 指定的过程(选用格式 RETURN TO 过程名)。

5. 简单的输入输出命令

1)字符数据输入命令 ACCEPT

【格式】ACCEPT [<提示信息>] TO <内存变量>

【功能】将从键盘输入的字符串添加定界符后赋给指定的内存变量。

【例 4.8】 读程序。

```
ACCEPT "请输入第一个字符串:" TO AA
ACCEPT "请输入第二个字符串:" TO BB
? "AA=",AA
? "BB=",BB
RETURN
```

当以上程序段执行时,从键盘输入情况如下:

请输入第一个字符串:STUDENT ↙

请输入第二个字符串:"STUDENT" ↙

屏幕显示:

AA= STUDENT

BB="STUDENT"

执行程序时遇到 ACCEPT 命令,系统将暂停执行,等用户从键盘输入信息并按回车键。系统将用户从键盘输入的字符序列加上字符定界符后赋给指定的变量。若用户输入的串本身加了定界符则定界符也将作为输入值的一部分,比如例 4.8 中变量 *BB* 所获得的值是长度为 9 的字符串(包含 9 个字符,即 "STUDENT")。

2) 任意类型数据输入命令 INPUT

【格式】INPUT [<提示信息>] TO <内存变量>

【功能】将输入的数据看成表达式,计算其值后赋给指定的内存变量。

【例 4.9】 读程序。

```
INPUT "请输入第一个数据:" TO AAA
INPUT "请输入第二个数据:" TO BBB
INPUT "请输入第三个数据:" TO CCC
? "AAA=",AAA
? "BBB=",BBB
? "CCC=",CCC
RETURN
```

当以上程序段执行时,从键盘输入情况如下:

请输入第一个数据:123✓
请输入第二个数据:123+456✓
请输入第三个数据:"123+456"✓

屏幕显示:

AAA= 123
BBB= 579
CCC= 123+456

执行程序时遇到 INPUT 命令,系统将暂停执行,等用户从键盘输入信息并按回车键。

① 执行第一条 INPUT 命令,屏幕提示"请输入第一个数据:",用户输入 123,所以变量 *AAA* 的值是数值 123。

② 执行第二条 INPUT 命令,屏幕提示"请输入第二个数据:",用户输入 123+456,所以系统计算出表达式 123+456 的值 579,然后赋给 *BBB*,所以变量 *BBB* 的值是数值 579。

③ 执行第三条 INPUT 命令,屏幕提示"请输入第三个数据:",用户输入"123+456",所以变量 *CCC* 的值是字符数据"123+456"。

【例 4.10】 从键盘输入长方形的长和宽,求面积和周长。

```
* MODIFY COMMAND L4_10.PRG
```

```
CLEAR                                    && 清屏
NOTE 求长方形的周长和面积
INPUT "输入长方形的长" TO A              && 长方形的长存入变量 A 中
INPUT "输入长方形的宽" TO B              && 长方形的宽存入变量 B 中
 * 求周长和面积,结果存入变量 P 和 S 中
P=2 * (A+B)
S=A * B
 * 输出结果
? "周长=",P,"面积=",S
RETURN
```

INPUT 命令常用于数值型、字符型、逻辑型或日期型数据的输入。系统将用户的输入当表达式来处理,所以对于字符型常量数据应加定界符。

3)单个字符输入命令 WAIT(可输入单个字符)

【格式】WAIT [<提示信息>][TO <内存变量>]

　　　　[TIMEOUT <数值表达式>]

【功能】暂停程序的执行,屏幕上显示<提示信息>,直到用户按键或等待时间已到才继续程序的执行。

WAIT 也称为运行控制命令,执行此命令时将暂停程序的执行,也可以用来输入单个字符。具体情况为

① 命令中的<提示信息>为命令执行时的提示信息,若不选用则提示信息为"按任意键继续…"。

② 命令中若选用 TO <内存变量>,系统会将用户所按键对应的字符赋给指定的内存变量,所以此命令除了用于程序的运行控制外,还可用于变量的单个字符输入。

③ 命令中的 TIMEOUT<数值表达式>指等待的时间,单位为秒。例如,命令中选用 TIMEOUT 5,那么系统将最多等 5 秒,时间到将结束等待;如果 5 秒内用户按了任一键,那么系统将结束此命令的执行而继续执行后续命令或将此按键对应的字符赋给指定的内存变量(同时还选用了 TO <内存变量>)后继续执行后续命令;如果在规定的时间内用户未按任何按键而又选用了 TO <内存变量>,则指定的内存变量值为空白字符。

【例 4.11】 打开 STUD 表,按姓名显示任一学生的信息。

```
 * MODIFY COMMAND L4_11. PRG
NOTE 按姓名查找某学生的信息
CLEAR
USE STUD
```

ACCEPT "请输入所查学生的姓名：" TO XM

DISPLAY FOR 姓名＝XM

WAIT "按任意键清屏并结束查询"

CLEAR

? "查询结束"

RETURN

在例子中如果没有 WAIT 命令,那么用户会因马上执行的 CLEAR 命令而来不及查看显示结果。

4.3 程序的基本结构

顺序结构、分支结构(即选择结构)和循环结构是程序的基本结构,结构化程序设计要求用户所设计的程序由这 3 种基本结构组成。Visual FoxPro 提供了相应的控制命令来满足结构化设计的要求。

4.3.1 顺序结构

顺序结构是指程序执行时按程序中命令出现的先后顺序执行的简单结构,前面例子中出现的程序基本上都是顺序结构的简单程序。

4.3.2 分支结构

分支结构也称为选择结构,它是根据设定条件的真假来决定程序控制的走向,主要有单路分支、两路分支和多路分支。Visual FoxPro 提供了 IF 和 DO CASE 命令来实现不同形式的分支结构。

1. 单路分支结构

单路分支结构是最简单的分支结构,此种结构简单地说就是在程序设计时用来实现根据设定条件是否为真决定是否执行某些操作,可利用系统提供的 IF 命令实现。

【格式】IF ＜条件＞

　　　　＜命令序列＞

　　　ENDIF

【功能】如果＜条件＞为真,执行＜命令序列＞;否则执行 ENDIF 后的命令。

其中,

① ＜条件＞可以是值为真或假的任意逻辑表达式或关系表达式。

② ＜命令序列＞指任意条合法的 Visual FoxPro 命令。

③ IF 和 ENDIF 必须成对出现。

命令的执行流程如图 4.8 所示。

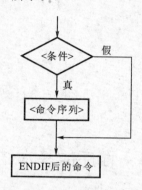

图 4.8 单路分支结构

【例 4.12】 计算分段函数。

$$y=\begin{cases} \sqrt{x} & x\geqslant 0 \\ 1-x & x<0 \end{cases}$$

【分析】此问题的解算步骤分为如下 3 步：

① 输入任意值 x。

② 计算分段函数 y。

③ 输出结果 y。

其中的第②步可分为两部分：

如果 $x\geqslant 0$，那么 $y=\sqrt{x}$；

如果 $x<0$，那么 $y=1-x$。

这两部分分别可用一个单路分支结构来实现，所以对应的程序可设计为

```
*  MODIFY COMMAND L4_12. PRG
INPUT "请输入 x" TO x
IF x>=0
   y=SQRT(x)
ENDIF
IF x <0
   y=1-x
ENDIF
? "x=",x,"y=",y
RETURN
```

2. 两路分支结构

在例 4.12 分段函数问题的解算步骤分析中，其第②步也可表示为

如果 $x \geqslant 0$,那么 $y=\sqrt{x}$;否则 $y=1-x$。

这种表示方式显得更为直观。对于两路分支结构可以很方便地使用系统提供的带 ELSE 语句的 IF 命令实现。

【格式】IF <条件>
　　　　<命令序列 1>
　　　[ELSE
　　　　<命令序列 2>]
　　　ENDIF

【功能】如果<条件>为真,执行<命令序列 1>;否则执行<命令序列 2>。其中的<命令序列 1>和<命令序列 2>均指任意条合法的 Visual FoxPro 命令。<命令序列 1>或<命令序列 2>执行结束后,执行 ENDIF 后面的命令。

命令的执行流程如图 4.9 所示。

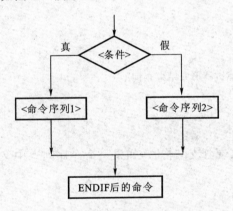

图 4.9　两路分支结构

显然,单路分支结构可看作是其特例。例 4.12 的程序用两路分支结构可设计为

```
* MODIFY COMMAND L4_12_1.PRG
INPUT "请输入 x" TO x
IF x>=0
    y=SQRT(x)
ELSE
    y=1-x
ENDIF
? "x=",x,"y=",y
RETURN
```

【例 4.13】 打开 STUD 表,按姓名显示任一学生的信息。

【分析】对于例 4.11 程序,如果输入的姓名在数据表中不存在,则屏幕上没有与查询结果有关的信息显示。在此对例 4.11 用另一种方式实现,增加对查询结果的判断。如果找到了要查询的学生,显示学生信息;否则,显示"查无此人"的提示信息。这是典型的两路分支结构,可用带 ELSE 选项的 IF 命令实现。

```
*  MODIFY COMMAND L4_13. PRG
NOTE 按姓名查找某学生的信息
CLEAR
USE STUD
ACCEPT "请输入所查学生的姓名: " TO XM
LOCATE FOR 姓名=XM
IF FOUND()
   DISPLAY
ELSE
   ? "查无此人"
ENDIF
WAIT "按任意键清屏并结束查询"
CLEAR
?"查询结束"
RETURN
```

在使用 IF 命令实现分支结构时,如果<命令序列>中又包含有 IF 命令则可实现多路分支结构。

3. 多路分支结构

【例 4.14】 计算分段函数。

$$y=\begin{cases} \sqrt{x} & x>0 \\ x & x=0 \\ 1-x & x<0 \end{cases}$$

【分析】此问题与例 4.12 类似,解算步骤同样分为如下 3 步:

① 输入任意值 x。

② 计算分段函数 y。

③ 输出结果 y。

其中的第②步的计算可看做两路分支的特例:

如果 $x>0$,那么 $y=\sqrt{x}$;否则,$y=\begin{cases} x & x=0 \\ 1-x & x<0 \end{cases}$。

而"否则"部分对 y 的计算又是一个简单的两路分支,可以很方便地用 IF 命令

实现。所以对应的程序可设计为

```
* MODIFY COMMAND L4_14. PRG
INPUT "请输入 x" TO x
IF x>0
    y=SQRT(x)
ELSE
    IF x=0
        y=x
    ELSE
        y=1-x
    ENDIF
ENDIF
? "x=",x,"y=",y
RETURN
```

在以上的程序实现中,在一条 IF 命令的<命令序列>中又使用 IF 命令,从而实现了三路分支,依次类推可以实现更多路分支结构。

IF 命令的<命令序列>中又有 IF 命令的这种复杂结构称为 IF 嵌套。使用 IF 嵌套结构要注意的是:IF 和 ENDIF 必须成对出现,也就是说 IF 的嵌套要完全嵌套。

利用 IF 嵌套可以实现多路分支程序设计,但对于复杂的多路分支结构,使用系统提供的 DO CASE 命令实现更为直观、方便。

【格式】DO CASE

```
CASE <条件 1>
    <命令序列 1>
CASE <条件 2>
    <命令序列 2>
    …
CASE <条件 n>
    <命令序列 n>
[OTHERWISE
    <命令序列 n+1>]
ENDCASE
```

其中,

① <条件>可以是值为真或假的任意逻辑表达式或关系表达式。

② <命令序列>指任意条合法的 Visual FoxPro 命令。

③ DO CASE 和 ENDCASE 必须成对出现。

【功能】依次对<条件1>、<条件2>、…、<条件 n>进行真假判断,分3种情况执行 DO CASE 命令:

① 依次判断各个<条件>,当遇到第一个为真的<条件 i>时,执行对应的<命令序列 i>,然后执行 ENDCASE 后面的命令。

② 如果所有的<条件>均为假,而又选用了"OTHERWISE",则执行<命令序列 $n+1$>,然后执行 ENDCASE 后面的命令。

③ 如果所有的<条件>均为假,而没有选用"OTHERWISE",则执行 END-CASE 后面的命令。

DO CASE 命令的执行过程如图 4.10 所示。

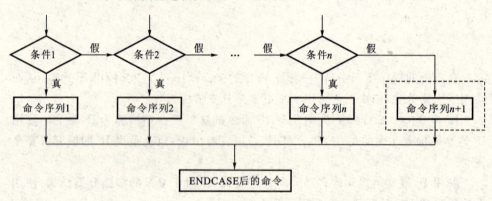

图 4.10　多路分支结构

前面介绍的例 4.14 是一个典型的多路分支结构,用 DO CASE 命令可以很方便地将程序设计为

```
INPUT "请输入 x" TO x
DO CASE
    CASE x>0
        y=SQRT(x)
    CASE x =0
        y=x
    OTHERWISE
        y=1-x
ENDCASE
? "x=",x,"y=",y
RETURN
```

设计程序时,在 DO CASE 命令的<命令序列>中,根据需要也可以再次出现

DO CASE 命令,也就是说允许嵌套,此时与 IF 嵌套一样,要保证 DO CASE 与 ENDCASE 的成对出现且完全嵌套。也允许 IF 命令与 DO CASE 命令的相互嵌套,同样要注意 IF 与 ENDIF、DO CASE 与 ENDCASE 的配对以及完全嵌套问题。

单路分支和两路分支可看成是多路分支的特例,所以用 DO CASE 命令可以实现任意形式的分支结构;利用 IF 命令的嵌套可以实现多路分支,所以用 IF 命令也可以实现任意形式的分支结构。具体用哪种命令来实现分支结构,可根据具体情况而定。一般来说,单路分支和两路分支可选用 IF 命令实现,而多路分支选用 DO CASE 命令实现较为方便。对于复杂的分支结构,则往往需要采用 IF 嵌套、DO CASE 嵌套或它们之间的相互嵌套来实现。

在实际应用中,许多程序设计问题都涉及分支结构的设计实现。比如,税收问题、租金问题、运费问题、邮费问题、分数段统计问题、人员级别判定问题等。

【例 4.15】 假设约定年龄不超过 35 岁的职工为青年职工;年龄在 36～45 岁的职工为中年职工;年龄超过 45 岁的职工为老年职工。从键盘输入任一职工姓名在 STUD 表中查找,显示其姓名、年龄以及所属的职工类型。

【分析】此问题的解算步骤可分为如下几步:

① 打开表 STUD,输入职工姓名。

② 根据姓名查找职工信息。

③ 如果找不到此职工,则输出"查无此人"信息;找到,则根据年龄判断其所属类别,显示有关信息。

其中第③步中"根据年龄判断其所属类别"部分是一个典型的多路分支,所以整个第③步涉及分支结构的嵌套问题。

```
*  MODIFY COMMAND L4_15.PRG
CLEAR
USE STUD
ACCEPT "请输入所查的姓名:" TO XM
LOCATE FOR 姓名＝XM
IF .NOT. FOUND()
    ? "查无此人"
ELSE
    NL＝YEAR(DATE())－YEAR(出生日期)
    DO CASE
        CASE NL<＝35
            ? 姓名,NL,"青年职工"
        CASE NL>35 .AND. NL<＝45
```

```
            ? 姓名,NL,"中年职工"
        OTHERWISE
            ? 姓名,NL,"老年职工"
    ENDCASE
ENDIF
RETURN
```

4.3.3 循环结构

在解决实际问题时经常会遇到需重复执行的操作,比如,求一序列数的和、根据需要多次查询和显示由所输入姓名确定的记录信息等。这些在程序中表现为<命令序列>的重复执行,这种程序结构就是循环结构,可选用系统提供的循环控制命令实现。

Visual FoxPro 提供了 3 条用于实现循环程序设计的命令,即 DO WHILE、FOR 和 SCAN 命令。

1. DO WHILE 循环

DO WHILE 循环也称为"条件循环",它是根据某个条件来决定是否需执行<命令序列>。

【格式】DO WHILE <条件>

　　　　　<命令序列>

　　ENDDO

其中,

① <条件>可以是值为真或假的任意逻辑表达式或关系表达式。

② <命令序列>指任意条合法的 Visual FoxPro 命令,称为循环体。

【功能】当<条件>为真时,执行循环体。

DO WHILE 循环的具体执行流程如图 4.11 所示。

说明:

① 循环体中可以根据需要选用 LOOP 和 EXIT 命令。

【格式 1】LOOP

【格式 2】EXIT

【功能】执行循环体时,遇到 LOOP 命令将无条件地结束此次循环,将控制转移到循环结构的开始即 DO WHILE 处;遇到 EXIT 命令将无条件地退出循环,将控制转移到 ENDDO 后的第一个命令处。LOOP 和 EXIT 命令只能在循环体中使用。

② DO WHILE 和 ENDDO 必须成对出现。

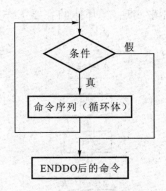

图 4.11　DO WHILE 循环执行流程

③ DO WHILE 循环是"当型循环"，循环体也许一次也不被执行。

④ 由于 DO WHILE 循环是根据＜条件＞的真假决定是否执行循环体的，所以循环体中要有某些命令操作使得在适当时候会使＜条件＞变为假或适当的时候会执行 EXIT 命令，从而退出循环。如果循环体一直被执行，永不退出循环，这种循环称为"死循环"。在设计循环程序时要避免"死循环"的出现。

前面介绍的例 4.3，从流程图所描述的解算方法可以看出采用"当型循环"结构来求若干数的和，可以很容易地用 DO WHILE 循环描述出来。

```
S＝0
INPUT "请输入一个整数" TO x
DO WHILE x＞0
    S＝S＋x
    INPUT "请输入一个整数" TO x
ENDDO
? "S＝",S
RETURN
```

【例 4.16】　从键盘输入任一自然数 N，求小于等于 N 的自然数之和。

【分析】这是一个典型的求累加和的程序。

（1）考虑有关变量的设置：设置 1 个用于存放和的变量 S，1 个存放参与累加的中间项的变量 T，1 个存放参与求和的最大自然数的变量 N。

（2）解算问题的主要步骤：

① 变量初始化，即给有关变量赋初值。

② 输入任一自然数 N。

③ 求 $S＝1+\cdots+T+\cdots+N$。

④ 输出 S。

其中的第③步通过循环来实现,循环体的主要工作是:$T=T+1$ 和 $S=S+T$。
流程图如图 4.12 所示。

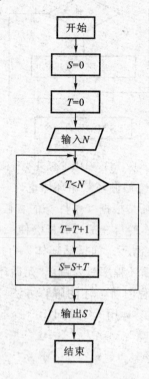

图 4.12 例 4.16 流程图

```
* MODIFY COMMAND L4_16. PRG
* 程序功能:计算累加和
S=0
T=0
INPUT "N=? " TO N
DO WHILE T<N
    T=T+1
    S=S+T
ENDDO
? "S=",S
RETURN
```

对于求和程序的设计,有几点需注意:

① 变量的设置及初始化。

② 循环条件的设置。

③ 循环体命令的设置及次序。

一般要设置变量存放"和"以及"中间项",比如 S 和 T。S 的初值可为 0 或参与求和的某一项,T 可为参与求和的某一项或根据情况设定,比如,在例 4.16 中 T 为 0。循环条件用于控制循环体的执行次数,它的设置往往与 S、T 的初值有关。循环体中往往要产生要累加的"中间项"新值以及将"中间项"进行累加,比如,在例 4.16 中的 $T=T+1$ 和 $S=S+1$,"中间项"新值的产生及累加"中间项"的次序往往又与变量的初始化有关。下面几个程序反映了不同的实现方法。

程序1:

```
* 程序功能:计算累加和
S=0
T=1
INPUT "N=? " TO N
DO WHILE T<=N
    S=S+T
    T=T+1
ENDDO
? "S=",S
RETURN
```

程序2:

```
* 程序功能:计算累加和
S=1
T=1
INPUT "N=" TO N
DO WHILE T<N
    T=T+1
    S=S+T
ENDDO
? "S=",S
RETURN
```

程序3:

```
* 程序功能:计算累加和
S=0
T=0
INPUT "N=" TO N
DO WHILE T<N
    T=T+1
    S=S+T
ENDDO
? "S=",S
RETURN
```

【例 4.17】 编程显示 STUD 表中所有男学员的姓名、工龄及工资。

【分析】此问题的解算可分为如下几步:

① 打开表 STUD。

② 对每一条记录进行判断,如果是"男"学员记录,则显示有关信息。

③ 关闭表 STUD。

其中的第②步需用循环实现,循环次数为记录总数。

```
* MODIFY COMMAND L4_17. PRG
SET TALK OFF
USE STUD
DO WHILE .NOT. EOF()
    IF 性别="男"
      ? 姓名,YEAR(DATE())-YEAR(工作时间),工资
    ENDIF
    SKIP
ENDDO
USE
SET TALK ON
RETURN
```

2. FOR 循环

FOR 循环也称为"计数循环",一般适合于循环次数已知的循环程序设计。用系统提供的 FOR 命令实现。

【格式】FOR <循环变量> = <初值> TO <终值> [STEP <步长>]

     <命令序列>

  ENDFOR | NEXT

【功能】执行该命令,在循环变量越过"终值"之前,重复执行循环体。

设循环变量为 I、初值为 $N1$、终值为 $N2$、步长为 $N3$,那么 FOR 命令的执行流程可描述为

```
I=N1                    && 第一次执行 FOR 命令,将初值赋给循环变量
                        && 并记录相关的初值、终值和步长 3 个值
DO WHILE I<=N2          && 如果 N3<0 则为 I>=N2,即判断 I 是否越过 N2
    <命令序列>           && 循环体
    I=I+N3              && 循环体执行结束,循环控制变量增加一步长
ENDDO
```

说明:

① 格式中的循环变量为内存变量;初值、终值和步长为数值型表达式。

② 循环体中同样可以使用 LOOP 和 EXIT 命令。

③ FOR 与 ENDFOR 或 NEXT 需成对出现。

④ STEP <步长>省略,系统默认步长值为 1。

⑤ 当 FOR 命令中的初值、终值或步长用变量表示时,循环体中可对这些变量的值进行修改,但不会影响循环次数。初值、终值、步长值以第一次执行 FOR 命令时的值为准。

⑥ 循环体中可以有命令对循环控制变量 I 的值进行修改,但会影响循环次数。

【例 4.18】 从键盘输入任一小于 10 的自然数 N,求 N 的阶乘。

【分析】此问题的解算步骤与例 4.16 类似,但用 FOR 循环实现更为方便。

```
* MODIFY COMMAND L4_18. PRG
S=1
INPUT "N=? " TO N
FOR T=1 TO N
    S=S*T
ENDFOR
? "S=",S
RETURN
```

【例 4.19】 从键盘输入 N 个数存入数组 A 中,找出其中的最大数。

【分析】解算问题的主要步骤为

① 利用循环将 N 个数输入并存入数组 A 中。

② 设置变量 MAX 存放最大数,初值可以是这 N 个数中的任一数,比如 $A(1)$,也可以是任意一个比这 N 个数小的数。

③ 利用循环将 N 个数依次与 MAX 比较,若比 MAX 大,则将其赋给 MAX。

④ 输出 MAX。

```
    * MODIFY COMMAND L4_19. PRG
    CLEAR
    INPUT "N=? " TO N
    DIMENSION A(N)
    FOR I=1 TO N
        INPUT "输入一个数" TO A(I)
    ENDFOR
    MAX=A(1)          && 给存放最大数的变量 MAX 赋初值
    FOR I=2 TO N
        IF A(I) >MAX
            MAX=A(I)
        ENDIF
    ENDFOR
    ? "MAX=", MAX
    RETURN
```

3. SCAN 循环

SCAN 循环也称为"扫描循环",SCAN 是一种很特殊的实现循环结构的命令,它专门应用于对数据表操作的循环程序设计。

【格式】SCAN [<范围>] [FOR <条件>] [WHILE <条件>]

　　　　<命令序列>

　　　ENDSCAN

【功能】对当前表文件指定范围中符合条件的指定记录,依次重复执行循环体。

执行 SCAN 命令时,系统将记录指针定位到指定范围符合条件的第一条记录上,执行循环体;然后系统自动将记录指针移到下一条满足条件的记录,执行循环体;重复此过程直至扫描结束。范围、条件缺省,则默认为所有记录。

说明:

① 循环体中同样可以使用 LOOP 和 EXIT 命令。

② SCAN 与 ENDSCAN 必须成对出现。

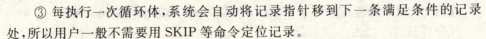

③ 每执行一次循环体,系统会自动将记录指针移到下一条满足条件的记录处,所以用户一般不需要用 SKIP 等命令定位记录。

【例 4. 20】 用 SCAN 循环编程显示 STUD 表中所有男学员的姓名、工龄及工资。

【分析】此问题的解算步骤与例 4. 17 一样,只不过对学员记录性别字段是否为"男"的判断可以由 SCAN 命令本身判断,当然也可以在循环体中判断。

程序1:

```
* MODIFY COMMAND L4_20_1. PRG
SET TALK OFF
USE STUD
SCAN FOR 性别="男"
    ? 姓名,YEAR(DATE())-YEAR(工作时间),工资
ENDSCAN
USE
SET TALK ON
RETURN
```

程序2:

```
* MODIFY COMMAND L4_20_2. PRG
SET TALK OFF
USE STUD
SCAN
    IF 性别="男"
            ? 姓名,YEAR(DATE())-YEAR(工作时间),工资
    ENDIF
ENDSCAN
USE
SET TALK ON
RETURN
```

【例 4. 21】 根据表 SCORE 中的数据,统计选修课程号分别为"000002"、"000005"和"000008"课程的人数以及这些课程的平均分。

【分析】解算问题的主要步骤为

① 设置存放统计数据的变量并初始化。

② 利用 SCAN 命令对每一条记录进行统计处理,在循环体中利用 DO CASE 命令根据记录中课程号字段的值进行多路分支处理。

③ 输出统计结果。

```
* MODIFY COMMAND L4_21. PRG
```

```
SET TALK OFF
STORE 0 TO S2,S5,S8              && S2、S5、S8 分别用来存放各门课的成绩和
STORE 0 TO N2,N5,N8             && N2、N5、N8 分别用来存放选各门课的人数
USE SCORE
SCAN
    DO CASE
        CASE 课程号="000002"
            N2=N2+1
            S2=S2+成绩
        CASE 课程号="000005"
            N5=N5+1
            S5=S5+成绩
        CASE 课程号="000008"
            N8=N8+1
            S8=S8+成绩
    ENDCASE
ENDSCAN
P2=S2/N2                         && 求课程号为"000002"课程的平均分
P5=S5/N5                         && 求课程号为"000005"课程的平均分
P8=S8/N8                         && 求课程号为"000008"课程的平均分
? "000002 号课程选课人数",N2,"000002 号课程平均分",P2
? "000005 号课程选课人数",N5,"000005 号课程平均分",P5
? "000008 号课程选课人数",N8,"000008 号课程平均分",P8
USE
SET TALK ON
RETURN
```

类似例 4.21,在设计程序时,循环命令与 IF 或 DO CASE 命令可以嵌套使用,但注意要完全嵌套,不要出现交叉。

4. 多重循环

循环体中又使用了循环控制命令的程序结构称为多重循环或循环嵌套。循环体中又有一个循环称为两重循环,分别称为内循环和外循环。依次类推,有三重循环、四重循环等。

在多重循环程序设计时,要注意循环的完全嵌套,不要出现交叉。

【例 4.22】 编程计算 S=2!+4!+6!+8!。

【分析】可设计成两重循环结构,外循环控制累加 4 个阶乘值,外循环的循环体含有一个用于计算阶乘的内循环。

```
*  MODIFY COMMAND L4_22. PRG
S=0
FOR I=2 TO 8 STEP 2
    T=1                          && 存放 I 阶乘值的变量 T 初始化
    FOR J=1 TO I                 && 求 I 阶乘
        T=T*J
    ENDFOR
    S=S+T                        && 将 I 阶乘值累加到变量 S 中
ENDFOR
? "S=",S                         && 输出结果
RETURN
```

【例 4.23】 从键盘输入任意 n 个数,存入数组 A 中,然后将它们按由大到小排序。

【分析】解算此问题的思路是:找最大数并保存,然后在剩下的数中找最大数,重复此过程直到完成排序。具体为

① 找出 n 个数中的最大数存入 $A(1)$,其他的 $n-1$ 个数保存在 $A(2)\sim A(n)$ 中。

② 找出 n 个数中的第 2 大的数(剩下的 $n-1$ 个数中的最大数)存入 $A(2)$,其他的 $n-2$ 个数保存在 $A(3)\sim A(n)$ 中。

③ 找出 n 个数中的第 3 大的数(剩下的 $n-2$ 个数中的最大数)存入 $A(3)$,其他的 $n-3$ 个数保存在 $A(4)\sim A(n)$ 中。

……

④ 找出 n 个数中的第 $n-1$ 大的数(剩下的 2 个数中的最大数)存入 $A(n-1)$,剩下的 1 个数保存在 $A(n)$ 中,此时 $A(n)$ 即为 n 个数中的最小数。

```
*  MODIFY COMMAND L4_23. PRG
INPUT "n=? " TO n
DIMENSION A(n)
* 输入 n 个数存入数组 A 中
FOR i=1 TO n
    INPUT "输入一个数" TO A(i)
ENDFOR
* 排序
FORi=1 TO n-1
* 从 A(i)~A(n)中找第 i 大的数存入 A(i),其余在 A(i+1)~A(n)中
    FOR j=i+1 TO n           && 具体找
        IF A(i)<A(j)
```

```
            x＝A(i)              && 交换 A(i)和 A(j)的值
            A(i)＝A(j)
            A(j)＝x
        ENDIF
    ENDFOR
ENDFOR
* 输出排序结果
FOR i＝1 TO n
    ? A(i)
ENDFOR
RETURN
```

显然,如果要对 n 个数由小到大排序,只要将程序中 IF 命令的条件改为"A(i)>A(j)"即可。

4.4 子程序、过程和自定义函数

子程序、过程和自定义函数的引入可看做是为了提高编程效率以及更好地完成结构化程序设计的。

【例 4.24】 计算 $C_m^n = \dfrac{m!}{n!\ (m-n)!}$。

【分析】解算问题的主要步骤为

① 输入 m 和 n。

② 计算 $m!$、$n!$ 和 $(m-n)!$。

③ 计算 C_m^n。

④ 输出结果。

```
* MODIFY COMMAND L4_24.PRG
INPUT "m＝? " TO m
INPUT "n＝? " TO n
x＝m
* 求 x(即 m)的阶乘,并将结果保存在变量 m1 中
t＝1
FOR i＝1 TO x
    t＝t * i
ENDFOR
m1＝t
x＝n
```

* 求 x(即 n)的阶乘,并将结果保存在变量 n1 中

t=1

FOR i=1 TO x

 t=t * i

ENDFOR

n1=t

x=m−n

* 求 x(即 m−n)的阶乘,并将结果保存在变量 mn1 中

t=1

FOR i=1 TO x

 t=t * i

ENDFOR

mn1=x

* 计算 $C_m^n = \dfrac{m!}{n! \; (m-n)!}$,结果保存在变量 cmn 中

nmn=m1/(n1 * mn1)

* 输出结果

? "cmn=",cmn

RETURN

在所设计的例 4.24 程序里,以下命令序列出现了 3 次。

t=1

FOR i=1 TO x

 t=t * i

ENDFOR

此命令序列执行之后变量 t 的值为对应的 $x!$。由于变量 x 分别赋予了 m、n 和 $m-n$,所以也就算出了 $m!$、$n!$ 和 $(m-n)!$。

在解决具体问题时,经常会遇到类似例 4.24 求 C_m^n 这种在一个程序的多个地方出现差不多相同的<命令序列>或<程序段>,而它们的区别只是一些变量取值不同的情况。为了提高编程效率,增加程序的可读性以及便于程序的调试、维护等,可以通过引入子程序、过程或自定义函数等方式来解决这些问题。此外,一个大的程序往往包含了多个功能上相对独立的<命令序列>或<程序段>,从结构化程序设计的角度出发也要求将程序模块化。

4.4.1 子程序

子程序也称为外部过程,是一个具有特定功能的程序,可被其他程序调用。与之对应的就是主程序,它可调用子程序但自身不被其他程序调用。每一个子程序

与主程序一样,是一个扩展名为.PRG 的独立文件。

1. 子程序的调用

子程序的调用利用 DO 命令实现。可以根据需要在程序的任意位置使用 DO 命令来调用某个子程序,从而实现程序控制的转移。

【格式】DO ＜子程序文件名＞［WITH ＜参数表＞]

【功能】将控制转到子程序执行。选项 WITH ＜参数表＞ 用于调用程序与子程序间的参数传递。

2. 子程序的返回

【格式】RETURN ［TO ＜程序文件名＞ | TO MASTER]

【功能】将控制返回到调用程序、指定的程序或主程序,执行调用命令之后的命令。

【例 4.25】 利用子程序计算 $C_m^n = \dfrac{m!}{n! \ (m-n)!}$。

【分析】阶乘的计算通过设计一子程序来实现。

子程序:

```
* MODIFY COMMAND JC. PRG
* 计算阶乘
* JC. PRG
t=1
FOR i=1 TO x
    t=t * I
ENDFOR
RETURN
```

主程序:

```
* MODIFY COMMAND L4_25.PRG
INPUT "m=? " TO m
INPUT "n=? " TO n
t=1
x=m
DO JC
m1=t
x=n
DO JC
n1=t
x=m-n
DO JC
```

mn1＝t

cmn＝m1/(n1 ＊ mn1)

? "cmn＝",cmn

RETURN

引入子程序实现按模块组织设计程序之后,各程序模块逐级调用与返回的执行流程如图 4.13 所示。当然,也可以利用 RETURN TO ＜子程序文件名＞实现越级返回或利用 RETURN TO MASTER 直接返回主程序。

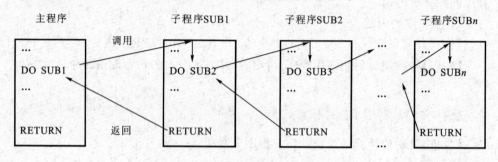

图 4.13 程序模块逐级调用与返回执行流程

4.4.2 过程

过程也称为内部过程,它是以 PROCEDURE 命令开头、以 RETURN 命令结束的完成某特定功能的命令序列,每一过程用一过程名来标识。过程的调用/返回与子程序的调用/返回类似。若干过程可存放在一扩展名为.PRG 的程序文件中,此程序文件称为过程文件;过程也可放在主程序之后而与主程序同处一个文件。通过设计过程的方法可以方便实现程序的模块化设计。与子程序设计相比,引入过程也可以减少程序文件的数量。

1. 过程的结构

PROCEDURE ＜过程名＞

   ＜命令序列＞

RETURN［TO MASTER｜TO ＜程序文件名＞］

过程名用于标识过程,可包含字母、数字及下划线,但首字符为字母或下划线。＜命令序列＞也就是过程体用于完成过程的功能。过程的调用与返回和子程序一样,分别使用 DO 命令和 RETURN 命令。

2. 过程文件

若干过程放在一个扩展名为.PRG 文件里就构成了一个过程文件,过程文件的建立、编辑修改与程序文件的处理方法一样,都使用 MODIFY COMMAND 命令。

过程文件的组成结构为

PROCEDURE ＜过程名 1＞

 ＜命令序列 1＞

RETURN［TO MASTER｜TO ＜程序文件名＞］

PROCEDURE ＜过程名 2＞

 ＜命令序列 2＞

RETURN［TO MASTER｜TO ＜程序文件名＞］

 ···

PROCEDURE ＜过程名 n＞

 ＜命令序列 n＞

RETURN［TO MASTER｜TO ＜程序文件名＞］

3. 调用过程

  过程可以作为程序文件的一部分,在程序中可直接调用过程,此时过程列在后面,比如列在主程序之后;过程如果在过程文件中,那么在调用过程之前需打开过程文件,结束使用则关闭过程文件。系统提供了打开和关闭过程文件的命令。

【格式】SET PROCEDURE TO ＜过程文件名＞

【功能】打开过程文件。

【格式】SET PROCEDURE TO 或 CLOSE PROCEDURE

【功能】关闭过程文件。

【例 4.26】 利用过程计算 $C_m^n = \dfrac{m!}{n!\ (m-n)!}$。

【分析】阶乘的计算通过设计一过程来实现。根据过程的存放位置用两种方法实现。

方法一:过程与主程序在一个程序文件中。

```
* MODIFY COMMAND L4_26_1. PRG
* 主程序
INPUT "m＝? " TO m
INPUT "n＝? " TO n
t＝1
x＝m
DO JCP
m1＝t
x＝n
DO JCP
n1＝t
x＝m－n
```

```
DO JCP
mn1＝t
cmn＝m1/(n1 * mn1)
? "cmn＝",cmn
RETURN
* 过程 JCP,列在主程序之后
PROCEDURE JCP
* 计算阶乘的过程
t＝1
FOR i＝1 TO x
    t＝t * I
ENDFOR
RETURN
```

方法二:设计一过程文件 JCFILE. PRG,其中包含了计算阶乘的过程 JCP;设计一主程序调用计算阶乘的过程来计算出结果。

① 创建含主程序的程序文件 L4_26_2. PRG。

```
* MODIFY COMMAND L4_26_2. PRG
* 主程序
SET PROCEDURE TO JCFILE
* 打开文件名为 JCFILE. PRG 的过程文件,此文件中定义了计算阶乘的过程 JCP
INPUT "m＝? " TO m
INPUT "n＝? " TO n
t＝1
x＝m
DO JCP
m1＝t
x＝n
DO JCP
n1＝t
x＝m－n
DO JCP
mn1＝t
cmn＝m1/(n1 * Mn1)
? "cmn＝",cmn
SET PROCEDURE TO
* 关闭过程文件
RETURN
```

② 创建定义了过程 JCP 的过程文件 JCFILE. PRG。

    * MODIFI COMMAND JCFILE

PROCEDURE JCP

    * 计算阶乘的过程,包含在过程文件 JCFILE. PRG 中

t=1

FOR i=1 TO x

    t=t*i

ENDFOR

RETURN

4.4.3 自定义函数

在 Visual FoxPro 中有两种类型的函数:一类是前面介绍过的标准函数,另一类就是本小节要介绍的自定义函数。为了更好地进行程序的模块化设计,除了利用设计子程序或过程的方法外,用户还可以定义自定义函数来实现一些特定的功能。自定义函数定义好之后,其使用方法与标准函数一样,可以给用户的程序设计带来许多方便。

1. 自定义函数的定义

【格式】[FUNCTION <函数名>]

      [PARAMETERS <参数表>]

                             <命令序列>

      RETURN <表达式>

【功能】定义一个用户自定义函数。

说明:

① 函数名用于标识函数,不要与系统函数名或内存变量名重名。

② 自定义函数可以以一个扩展名为. PRG 的独立文件存储,此时可省略FUNCTION 命令,文件名即为函数名;自定义函数也可以像过程一样作为程序文件的一部分,此时自定义函数列在后面,比如列在主程序之后;自定义函数也可以放在过程文件中,此时在调用函数之前需打开过程文件,结束使用则关闭过程文件。

③ PARAMETERS命令用于参数传递,是一个用逗号分开的变量表。

④ <命令序列>为函数体用于实现函数的功能。

⑤ RETURN <表达式>是函数返回命令,<表达式>是函数返回值。

2. 自定义函数的调用

自定义函数的调用与标准函数的调用方法一样,即函数名([参数表])。使用

时要注意：如果有函数参数，要注意参数的个数与类型；如果没有函数参数，函数名后的括号不能省略。

【例 4.27】 利用自定义函数计算 $C_m^n = \dfrac{m!}{n!\ (m-n)!}$。

【分析】阶乘的计算通过设计一自定义函数来实现。根据自定义函数的存放位置用两种方法实现。

方法一：自定义函数与主程序在一个程序文件中，此种类型的函数称为依附自定义函数。在调用程序的后面根据需要可以定义多个自定义函数。

```
* MODIFY COMMAND L4_27_1.PRG
* 主程序模块
CLEAR
INPUT "m=" TO m
INPUT "n=" TO n
cmn=JCF(m)/JCF(n)/JCF(m-n)
? "cmn=",cmn
RETURN
* 定义求阶乘的自定义函数 JCF
FUNCTION JCF
PARAMETER x
t=1
FOR i=1 TO x
    t=t*i
ENDFOR
RETURN t
```

方法二：设计一程序文件用于实现计算阶乘的函数功能；设计一主程序调用计算阶乘的函数来计算出结果。

① 创建含主程序的程序文件 L4_27_2.PRG。

```
* MODIFY COMMAND L4_27_2.PRG
* 主程序模块
CLEAR
INPUT "m=" TO m
INPUT "n=" TO n
cmn=JCF(m)/JCF(n)/JCF(m-n)
? "cmn=",cmn
RETURN
```

② 创建用于实现求阶乘函数 JCF 功能的程序文件文件 JCF.PRG。自定义函

数以单独文件出现时可省略 FUNCTION 命令,一个文件定义一个函数且文件名就是函数名。此种类型的自定义函数称为独立自定义函数。

```
* MODIFY COMMAND JCF. PRG
PARAMETER x
t=1
FOR i=1 TO x
    t=t*i
ENDFOR
RETURN t
```

4.4.4　全局变量和局部变量

根据内存变量作用范围的不同,内存变量可分为全局型变量、局部型变量、隐蔽(藏)型变量和区域型变量等变量类型。

1. 全局变量

全局变量一旦定义之后,其作用范围在命令窗口、任一嵌套级的程序模块,甚至在定义它的程序运行结束之后仍存在。通常可以通过两个途径来定义全局变量,即在命令窗口中定义或在程序中用 PUBLIC 命令说明。

【格式】PUBLIC ＜内存变量表＞

【功能】将＜内存变量表＞中所列内存变量定义为全局变量。

【例 4.28】　全局变量应用举例。

```
* MODIFY COMMAND L4_28. PRG
a=5
b=6
DO SUB1
? "s=",s
? "p=",p
RETURN
PROCEDURE SUB1
PUBLIC s,p
s=a*b
p=2*(a+b)
RETURN
```

在命令窗口中执行 DO L4_28 命令之后,屏幕上显示运行结果:

```
s= 30
p= 22
```

如果在过程 SUB1 中没有利用命令"PUBLIC s,p"将 s 和 p 定义为全局变量,那么程序运行时,从过程返回执行命令?"s=",s,将出现"找不到变量's'"的错误提示。

2. 局部变量

程序中未加说明而定义的内存变量为局部变量。显然本小节之前所设计的例子中定义的内存变量都是局部变量。局部变量的作用范围为定义它的程序模块以及此模块调用的下级程序,当程序运行结束之后局部变量将被清除。

在子程序中改变主程序定义的局部变量的值,可以实现主程序与子程序间数据的传递。比如例4.24的主程序中定义了局部变量t,在子程序中用它来存放计算出的阶乘值,当控制从子程序返回主程序之后,主程序中就可引用此数据了。如果将主程序中定义变量T的命令"$t=1$"删除,那么程序运行执行到"$m1=t$"时将出现"找不到变量t"的错误提示。

3. 隐藏变量

【格式】PRIVATE <内存变量表>

或

　　　　PRIVATE ALL [LIKE<通配符> | EXCEPT <通配符>]

【功能】定义隐蔽(藏)型内存变量。在包含此命令的程序模块中将命令中所说明的与上级程序模块中定义的同名内存变量隐藏或隐蔽起来,直到包含此命令的程序模块执行结束才恢复。

【例4.29】 隐藏变量应用举例。

```
 * MODIFY COMMAND L4_29. PRG
l=0
DO SUB1
? "MAIN l=",l
RETURN
PROCEDURE SUB1
PRIVATE l,m
l=1
? "SUB1 l=",l
m=1
DO SUB2
? "SUB11 l=",l
? "SUB1 m=",m
RETURN
PROCEDURE SUB2
l=2
```

```
? "SUB2 l=",l
? "SUB2 m=",m
RETURN
```

在命令窗口执行"DO L4_29"命令后屏幕显示:

```
SUB1 l=   1
SUB2 l=   2
SUB2 m=   1
SUB11 l=   2
SUB1 m=   1
MAIN l=   0
```

从运行结果可看出,在过程 SUB1 中将主程序中定义的变量 l 给隐藏了,当调用结束而返回到主程序时又将 l 恢复了。

4. 区域型内存变量

【格式】LOCAL ＜内存变量表＞

【功能】将＜内存变量表＞中的变量定义为区域型内存变量,并赋初值为逻辑假.F.。

区域型内存变量只能在定义它的程序模块中使用,当控制离开定义它的模块时将被撤消。

【例 4.30】 区域型内存变量应用举例。

```
* MODIFY COMMAND L4_30. PRG
a=1
? " *  MAIN a=",a
DO SUB1
? " ** MAIN a=",a
RETURN
PROCEDURE SUB1
LOCAL a,b
? " * SUB1 a=",a, " * SUB1 b=",b
a=10
b=20
? " ** SUB1 a=",a," ** SUB1 b=",b
DO SUB2
RETURN
PROCEDURE SUB2
? "SUB2 a=",a
* ? "SUB2 b=",b
```

RETURN

在命令窗口执行"DO L4_30"命令后屏幕显示：

    ∗ MAIN a＝ 1

    ∗ SUB1 a＝ .F. ∗ SUB1 b＝ .F.

    ∗∗ SUB1 a＝ 10 ∗∗ SUB1 b＝ 20

    SUB2 a＝ 1

    ∗∗ MAIN a＝ 1

从运行结果可看出,当控制转入过程 SUB1 时,区域型内存变量 a 和 b 被定义且初值为.F.,过程 SUB1 中的变量 a 不是原来在主程序中定义的变量 a。当控制转入过程 SUB2 时,区域型内存变量 a 和 b 被释放。如果在过程 SUB2 中执行?"SUB2 b＝",b 命令,将会出现"找不到变量'b'"的错误。

4.4.5　参数传递

参数传递是指子程序、过程或自定义函数调用时,调用程序模块与被调用模块间参数的传递。前面介绍的利用内存变量的作用域来实现参数传递是一种方式,而借助形式参数和实在参数的结合进行的参数传递是另一种方式。

1. 调用程序与子程序(或过程)之间的参数传递

要求调用程序使用的 DO 命令有 WITH 选项,被调用的子程序(或过程)第一条可执行命令为 PARAMETERS 命令。即

    DO 子程序名∣过程名 WITH ＜参数表1＞ && 调用程序中

    PARAMETERS ＜参数表2＞   && 被调用子程序(或过程)中

其中,

①＜参数表1＞为用逗号分开的若干表达式,即是一些逗号分开的被称为实在参数简称实参的参数,这些参数根据需要可以是常量、变量等表达式形式。

②＜参数表2＞为用逗号分开的若干变量,这些变量称为形式参数简称形参。形参被说明为局部变量。

利用形式参数和实在参数的结合实现主程序与子程序(或过程)之间的参数传递的执行过程为

• 调用程序向被调用的子程序或过程的参数传递:一般来说,在实际应用时要求＜参数表1＞和＜参数表2＞在个数以及类型上一一对应。在执行 DO 命令调用子程序或过程时,两参数表中的参数按从左到右位置对应将实参的值一一传递给对应的形参。如果实参个数少于形参个数,则余下的形参自动取值为.F.;反之,出错。

• 被调用的子程序或过程向调用程序的参数传递：当子程序或过程运行结束返回调用程序时，对于那些形参与实参结合是变量对变量的，形参的值将传递回对应的实参变量。

【例4.31】 主程序与子程序（或过程）之间的参数传递应用举例。

```
* MODIFY COMMAND L4_31.PRG
a=1
b=2
DO SUB1 WITH a,b,a+5,b+6
? "a=",a,"b=",b
RETURN
PROCEDURE SUB1
PARAMETERS a1,b1,a2,b2,c
?"a1=",a1,"b1=",b1
?"b2=",b2,"b2=",b2
?"c=",c
a1=a1+1
b1=b1+1
RETURN
```

执行 DO L4_31 命令后，屏幕显示：

```
a1=     1     b1=     2
a2=     6     b2=     8
c= .F.
a=      2     b=      3
```

执行主程序，当执行调用过程命令时，通过形式参数和实在参数的结合，过程 SUB1 中的变量 $a1$、$b1$、$a2$ 和 $b2$ 分别获得了变量 a、变量 b、表达式 $a+5$、$b+6$ 的值，即1、2、6 和8。变量 c 没有实参与之对应，所以取值为.F.。过程执行结束返回时，由于 a 与 $a1$ 对应、b 与 $b1$ 对应，所以变量 $a1$ 的值2 传给了变量 a，同样变量 $b1$ 的值3 传给了变量 b。

2. 调用程序与函数之间的参数传递

调用程序与被调用的自定义函数间的参数传递主要涉及两个方面：

① 自定义函数的返回命令 RETURN ＜表达式＞中的＜表达式＞值为函数的返回值，省略＜表达式＞则返回值为.T.。

② 利用函数调用命令中的实参与自定义函数的第一条可执行命令 PARAM-ETERS 中的形参之间的结合可实现实参向形参传递值。对于函数调用时采用@变量名的实参形式，在函数返回时对应形参的值会传递给此实参变量。

【例 4.32】 调用程序与函数之间的参数传递应用举例。

```
* MODIFY COMMAND L4_32. PRG
a=1
b=2
s1=AREA(a,a+3)
?"a=",a,"s1=",s1
s2=AREA(2,@b)
?"b=",b,"s2=",s2
RETURN
FUNCTION AREA
PARAMETERS a1,b1
?"a1=",a1,"b1=",b1
c=a1 * b1
a1=a1+1
b1=b1+1
RETURN c
```

执行 DO L4_32 命令后,屏幕显示:

```
a1=      1      b1=      4
a=       1      s1=      4
a1=      2      b1=      2
b=       3      s2=      4
```

本章小结

本章介绍了程序设计相关的概念、算法及其描述;介绍了 3 种基本程序结构的实现方法以及模块化程序设计的基本方法;介绍了求和(积)、求最大(小)值、排序以及通过编程对数据表进行操作等常见的程序类型的设计。基本程序结构的实现、常用的算法及程序实现是编程的基础,要熟练地掌握。学习本章所设计的程序需要上机调试及练习,这样才能加深对概念的理解及加强与提高编程能力。

习 题 四

1. 设出租车不超过 5 千米时一律收费 10 元,超过时则超过部分每千米收 1.6 元。试编程:根据从键盘输入的里程数 x 计算并显示应付车费 y。

2. 编写程序:从键盘输入一数 x,计算:

$$y=\begin{cases} x^2+2|x| & x\leqslant-1.5 \\ e^2+\lg|x| & -1.5<x<0 \\ \dfrac{2e^2}{3+x^{1/2}} & x\geqslant0 \end{cases}$$

3. 编写和调试完成以下功能的程序:

(1) 从键盘输入大于 6 的正整数 N,计算 $S=5+6+\cdots+N$;

(2) 从键盘输入正整数 $K1$ 和 $K2$(设 $K1<K2$),计算 $K1\sim K2$ 间能被 5 整除的数之和;

(3) 从键盘输入 3 位正整数 $K1$ 和 $K2$(设 $K1<K2$),计算 $K1\sim K2$ 间的所有个位数加十位数大于百位数的数之和;

(4) 从键盘输入一组数,分别找出其中的最大数、最小数;

(5) 从键盘输入一组不为 0 的数,分别计算正数和负数的个数;

(6) 从键盘输入一组正整数,分别计算奇数和偶数的个数;

(7) 从键盘输入任意 m 个数,求它们的平均值及最大值;

(8) 随机产生 100 个 10~1000 之间的整数,将它们按由小到大次序排序并输出。

4. 从键盘输入任一小于 6,大于 2 的正整数 N,编程计算:

(1) $S=1!+2!+\cdots+N!$;

(2) $S=1+(1+2)+(1+2+3)+\cdots+(1+2+3+\cdots+N)$;

(3) $S=Q=1+1/(1+1/2)+\cdots+1/(1+1/2+1/3++\cdots+1/N)$;

(4) $S=1!+(1!+2!)+(1!+2!+3!)+\cdots+(1!+2!+\cdots+N!)$。

5. 用 SCAN 命令编程:

(1) 在 STUD 表中,求出平均工资,并判断每一学员的级别(工资超过平均工资的为高级职员,否则为一般职员);

(2) 在 STUD 表中,显示所有超过平均工资的人员的姓名、工资及超过平均工资的数额;

(3) 在 STUD 表中,显示工资最高和最低的人员的姓名、工资;

(4) 在 STUD 表中,显示所有姓张的人员的姓名及平均工龄;

(5) 统计 STUD 表中,工资<1500,1500<=工资<2800,工资>=2800 各有多少人。

6. 有如下售书数据表 BOOK.DBF,BOOK.DBF 中的记录如下:

书号	单价	数量	总计
B0168	19.8	3	
B6915	12.6	36	
B9023	40.0	100	
B4682	18.0	40	
B6329	28.0	56	
B8127	2.0	20	

要逐条计算总计并填入"总计"字段之中,计算按照如下规则:

① 若数量小于等于10,总计等于"单价 * 数量";

② 若数量大于50,总计等于"单价 * 数量 * (1−5/100)";

③ 若数量在11与50之间,总计等于"单价 * 数量(1−10/100)"。

7. 设有一成绩表 SCORE. DBF,它由以下字段组成:姓名(C,8)、平时成绩(N,6,2)、期末成绩(N,6,2)、总成绩(N,6.2)、等级(C,6)。其中前3项已有数据,用 SCAN 循环编写程序计算并填写每一记录的"总成绩"和"等级"字段,它们的计算方法分别为:

(1) 总成绩计算方法:总成绩＝平时成绩×30％＋期末成绩×70％;

(2) 等级计算方法:

总成绩≥90　　　　　"等级"为"优秀";

75≤总成绩＜90　　　"等级"为"良好";

60≤总成绩＜75　　　"等级"为"合格";

总成绩＜60　　　　　"等级"为"不合格"。

8. 编写一个主程序和两个子程序,它们分别实现以下功能:

(1) 主程序 MAIN:

从键盘输入任意10个正整数存入数组 A(10)中,然后顺序调用以下两个子程序 SUB1、SUB2;

(2) 子程序 SUB1:计算并显示此10个数的和 S;

(3) 子程序 SUB2:找出其中的最小数并统计和显示小于等于此最小数的素数个数。

9. 编写一个主程序和两个内部过程,它们分别实现以下功能:

(1) 主程序 MAIN:

从键盘输入任意10个正整数存入数组 A(10)中,然后顺序调用以下两个内部

过程 SUB1、SUB2;

(2) 内部过程 SUB1:找出此 10 个数中的最小数 MIN 和最大数 MAX;

(3) 内部过程 SUB2:计算最小数 MIN 和最大数 MAX 间能被 5 整除的自然数之和 S。

10. 主程序 MAIN:从键盘输入自然数 N,调用子程序 SUB。

子程序 SUB:计算:$S=(1+1/(1*3))+\cdots+(1+1/((2N-1)(2N+1)))$。

11. 改用自定义函数实现第 10 题。

提示:比如定义函数 $F(N)$ 用于求和。

第 5 章　关系数据库标准语言 SQL

本章导学

第 3 章我们学习了用 Visual FoxPro 命令来操作各种数据对象,而使用 SQL 语言命令来完成这些操作实现的功能更强大,通用性更强。本章将主要讲述关系数据库的标准语言——SQL 语言。通过本章的学习,读者应该掌握 SQL 的功能和语法格式。

5.1　SQL　概　述

SQL(Structured Query Language)称为结构化查询语言,查询是 SQL 语言的重要组成部分,SQL 还包含数据定义、数据操作和数据控制功能等内容。SQL 已经成为关系数据库的标准数据语言,所以现在所有的关系数据库管理系统都支持 SQL。掌握 SQL 语法可以更加灵活地建立查询和视图。

5.1.1　SQL 的发展

SQL 语言来源于 20 世纪 70 年代 IBM 的一个被称为 SEQUEL(Structured English Query Language)的研究项目。20 世纪 80 年代,SQL 由 ANSI 进行了标准化,它包括了定义和操作数据的指令。由于它具有功能丰富、使用方式灵活、语言简洁易学等突出特点,在计算机界深受广大用户欢迎,许多数据库生产厂家都相继推出各自支持 SQL 标准的产品。1998 年 4 月,ISO 提出了具有完整性特征的 SQL,并将其定为国际标准,推荐它为标准关系数据库语言。1990 年,我国也颁布了《信息处理系统数据库语言 SQL》,将其定为中国国家标准。

5.1.2　SQL 的特点

1. 综合统一

SQL 语言集数据定义语言(DDL)、数据操纵语言(DML)、数据控制语言(DCL)的功能于一体,语言风格统一,可以独立完成数据库生命周期中的全部活动,包括定义关系模式、录入数据以及建立、查询、更新、维护、重构数据库、数据库安全性控制等一系列操作,这就为数据库应用系统开发提供了良好的环境。例如,用户在数据库投入运行后,可根据需要随时修改模式,并不影响数据库的运行,从而使系统具有良好的可扩充性。

2. 高度非过程化

SQL 语言进行数据操作,用户只需描述清楚"做什么",而不必指明"怎么做",因此用户无需了解存取路径。存取路径的选择以及 SQL 语句的操作过程由系统自动完成。这不但大大减轻了用户负担,而且又有利于提高数据独立性。

3. 面向集合的操作方式

SQL 语言采用集合操作方式,不仅查找结果可以是元组的集合,而且一次插入、删除、更新操作的对象也可以是元组的集合。

4. 以同一种语法结构提供两种使用方式

SQL 语言既是自含式语言,又是嵌入式语言。作为自含式语言,它能够独立地用于联机交互的使用方式,用户可以在终端键盘上直接键入 SQL 命令对数据库进行操作。作为嵌入式语言,SQL 语句能够嵌入到高级语言(如 C、COBOL、FOR-TRAN、PL/1)程序中,供程序员设计程序时使用。例如,SQL 语言可以直接在 VFP 的命令窗口以人机交互的方式使用,也可嵌入到程序设计中以程序方式使用,如 SQL 语言写在 .PRG 文件中也能运行。在书写的时候,如果语句太长,可以用";"号换行。这些使用方式为用户提供了灵活的选择余地。

在两种不同的使用方式下,SQL 语言的语法结构是一致的。这种以统一的语法结构提供两种不同的使用方式,为用户使用数据库提供了极大的灵活性与方便性。

5. 语言简洁、易学易用

SQL 语言功能极强,由于设计巧妙,语言十分简洁,完成数据定义、数据操纵、数据控制的核心功能只用了 9 个动词,如表 5.1 所示。SQL 语言语法简单,接近英语口语,因此容易学习,容易使用。

表 5.1　SQL 语言的动词

SQL 功能	动　　词
数据查询	SELECT
数据定义	CREATE,DROP,ALTER
数据操纵	INSERT,UPDATE,DELETE
数据控制	GRANT,REVOKE

5.1.3　SQL 的术语和数据库的模式结构

在第 1 章中,讲解了关系模型的概念。在 SQL 中,关系又称为表,它是关系数据库的基本组成单位。表分为两种：一种叫基表（Base Table），是实际存储数据信息的表；另一种叫视图（View），是从一个或几个基表或其他视图中导出的表。在数据库中只存储视图的定义而不存储视图对应的数据，视图中的数据仍存放在导出视图的基表中，因此视图是一个虚表。

SQL 语言支持关系数据库三级模式结构，如图 5.1 所示。有些术语与传统的关系数据库术语不同。在 SQL 中，模式对应于"基表"，内模式对应于"存储文件"，外模式对应于"视图"和部分基本表。元组对应于表中的"行"，属性对应于表中的"列"。

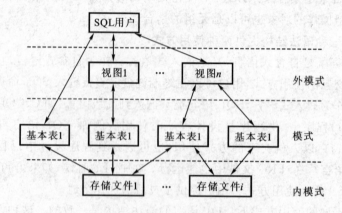

图 5.1　SQL 数据库系统结构

（1）一个 SQL 数据库是表的集合。

（2）一个 SQL 表是由行和列组成的二维表。

（3）一个 SQL 表可以是一个基表，也可以是一个视图。视图在概念上与基表等同，在用户眼中，视图和基表都是关系，用户可以在视图上再定义视图。

（4）在 SQL 中，一个基表可以跨一个或多个存储文件存放，每个存储文件与外部存储器上一个物理文件对应。

（5）一个表可以带若干索引，索引也存放在存储文件中。

（6）在 SQL 中，存储文件的逻辑结构组成了关系数据库的内模式。存储文件的物理结构是任意的，对用户是透明的。

（7）SQL 用户可以是应用程序，也可以是终端用户。

5.2　SQL 的数据定义

标准 SQL 的数据定义功能包括定义数据库、定义基表、定义视图和定义索引，如表 5.2 所示。在 Visual FoxPro 中，SQL 的数据定义主要是对表的定义，本节将具体介绍表的创建、修改和删除。

表 5.2 SQL 的数据定义语句

操作对象	操作方式		
	创 建	删 除	修 改
表	CREATE TABLE	DROP TABLE	ALTER TABLE
视 图	CREATE VIEW	DROP VIEW	
索 引	CREATE INDEX	DROP INDEX	

5.2.1 创建表（CREATE TABLE）

在前面的章节中,学习了使用表设计器创建表的方法,下面介绍用 SQL 的 CREATE TABLE 语句创建表。创建基本表,就是定义基本表的结构,要定义属性的类型和完整性约束。

【格式】

CREATE TABLE |DBF ＜表名 1＞[NAME ＜长表名＞][FREE]
(＜字段名 1＞ ＜类型＞[(＜字段宽度＞[,＜小数位数＞])…])
[NULL | NOT NULL]
[CHECK ＜逻辑表达式 1＞[ERROR ＜字符型文本信息 1＞]]
[DEFAULT ＜表达式 1＞]
[PRIMARY KEY | UNIQUE]
[REFERENCES ＜表名 2＞[TAG ＜标识名 1＞]]
[NOCPTRANS][,＜字段名 2＞…]
[,PRIMARY KEY ＜表达式 2＞ TAG ＜标识名 2＞
[,UNIQUE ＜表达式 3＞ TAG ＜标识 3＞]
[,FOREIGN KEY ＜表达式 4＞ TAG ＜标识名 4＞[NODUP]
REFERENCES ＜表名 3＞[TAG ＜标识名 5＞]]
[,CHECK ＜逻辑表达式 2＞[ERROR ＜字符型文本信息 2＞]])
|FROM ARRAY ＜数组名＞

说明:

① CREATE TABLE | DBF:指定要创建表文件。TABLE 和 DBF 选项作用相同。

② ＜表名 1＞:为新建表指定表名。

③ NAME＜长表名＞:为新建表指定一个长表名。只有打开数据库,在数据库中创建表时,才能指定一个长表名。长表名最多可以包含 128 个字符,在数据库

中可用来代替短名。

④ FREE:建立的表是自由表,不加入到打开的数据库中。当没有打开数据库时,建立的表都是自由表。

⑤ <字段名1><类型>[(<字段宽度>[,<小数位数>])]:指定字段名、字段类型、字段宽度及字段精度(小数位数)。字段类型可以用一个字符表示,是指定字段数据类型的单个字母。有些字段数据类型要求指定字段宽度或字段精度,或两者都要指定。

下表5.3列出了字段类型的值及是否需要指定字段宽度和字段精度。

表5.3　SQL的数据定义的数据类型和宽度、精度说明

字段类型	字段宽度	字段精度	说　明
C	n	—	宽度为n的字符字段
D	—	—	日期型
T	—	—	日期时间型
N	n	d	宽度为n、有d位小数的数值型字段
F	n	d	宽度为n、有d位小数的浮点数值型字段
I	—	—	整型
B	—	d	双精度型
Y	—	—	货币型
L	—	—	逻辑型
M	—	—	备注型
G	—	—	通用型

字段宽度和字段精度不适用于 D、T、I、Y、L、M、G 和 P 类型。对于 N、F 或 B 类型,若不包含字段精度,则字段精度默认为零(没有小数位)。

⑥ NULL:允许该字段值为空;NOT NULL:该字段值不能为空。缺省值为 NOT NULL。

⑦ CHECK <逻辑表达式1>:指定字段的有效性规则。逻辑表达式1可以是用户自定义函数。请注意:当追加空记录时,就要检查有效性规则。如果有效性规则不允许在追加记录中有空字段值,则产生错误。

⑧ ERROR <字符型文本信息1>:指定当字段规则产生错误时,Visual FoxPro 显示的错误信息。只有当数据在浏览窗口或编辑窗口中做了修改时,才显示信息。

⑨ DEFAULT <表达式>:为该字段指定一个缺省值,表达式的数据类型与该字段的数据类型要一致。即每添加一条记录时,该字段自动取该缺省值。

⑩ PRIMARY KEY:为该字段创建一个主索引,索引标识名与字段名相同。

主索引字段值必须唯一。UNIQUE:为该字段创建一个候选索引,索引标识名与字段名相同。

⑪ REFERENCES ＜表名＞[TAG ＜标识名＞]:指定建立持久关系的父表,同时以该字段为索引关键字建立外索引,用该字段名作为索引标识名。表名为父表表名,标识名为父表中的索引标识名。如果省略索引标识名,则用父表的主索引关键字建立关系,否则不能省略。如果指定了索引标识名,则在父表中存在索引标识字段上建立关系。父表不能是自由表。

⑫ CHECK ＜逻辑表达式2＞[ERROR ＜字符型文本信息2＞]:指定表的有效性规则。由逻辑表达式指定表的合法值。不合法时,显示由字符型文本信息指定的错误信息。该信息只有在浏览或编辑窗口中修改数据时显示。

⑬ FROM ARRAY ＜数组名＞:由数组创建表结构。数组名指定的数组包含表的每一个字段的字段名、字段类型、字段宽度及小数位数。

【例5.1】 建立学生表STUD1.DBF。

```
CREATE TABLE STUD1 (
    学号          C( 11)       PRIMARY KEY,
    姓名          C(10)        NOT NULL,
    性别          C(2),
    出生日期      D,
    婚否          L,
    工作单位      C(40),
    工作时间      D,
    基本工资      N(8,3),
    照片          G,
    备注          M )
```

执行该语句,在当前的文件夹下,建立了一个空表STUD1,表中有10个字段,其中学号为主关键字,姓名不允许为空值。

5.2.2 修改表(ALTER TABLE)

用户使用数据时,随着应用要求的改变,往往需要对原来的表结构进行修改,即增加新的字段、删除或修改原有的字段。修改表结构的命令是ALTER TABLE,该命令有3种格式。

【格式1】

ALTER TABLE ＜表名1＞ ADD | ALTER [COLUMN] ＜字段名1＞
＜字段类型＞[(＜字段宽度＞[,小数位数])] [NULL | NOT NULL]
[CHECK ＜逻辑表达式1＞[ERROR ＜字符表达式1＞]]

[DEFAULT <表达式 1>]

[PRIMARY KEY | UNIQUE]

[REFERENCES <表名 2> [TAG <索引名 1>]]

该命令可以向表中添加新的字段,修改字段的类型、宽度、有效性规则、错误信息、默认值,定义主关键字和联系等。

说明:

① <表名 1>:指明被修改表的表名。

② ADD [COLUMN]:该子句指出新增加列的字段名及它们的数据类型等信息。在 ADD 子句中使用 CHECK、PRIMARY KEY、UNIQUE 任选项时,需要删除所有数据,否则违反有效性规则,命令不被执行。

③ ALTER [COLUMN]:该子句指出要修改列的字段名以及它们的数据类型等信息。在 ALTER 子句中使用 CHECK 任选项时,需要被修改字段的已有数据满足 CHECK 规则;使用 PRIMARY KEY、UNIQUE 任选项时,需要被修改字段的已有数据满足唯一性,不能有重复值。

【例5.2】 把表 STUD1. DBF 的姓名字段的宽度改为 12。

  ALTER TABLE STUD1 ALTER 姓名 C(12)

【例5.3】 给表 COURSE. DBF 增加字段教师,其数据类型为字符型,宽度是 10。

  ALTER TABLE COURSE ADD 教师 C(10)

执行此语句,在 COURSE 表中增加了一个新字段教师,所有的记录扩充了一列,此时新列教师的值为空值。

【格式 2】

  ALTER TABLE <表名 1> ALTER [COLUMN] <字段名>

  [NULL|NOT NULL][SET DEFAULT <表达式>]

  [SET CHECK <逻辑表达式> [ERROR <字符型文本信息>]]

  [DROP DEFAULT] [DROP CHECK]

从命令格式可以看出,该格式主要用于定义、修改和删除有效性规则和默认值定义,不影响原有表的数据。

说明:

① <表名 1>:指明被修改表的表名。

② ALTER [COLUMN] <字段名>:指出要修改列的字段名。

③ NULL | NOT NULL:指定字段可以为空或不能为空。

④ SET DEFAULT <表达式>:重新设置字段的缺省值。

⑤ SET CHECK <逻辑表达式> [ERROR <字符型文本信息>]:重新设

置该字段的合法值,要求该字段的原有数据满足合法值。

⑥ DROP DEFAULT:删除缺省值。

⑦ DROP CHECK:删除该字段的合法限定。

【例5.4】 把数据库表 SCORE 的成绩字段的有效性规则修改为成绩＜＝100。

ALTER TABLE SCORE ALTER 成绩 SET CHECK 成绩＜＝100

【格式3】

ALTER TABLE ＜表名1＞[DROP [COLUMN] ＜字段名1＞]

[SET CHECK ＜逻辑表达式1＞[ERROR ＜字符型文本信息＞]]

[DROP CHECK]

[ADD PRIMARY KEY ＜表达式1＞ TAG ＜标识名1＞[FOR

＜逻辑表达式2＞]] [DROP PRIMARY KEY]

[ADD UNIQUE ＜表达式2＞ [TAG ＜标识名2＞[FOR ＜逻辑表达式3＞]]]

[DROP UNIQUE TAG ＜标识名3＞]

[ADD FOREIGN KEY [＜表达式3＞][TAG ＜标识名4＞]

[FOR ＜逻辑表达式4＞]

REFERENCES ＜表名2＞ [TAG ＜标识名4＞]]

[DROP FOREIGN KEY TAG ＜标识名5＞ [SAVE]]

[RENAME COLUMN ＜字段名2＞ TO ＜字段名3＞]

[NOVALIDATE]

该格式可以删除字段(DROP [COLUMN])、可以修改字段名(RENAME COLUMN)、可以定义、修改和删除表一级的有效性规则等。

说明:

① DROP [COLUMN] ＜字段名1＞:从指定表中删除指定的字段。

② SET CHECK ＜逻辑表达式1＞ [ERROR ＜字符型文本信息＞]:为该表指定合法值及错误提示信息。DROP CHECK:删除该表的合法值限定。

③ ADD PRIMARY KEY ＜表达式1＞ TAG ＜标识名1＞:为该表建立主索引,一个表只能有一个主索引。DROP PRIMARY KEY:删除该表的主索引。

④ ADD UNIQUE ＜表达式2＞ [TAG ＜标识名2＞]:为该表建立候选索引,一个表可以有多个候选索引。DROP UIQUE TAG ＜标识名3＞:删除该表的候选索引。

⑤ ADD FOREIGN KEY:为该表建立外(非主)索引,与指定的父表建立关系,一个表可以有多个外索引。

⑥ DROP FOREIGN KEY TAG ＜标识名5＞:删除外索引,取消与父表的关

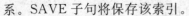

系。SAVE 子句将保存该索引。

⑦ RENAME COLUMN ＜字段名 2＞ TO ＜字段名 3＞：修改字段名，字段名 2 指定要修改的字段名，字段名 3 指定新的字段名。

⑧ NOVALIDATE：修改表结构时，允许违反该表的数据完整性规则，默认值为禁止违反数据完整性规则。

注意：修改自由表时，不能使用 DEFAULT、FOREIGN KEY、PRIMARY KEY、REFERENCES 或 SET 子句。

【例 5.5】 将表 COURSE 的教师字段名改为"任课教师"。

ALTER TABLE COURSE RENAME COLUMN 教师 TO 任课教师

【例 5.6】 删除表 COURSE 的任课教师字段。

ALTER TABLE COURSE DROP 任课教师

执行此语句后，删除了 COURSE 表中的任课教师列和列中存储的数据。

5.2.3 删除表（DROP TABLE）

随着数据库应用的变化，往往有些表连同它的数据都不再需要了，这时可以删除这些表，以节省存储空间。

【格式】

DROP TABLE ＜表名＞

说明：

① DROP TABLE：直接从磁盘上删除表名所对应的 DBF 文件。如果表名是数据库中的表，并且相应的数据库是当前数据库，则从数据库中移出表；否则虽然从磁盘上删除了 DBF 文件，但是记录在数据库 DBC 文件中的信息却没有删除，此后会出现错误提示。所以要删除数据库中的表时，最好应使数据库是当前打开的数据库，在数据库中进行操作。

② 执行了 DROP TABLE 之后，所有与被删除表有关的主索引、默认值、验证规则等都将丢失。当前数据库中的其他表若与被删除的表有关联，比如规则引用了被删除的表或与被删除的表建立了关系，这些规则和关系也都将无效。

【例 5.7】 删除 STUD1 表。

DROP TABLE STUD1

5.3 SQL 数据操纵

数据操纵语言（Data Manipulation Language）是完成数据库中数据操作的命令，即对数据进行查询、添加、修改和删除，包括如表 5.4 所示的 4 个动词。本节介绍 INSERT、DELETE、UPDATE 语句，SELECT 语句使用最频繁，也最重要，将在下节中介绍。

表 5.4　数据操纵语言动词

动　词	功　能
INSERT	插入
DELETE	删除
UPDATE	更新
SELETE	检索，又称查询

5.3.1　插入数据（INSERT）

在一个表的尾部追加数据时，要用到插入功能，SQL 语言使用 INSERT 语句向数据表中插入或添加新的数据行。INSERT 语句有两种格式。

【格式 1】

INSERT INTO ＜表名＞［(＜字段名 1＞［,＜字段名 2＞,…])]

VALUES (＜表达式 1＞［, ＜表达式 2＞,…])

说明：

① INTO ＜表名＞:指定要追加记录的表名。

② ［(＜字段名 1＞[,＜字段名 2＞,…])]:指定新记录的字段名,INSERT 命令将向这些字段中插入字段值。

（3）VALUES (＜表达式 1＞) [,＜表达式 2＞,…]):新插入记录的字段值。如果省了字段名,那么必须按照表结构定义字段的顺序来指定字段值,空值用 NULL 表示。

当需要插入表中所有字段的数据时,表名后面的字段名可以缺省,但插入数据的格式必须与表的结构完成吻合;若只需要插入表中某些字段的数据,就需要列出插入数据的字段,当然相应表达式的数据位置会与之对应。

【例 5.8】　向 SCORE 表中插入一个记录。

INSERT INTO SCORE (学号,课程号,成绩) VALUES ("20050010201","000008", 78)

如果在 VALUES 中给出了所有列的值,而且顺序与表中定义的字段顺序相同,则可以省略列名表部分,例如,

INSERT INTO SCORE VALUES ("20050010201","000008",78)

【例 5.9】　向 STUD 表插入单个记录的部分数据值。

INSERT INTO STUD (学号,姓名,性别,出生日期,工作单位)

VALUES("20050010231","章海亮","男",{01/03/1978},"胜利油田东辛采油厂")

对表中的部分列进行插入时,未插入列将自动默认为 NULL。所以,必须保证未插入列允许为空值,否则插入失败。

【格式 2】

    INSERT INTO ＜表名＞ FROM ARRAY *ArrayName*
    | FROM MEMVAR

说明:

① FROM ARRAY *ArrayName*:指定一个数组,数组中的数据将被插入到新记录中。从第一个数组元素开始,数组中的每个元素的内容依次插入到记录的对应字段中。第一个数组元素的内容插入到新记录的第一个字段,第二个元素的内容插入到第二个字段,… 。

② FROM MEMVAR:把内存变量的内容插入到与它同名的字段中。如果某一字段不存在同名的内存变量,则该字段值为空。

Visual FoxPro 支持以上两种 SQL 插入命令的格式,格式 1 是标准格式,格式 2 是 Visual FoxPro 的特殊格式。

5.3.2 删除数据(DELETE)

SQL 语言使用 DELETE 语句删除数据表中的记录。在 Visual FoxPro 中,DELETE 语句用于给要删除的记录做删除标记。

【格式】

    DELETE FROM［＜数据库名! ＞］＜表名＞
    ［WHERE ＜条件表达式 1＞［AND | OR ＜条件表达式 2＞ …]]

说明:

① FROM［＜数据库名! ＞］＜表名＞:指定要给其中的记录加删除标记的表。

数据库名!:指定包含该表的非当前数据库名。如果数据库不是当前的数据库,必须加上包含有该表的数据库名。在数据库名的后面、表名的前面包含感叹号(!)分隔符。

② WHERE＜条件表达式 1＞［AND | OR ＜条件表达式 2＞ …]:指定 Visual FoxPro 只给某些记录做删除标记。

③ 条件表达式:指定要做删除标记的记录必须满足的条件。可以包含许多筛选条件,它们用 AND 或 OR 运算符连接,也可以使用 NOT 运算符给一个逻辑表达式的值取反,或使用 EMPTY( ) 检查一个空的字段。

注意:上述删除只是加删除标记,并没有从物理上删除,只有执行了 PACK 命令,有删除标记的记录才能真正从表中删除。删除标记可以用 REACLL 命令取消。

【例5.10】 删除STUD表中的一行记录。

DELETE FROM STUD WHERE 学号="20050010201"

删除STUD表中学号为"20050010201"的记录。

【例5.11】 删除SCORE表中的多行记录。

DELETE FROM SCORE WHERE 成绩<60

删除SCORE表中成绩低于60分的记录。

【例5.12】 删除SCORE表中的所有记录。

DELETE FROM SCORE

删除SCORE表中全部的记录。

5.3.3 修改(更新)数据(UPDATE)

更新是用新值更新表中的记录。SQL语言使用UPDATE语句更新或修改满足规定条件的现有记录。

【格式】

UPDATE [<数据库名!>]<表名>

SET <列名1>=<表达式1>[,<列名2>=<表达式2> …]

[WHERE <条件表达式1>[AND | OR <条件表达式2> …]]

说明:

① 表名:指定要更新记录的表。

数据库名!:指定包含表的非当前数据库名。如果包含表的数据库不是当前数据库,则应包含这个数据库名。在数据库名称与表名之间有一个感叹号(!)。

② SET <列名1>=<表达式1>[,<列名2>=<表达式2> …]:指定要更新的列以及这些列的新值。如果省略了WHERE子句,在列中的每一行都用相同的值更新。

③ WHERE <条件表达式1>[AND | OR <条件表达式2> …]:指定要更新的记录。

条件表达式:指定要更新的记录所符合的条件。可以根据需要加入多个筛选条件,条件之间用AND或OR运算符连接。也可以用NOT运算符对逻辑表达式的值取反,或者使用EMPTY()函数检查字段是否为空。

【例5.13】 修改一行记录的某些列值。

UPDATE SCORE SET 成绩=80 WHERE 学号="20050010201" AND 课程号="000002"

【例5.14】 修改多行记录的值。

UPDATE STUD SET 基本工资=基本工资+100

【例 5.15】 修改操作与数据库的一致性。

UPDATE STUD SET 学号="20050010288" WHERE 学号="20050010201"

UPDATE SCORE SET 学号="20050010288" WHERE 学号=" 20050010201"

注意:表中相关联的数据如果要同时修改,则要使用多个 UPDATE 语句实现。

5.4　SQL 语言查询操作

数据库中最常见的操作是数据查询。SQL 语言用 SELECT 语句来完成数据查询。它是 SQL 语言中最重要、最核心的一条语句,同时它也是 SQL 语句中最复杂、最难掌握的一条语句。

SELECT 语句的格式如下:

【格式】

```
SELECT [ * |ALL|DISTINCT] [ TOP<表达式>]
[<别名>]<Select 表达式>[AS <列名>][,[<别名>]
<Select 表达式> [AS<列名>]…]
FORM [<数据库名! >]<表名> [[AS] Local_Alias]
[[INNER | LEFT [OUTER] | RIGHT [OUTER] | FULL [OUTER]
JOIN [<数据库名! >] <表名> [[AS] Local_Alias] [ON <联接条件>]]
[INTO <查询结果>|TO FILE <文件名> [ADDITIVE]
| TO PRINTER [PROMPT] | TO SCREEN]
[PREFERENCE PreferenceName]
[NOCONSOLE][PLAIN][NOWAIT]
[WHERE <联接条件 1> [AND <联接条件 2>…]
   [AND | OR <筛选条件>…]]
[GROUP BY <组表达式>] [,<组表达式>…]]
[HAVING] <筛选条件>]
[UNION [ALL] <SELECT 命令>]
[ORDER BY <关键字表达式> [ASC |DESC] [,<关键字表达式>
[ASC |DESC]…]]
```

说明:

SELECT-SQL 命令的格式包括 3 个基本子句:SELECT 子句、FROM 子句、WHERE 子句;包括操作子句:ORDER 子句、GROUP 子句、UNION 子句以及其他一些选项。

① SELECT 子句的＜列名表＞指出要显示的列的字段名,可选一个或多个字段,多个字段名间用逗号分开。

- ＊:可以用来表示某一个数据表中的所有字段。
- DISTINCT:表示选出的记录中不包括重复记录。

② FROM 子句的＜表名＞:指出在查找过程中所涉及的表,可以是单个表,也可以是多个表,多个表之间应用逗号分开。

③ WHERE 子句的＜条件表达式＞:指出查询数据应满足的条件。

④ GROUP BY 子句:对查询结果进行分组,可以利用该子句分组汇总。

⑤ HAVING 子句:指定包括在查询结果中的组必须满足的筛选条件。HAVING 应该同 GROUP BY 一起使用。

⑥ ORDER BY 子句:可以控制查询所得记录的排列顺序。

排序项目:指出按哪一列的值进行排序,它可以是字段名或表达式,ASC 表示按升序排列,DESC 表示降序排列,缺省时按升序排列。多个条件用逗号分开,先按第一列的值排,第一列值相同,再按第二列的值排序,依次类推。

本节的例题基于本书附录 3 个表结构和数据。

5.4.1 简单查询

简单查询只含有基本子句,所有查询信息均出自一个表,可有简单的查询条件。根据是否出现 WHERE 子句分为无条件查询和条件查询。

1. 无条件查询

要获取表中所有的记录,则无需指定任何条件,查询仅涉及 SELECT 子句和 FROM 子句;可以通过 SELECT 子句指定获取部分列或全部列的信息。

(1)投影查询:SELECT 子句指定获取部分列。

【例 5.16】 查询学生的学号、姓名、性别。

SELECT 学号,姓名,性别 FROM STUD

查询结果:

学号	姓名	性别
20050010101	张黎明	男
20050010201	王海	男
20050010202	李梅	女
20050020101	王海雁	女
20050020201	李春	女
20060010201	李辉	男
20060020102	王小琳	女
20060020201	吴海	男

【例 5.17】 查询学生选修课的课程号。

　　SELECT 课程号 FROM SCORE

查询结果：

课程号
000002
000002
000002
000002
000002
000002
000005
000005
000005
000005
000005
000008
000008
000008
000008
000008
000008

　　(2) 查询结果去掉重复列：DISTINCT 子句在查询结果中剔除重复的行，DISTINCT 与 ALL(默认)对应。

【例 5.18】 查询学生选修课的课程号，去掉重复列。

　　SELECT DISTINCT 课程号 FROM SCORE

查询结果：

课程号
000002
000005
000008

　　(3) 查询全部列：SELECT ＊ 表示查询结果中包括全部列的信息。

【例 5.19】 查询全体学生的详细记录。

　　SELECT ＊ FROM STUD

　　(4) 查询经过计算的值。

【例 5.20】 查询全体学生的年龄。

　　SELECT 姓名，YEAR(DATE())－YEAR(出生日期) FROM STUD

查询结果：

姓名	EXP_2
张黎明	38
王海	30
李梅	22
王海雁	28
李春	28
李辉	22
王小琳	22
吴海	20

（5）查询结果使用别名。

从例5.20查询结果可以看到，经过计算的列用 EXP_2 作为标题，信息不够明朗，可以用列标题别名的方法解决。

【例5.21】 查询全体学生的年龄，并使用别名。

SELECT 姓名，YEAR(DATE())－YEAR(出生日期) AS 年龄 FROM STUD

查询结果：

姓名	年龄
张黎明	38
王海	30
李梅	22
王海雁	28
李春	28
李辉	22
王小琳	22
吴海	20

（6）结果排序。

【例5.22】 查询显示 COURSE 表中的所有信息，并按学分升序排序。

SELECT ＊ FROM COURSE ORDER BY 学分

查询结果：

课程号	课程名	课程性质	学分
000008	石油工程概论	选修	2
000005	VF 程序设计	必修	3
000002	高等数学	必修	6

2. 条件查询

无条件查询是选取表中的所有记录，在实际应用中，用得更多的是条件查询，即选取表中满足一定条件的记录。SELECT 语句中的条件由 WHERE 子句指出，

WHERE 子句后的条件表达式的值可以为真或假,执行时,把条件为真的记录查询出来。对于字符型常量应加引号。

【格式】

SELECT [ALL | * | DISTINCT] <字段列表>

FROM <表名>

[WHERE <条件表达式>]

说明:

<条件表达式>由一系列用 AND 或 OR 连接的逻辑表达式组成,逻辑表达式的格式可以使用的比较运算符如表 5.5 所示。

表 5.5　比较运算符或逻辑运算符

运算符	比较关系	运算符	比较关系
=	相等	IS NULL	为空值
==	完全相等	BETWEEN…AND	指定的两组值之间
<>, ! =, #	不相等	IN	在一组值的范围内
>	大于	LIKE	字符匹配运算符,"_"匹配一个和任意字符,"%",匹配 0 个或多个任意字符
>=	大于等于		
<	小于		
<=	小于等于		

(1) 单条件查询。

【例 5.23】　查询 SCORE 表中学习了课程"000005"的学生学号。

SELECT * FROM SCORE WHERE 课程号=" 000005"

查询结果:

学号	课程号	成绩
20050010101	000005	72.0
20050010201	000005	48.0
20050020101	000005	96.0
20060010201	000005	80.0
20060020102	000005	73.0

【例 5.24】　查询 STUD 表中,基本工资高于 2 500 的学生信息。

SELECT * FROM STUD WHERE 基本工资>2500

查询结果:

学号	姓名	性别	出生日期	婚否	工作单位	工作时间	基本工资
20050010101	黎明	男	1970/10/01	.T.	胜利油田孤东采油厂	1992/07/01	2620.60
20050020201	李春	女	1980/01/01	.T.	胜利油田孤东采油厂	2001/11/20	2510.00

（2）模糊查询。

（NOT）LIKE 运算符可以用来进行字符匹配的模糊查询，LIKE 运算符提供两种字符串匹配方式：一种是使用下划线符号"_"，匹配一个任意字符，另一种是使用百分号"％"，匹配 0 个或多个任意字符。

【例 5.25】　查询显示 STUD 表中姓"王"学生的信息。

SELECT 学号,姓名,性别,工作单位 FROM STUD

WHERE 姓名 LIKE"王％"

查询结果：

学号	姓名	性别	工作单位
20050010201	王海	男	胜利油田孤东采油厂
20050020101	王海雁	女	大庆油田采油三厂
20060020102	王小琳	女	胜利油田现河采油厂

本例中"王％"的含义是以"王"开头的任意长度的字符串。

【例 5.26】　查询 STUD 表中姓名中有"海"的学生信息。

SELECT 学号,姓名,性别,工作单位 FROM STUD WHERE 姓名 LIKE "％海％"

查询结果：

学号	姓名	性别	工作单位
20050010201	王海	男	胜利油田孤东采油厂
20050020101	王海雁	女	大庆油田采油三厂
20060020201	吴海	男	大庆油田采油一厂

【例 5.27】　查询显示 STUD 表姓名只有两个字，第二个字是"海"的学生信息。

SELECT 学号,姓名,性别,工作单位 FROM STUD WHERE 姓名 LIKE "_海"

查询结果：

学号	姓名	性别	工作单位
20050010201	王海	男	胜利油田孤东采油厂
20060020201	吴海	男	大庆油田采油一厂

（3）确定集合，[NOT] IN。

格式为 IN(常量 1,常量 2,…)，表示查找和常量相等的值。

【例 5.28】　查询选修了课程"000002"或"000005"的学生学号。

SELECT DISTINCT 学号 FROM SCORE WHERE 课程号 IN（"000002","000005"）

查询结果：

学号

20050010101

20050010201

20050020101

20050020201

20060010201

20060020102

【例 5.29】 查询课程号既不是"000002",也不是"000005"的学生成绩信息。

SELECT * FROM SCORE WHERE 课程号 NOT IN ("000002","000005")

查询结果：

学号	课程号	成绩
20050010201	000008	52.0
20050010202	000008	98.0
20050020101	000008	69.0
20050020201	000008	100.0
20060010201	000008	45.0
20060020201	000008	75.0

（4）涉及空值的查询,空值的意义是不知道或者不确定。由于空值 NULL 值参与＝,＜＞运算,对 NULL 的比较要使用 IS NULL 或 IS NOT NULL。

【例 5.30】 查询 STUD 表中没填入工作单位的学生信息。

SELECT * FROM STUD WHERE 工作单位 IS NULL

查询结果为空。

（5）确定范围：（NOT）BETWEEN AND 是专用的范围子句,表示[不]在…之间。

＜字段 1＞ BETWEEN X AND Y 等同于 ＜字段 1＞＝X AND ＜字段 1＞ ＜＝Y。

【例 5.31】 查询成绩在 60～75 之间的学生成绩信息。

SELECT * FROM SCORE WHERE 成绩＞＝60 AND 成绩＜＝75

或

SELECT * FROM SCORE WHERE 成绩 BETWEEN 60 AND 75

查询结果：

学号	课程号	成绩
20050020201	000002	65.0
20050010101	000005	72.0
20060020102	000005	73.0
20050020101	000008	69.0
20060020201	000008	75.0

（6）多重条件查询。

多重条件是指使用逻辑运算符 AND 或 OR 来联接几个简单条件。

【例5.32】 查询课程号为"000002"且成绩在85分以上的学生成绩信息。

SELECT * FROM SCORE WHERE 课程号="000002" AND 成绩>85

查询结果：

学号	课程号	成绩
20050010101	000002	98.0
20050010201	000002	89.0
20050020101	000002	100.0
20060020201	000002	87.0

【例5.33】 查询选修"000005"或"000008"且成绩不低于90分的学生成绩信息。

SELECT * FROM SCORE ;

WHERE (课程号="000005" OR 课程号="000008") AND 成绩>=90

查询结果：

学号	课程号	成绩
20050020101	000005	96.0
20050010202	000008	98.0
20050020201	000008	100.0

5.4.2 排序查询(ORDER BY)

SQL 中查询结果的排序操作使用 ORDER BY 子句。

【格式】

ORDER BY <排序项目1> [ASC | DESC]

[,<排序项目2>[ASC | DESC]…]

说明：

① ORDER BY 子句：可以控制查询所得记录的排列顺序。

② 排序项目：指出按哪一列的值进行排序，它可以是字段名或表达式。

③ ASC 表示按升序排列，DESC 表示按降序排列，缺省时按升序排列。

④ 多个排序条件用逗号分开，先按第一列的值排，第一列值相同，再按第二列的值排序，依次类推。

【例5.34】 查询选修了"000008"的学生成绩信息，要求查询结果成绩按降序排列。

SELECT * FROM SCORE WHERE 课程号="000008" ORDER BY 成绩 DESC

查询结果：

学号	课程号	成绩
20050020201	000008	100.0
20050010202	000008	98.0
20060020201	000008	75.0
20050020101	000008	69.0
20050010201	000008	52.0
20060010201	000008	45.0

【例 5.35】 按课程性质显示课程信息,同类课程记录按学分从大到小排列。

SELECT * FROM COURSE ORDER BY 课程性质,学分 DESC

查询结果:

课程号	课程名	课程性质	学分
000002	高等数学	必修	6
000005	VF 程序设计	必修	3
000008	石油工程概论	选修	2

5.4.3 库函数(集函数)查询

SQL 语言不仅具有上述的一般查询能力,而且还有计算方式的查询功能,比如查询职工的平均工资、查询某门课程的最高成绩等。用于计算查询的函数如表 5.6 所示。

表 5.6 SQL 的库函数

函数名	功能说明
AVG	按列计算平均值,对数值有效
SUM	按列计算值的总和,对数值有效
COUNT	按列值计个数,用 DISTINCT 消去重复行
COUNT *	统计元组个数,用 DISTINCT 消去重复行
MAX	在列中找出最大值
MIN	在列中找出最小值

库函数可以与选定项一起使用,选定项可以是一个字段或包含字段的表达式。库函数不能嵌套使用。

【例 5.36】 查询胜利油田学生的平均工资。

SELECT AVG(基本工资) FROM STUD WHERE 工作单位 LIKE "胜利油田%"

查询结果:

AVG_基本工资

2293.80

【例 5.37】 查询学号为"20050010101"学生的所修课程的总分和平均分。

SELECT SUM(成绩),AVG(成绩) FROM SCORE WHERE 学号="20050010101"

查询结果：

SUM_成绩	AVG_成绩
170.0	85.00

【例5.38】 查询胜利油田的学生总数。

SELECT COUNT(学号) FROM STUD WHERE 工作单位 LIKE "胜利油田％"

查询结果：

CNT_学号

5

【例5.39】 查询课程"000008"的最高分和最低分以及最高分与最低分之间的差距。

SELECT MAX(成绩),MIN(成绩),MAX(成绩)－MIN(成绩) ；

FROM SCORE WHERE 课程号="000008"

查询结果：

MAX_成绩	MIN_成绩	EXP_3
100.0	45.0	55.0

集函数查询经常要和分组查询一起使用,下面介绍 SQL 语句的分组查询。

5.4.4 分组查询(GROUP BY)

上节几个例子是对整个表的集函数查询,而利用 GROUP BY 子句进行分组统计计算查询,实际应用中使用得更加广泛。

【格式】

GROUP BY <分组字段名 1>[<分组字段名 2>…]

[HAVING <过滤条件>]

说明：

① GROUP BY <分组字段名 1>:按列的值对查询结果的行进行分组。分组字段名可以是常规的表字段名,也可以是一个包含 SQL 字段函数的字段名,还可以是一个数值表达式,指定查询结果表中的列位置(最左边的列编号为 1)。

② HAVING:指定包括在查询结果中的组必须满足的筛选条件。HAVING 应该同 GROUP BY 一起使用。它能包含数量不限的筛选条件,筛选条件用 AND 或 OR 连接,还可以使用 NOT 来对逻辑表达式求反。

注意:HAVING 子句的过滤条件不能包括子查询。使用 HAVING 子句的命令如果没有使用 GROUP BY 子句,则它的作用与 WHERE 子句相同。可以在 HAVING 子句中使用字段别名和字段函数。如果 HAVING 子句不包含字段函数的话,使用 WHERE 子句可以获得较快的速度。

【例5.40】 查询各门课程的选修人数。

SELECT 课程号,COUNT(*) FROM SCORE GROUP BY 课程号

查询结果：

课程号	CNT
000002	6
000005	5
000008	6

【例5.41】 查询至少选修了3门课程的学生的学号和课程门数。

SELECT 学号,COUNT(课程号) FROM SCORE ;

GROUP BY 学号 HAVING COUNT(课程号)>=3

查询结果：

学号	CNT_课程号
20050010201	3
20050020101	3

【例5.42】 查询选课在3门以上的学生的平均成绩,要求不统计不及格的课程,结果按降序排列平均成绩。

SELECT 学号,AVG(成绩) AS 平均成绩 FROM SCORE WHERE 成绩>=60；

GROUP BY 学号 HAVING COUNT(*)>=3；

ORDER BY 平均成绩 DESC

查询结果：

学号	平均成绩
20050020101	88.33
20050010101	85.00
20050020201	82.50
20060020201	81.00

5.4.5 联接查询

此前涉及的查询都是对单个表的信息进行的,许多查询要从多个表中获取信息。从多个数据表中提取查询信息,将两个或多个表的记录通过相关字段(联接字段)结合在一起,这种运算称为联接运算,联接运算是关系运算中的重要功能,它也是区别关系与非关系系统的重要标志。

联接是关系的基本操作之一,联接查询是一种基于多个彼此之间有关联的表的查询。

【格式】

SELECT <列名表>

FROM <表1,表2>

WHERE <联接条件表达式>

说明:

① SELECT <列名表>:在联接查询中,指定要显示的字段。

② FROM <表1,表2>:指定要联接的表。

③ WHERE <联接条件表达式>:指定联接条件。

【例5.43】 查询每个学生及其选修课程的情况。

SELECT STUD.学号,姓名,性别,课程号,成绩 FROM STUD,SCORE;

WHERE STUD.学号=SCORE.学号

查询结果:

学号	姓名	性别	课程号	成绩
20050010101	张黎明	男	000002	98.0
20050010201	王海	男	000002	89.0
20050020101	王海雁	女	000002	100.0
20050020201	李春	女	000002	65.0
20060020102	王小琳	女	000002	58.0
20060020201	吴海	男	000002	87.0
20050010101	张黎明	男	000005	72.0
20050010201	王海	男	000005	48.0
20050020101	王海雁	女	000005	96.0
20060010201	李辉	男	000005	80.0
20060020102	王小琳	女	000005	73.0
20050010201	王海	男	000008	52.0
20050010202	李梅	女	000008	98.0
20050020101	王海雁	女	000008	69.0
20050020201	李春	女	000008	100.0
20060010201	李辉	男	000008	45.0
20060020201	吴海	男	000008	75.0

【例5.44】 查询每个学生及其选修课程的情况,要求输出姓名、课程名、成绩。

SELECT 姓名,课程名,成绩 FROM STUD,SCORE ,COURSE ;

WHERE STUD.学号=SCORE.学号 AND SCORE.课程号=COURSE.课程号

查询结果:

姓名	课程名	成绩
张黎明	高等数学	98.0
王海	高等数学	89.0

王海雁	高等数学	100.0
李春	高等数学	65.0
王小琳	高等数学	58.0
吴海	高等数学	87.0
张黎明	VF 程序设计	72.0
王海	VF 程序设计	48.0
王海雁	VF 程序设计	96.0
李辉	VF 程序设计	80.0
王小琳	VF 程序设计	73.0
王海	石油工程概论	52.0
李梅	石油工程概论	98.0
王海雁	石油工程概论	69.0
李春	石油工程概论	100.0
李辉	石油工程概论	45.0
吴海	石油工程概论	75.0

【例 5.45】 查询"王海"同学的成绩。

SELECT 课程号,成绩 FROM STUD,SCORE ;

WHERE STUD.学号＝SCORE.学号 AND 姓名＝"王海"

查询结果：

课程号	成绩
000002	89.0
000002	100.0
000005	48.0
000005	96.0
000008	52.0
000008	69.0

5.4.6 嵌套查询

嵌套查询也叫子查询,是指一个 SELECT 查询块可以嵌入到另一个查询块之中,查询结果是出自一个表的字段,但查询条件要涉及多个表。嵌套查询也是一类多表查询。

嵌套查询是 SQL 结构化的体现,分内部查询(内层查询、子查询)、外部查询(外层查询、父查询、主查询),子查询通常是 WHERE 条件表达式中的一部分,要用括号括起来,并且不能使用 ORDER BY 子句。

【格式】

　　＜表达式＞＜比较运算符＞[ANY|ALL|SOME](子查询)

[NOT] EXISTS(子查询)

说明：

① <比较运算符>除了关系运算符之外,还有表5.6中提到的特殊运算符。

② ANY、ALL、SOME是量词,其中ANY和SOME是同义词,在进行比较运算时只要子查询中有一条记录为真,则结果为真;而ALL则要求子查询中的所有记录都为真,结果才为真。

③ EXISTS是谓词,用来检查子查询中是否有结果返回(是否为空)。NOT EXISTS表示是空的结果集。

下面通过几个实例来介绍嵌套查询的功能和用法。

1. 带有比较运算符的子查询

【例5.46】 查询所有选修了高等数学课程的学生的成绩。

SELECT 学号,课程号,成绩 FROM SCORE WHERE 课程号＝;

（SELECT 课程号 FROM COURSE WHERE 课程名＝"高等数学"）

查询结果：

学号	课程号	成绩
20050010101	000002	98.0
20050010201	000002	89.0
20050020101	000002	100.0
20050020201	000002	65.0
20060020102	000002	58.0
20060020201	000002	87.0

2. 带有 IN 谓词的子查询

【例5.47】 查询选修了"000002"课程的学生的姓名。

SELECT 姓名 FROM STUD WHERE 学号 IN ;

（SELECT 学号 FROM SCORE WHERE 课程号＝"000002"）

查询结果：

姓名

张黎明

王海

王海雁

李春

王小琳

吴海

3. 用 ANY 或 ALL 谓词的子查询

【例5.48】 查询选修了"000002"课程的学生的姓名。

SELECT 姓名 FROM STUD WHERE 学号＝;

ANY (SELECT 学号 FROM SCORE WHERE 课程号＝"000002")

查询结果：同例 5.47。

【例 5.49】 查询选修了"000002"课程的学生中成绩最高的学生的学号。

SELECT 学号 FROM SCORE WHERE 课程号="000002" AND ;

成绩＞＝ ALL(SELECT 成绩 FROM SCORE WHERE 课程号="000002")

查询结果：

学号

20050020101

4. 用 EXISTS 谓词的子查询

【例 5.50】 查询选修了"000002"课程的学生的姓名。

SELECT 姓名 FROM STUD WHERE EXISTS ;

(SELECT ＊ FROM SCORE WHERE 课程号="000002" AND 学号＝STUD. 学号)

查询结果：同例 5.47。

【例 5.51】 查询没有选修"000002"课程的学生的姓名。

SELECT 姓名 FROM STUD WHERE NOT EXISTS

(SELECT ＊ FROM SCORE WHERE 课程号="000002" AND 学号＝STUD. 学号)

查询结果：

姓名

李梅

李辉

说明：

这里的内层查询引用了外层查询的表，只有这样使用谓词 EXISTS 或 NOT
EXISTS 才有意义。所以这类查询也都是内、外层互相关嵌套查询。

以上的查询命令等价于如下查询命令：

SELECT 姓名 FROM STUD WHERE 学号 NOT IN ;

(SELECT 学号 FROM SCORE WHERE 课程号="000002")

说明：

[NOT] EXISTS 只是判断子查询中是否有或没有结果返回，它本身并没有任
何运算或比较。

5.4.7 并集合查询

把一个 SELECT 语句的最后查询结果同另一个语句最后查询结果组合起来。
默认情况下，UNION 检查组合的结果并排除重复的行。

【格式】

＜SELECT 命令 1＞ UNION [ALL] ＜SELECT 命令 2＞

UNION 子句遵守下列规则：不能使用 UNION 来组合子查询。两个 SE-LECT 命令的查询结果中的列数必须相同。两个 SELECT 查询结果中的对应列必须有相同的数据类型和宽度。

只有最后的 SELECT 中可以包含 ORDER BY 子句，而且必须按编号指出所输出的列。如果包含了一个 ORDER BY 子句，它将影响整个结果。

【例 5.52】 查询选修了"000005"或"000008"课程的学生。

SELECT 学号,课程号 FROM SCORE WHERE 课程号＝"000005";

UNION;

SELECT 学号,课程号 FROM SCORE WHERE 课程号＝"000008"

查询结果：

学号	课程号
20050010101	000005
20050010201	000005
20050010201	000008
20050010202	000008
20050020101	000005
20050020101	000008
20050020101	000008
20060010201	000005
20060010201	000008
20060020102	000005
20060020201	000008

5.4.8 Visual FoxPro SQL 的特殊选项

本节介绍两种 Visual FoxPro SQL SELECT 语句的特殊选项。

1. 显示部分结果

有些时候只需要查询满足条件的前几个(前百分之几)的记录。

【格式】

TOP ＜表达式＞ [PERCENT]

说明：

＜表达式＞是数字表达式，当不使用 PERCENT 时，表达式是 1~32767 间的整数，说明显示前几个记录；当使用 PERCENT 时，表达式是 0.01~99.99 间的实数，说明显示结果中前百分之几的记录。

注意：TOP 短语要与 ORDER BY 子句同时使用才有效。ORDER BY 子句指定查询结果中包含的列上由 TOP 子句决定的行数，TOP 子句根据此排序选定最

开始的前几个或前百分之几的记录。

【例 5.53】 显示基本工资最高的 3 位学生的信息。

SELECT TOP 3 姓名,工作单位,基本工资 FROM STUD;

ORDER BY 基本工资 DESC

查询结果:

姓名	工作单位	基本工资
张黎明	胜利油田孤东采油厂	2620.60
李春	胜利油田孤东采油厂	2510.00
王海	胜利油田孤东采油厂	2416.20

图 5.2　例 5.52 的查询结果

2. 查询去向

默认情况下,查询输出到一个浏览窗口,如图 5.2 所示。用户在"SELECT"语句中可使用[INTO ＜目标＞｜TO FILE ＜文件名＞｜TO SCREEN｜TO PRINTER]子句选择查询去向。

- INTO ARRAY 数组名:将查询结果保存到一个数组中。
- INTO CURSOR ＜临时表名＞:将查询结果保存到一个临时表中。
- INTO DBF｜TABLE ＜表名＞:将查询结果保存到一个永久表中。
- TO FILE ＜文件名＞[ADDITIVE]:将查询结果保存到文本文件中。如果带"ADDITIVE"关键字,查询结果以追加方式添加到指定的文件,否则,以新建或覆盖方式添加到指定的文件。
- TO SCREEN:将查询结果在屏幕上显示。
- TO PRINTER:将查询结果送打印机打印。

【例 5.54】 将查询结果发到数组 XYZ 中。

SELECT 学号,姓名,性别,工作单位 FROM STUD INTO ARRAY XYZ

LIST MEMO LIKE XYZ

【例 5.55】 将查询结果发到表 X 中。

SELECT 学号,姓名,基本工资 FROM STUD INTO TABLE X

SELECT ＊ FROM X

【例 5.56】 将查询结果发到文本文件 AA. TXT 中。

SELECT 学号,姓名,性别,地址 FROM STUD INTO FILE AA

TYPE AA. TXT

5.5 SQL 语句的使用方法

SQL 语句在 Visual FoxPro 中有以下 3 种使用方法：

(1) 在命令窗口中使用。

当作一条独立的 Visual FoxPro 命令在命令窗口中使用。

(2) 在 Visual FoxPro 程序中使用。

(3) 在查询设计器中使用。查询设计器将在第 6 章中介绍。

◇◇◇◇ 本章小结 ◇◇◇◇

本章主要讲述了关系数据库的标准语言——SQL 语言,通过本章的学习和实验,深入理解关系数据库的结构和内容;要求掌握 SQL 的 3 大功能:数据定义、数据操作和数据查询;重点掌握数据查询语句 SELECT。SELECT 查询语句的使用非常灵活,功能也十分强大,用它可以表达各种各样的查询。

习 题 五

1. 单项选择题:

(1) SQL 语言的数据操纵语句包括 SELECT、INSERT、UPDATE 和 DE-LETE 等。其中最重要的,也是使用最频繁的语句是(　　)。

A. SELECT　　　　B. INSERT　　　　C. UPDATE　　　　D. DELETE

(2) SQL 语言是具有(　　)的功能。

A. 关系规范化、数据操纵、数据控制　　B. 数据定义、数据操纵、数据控制

C. 数据定义、关系规范化、数据控制　　D. 数据定义、关系规范化、数据操纵

(3) SQL 语言是(　　)语言。

A. 层次数据库　　B. 网络数据库　　　C. 关系数据库　　D. 非数据库

(4) 在 SQL 中,从数据库中删除表可以用(　　)。

A. DROP SCHEMA 命令　　　　　　B. DROP TABLE 命令

C. DROP VIEW 命令　　　　　　　　D. DROP INDEX 命令

(5) SQL 语言是(　　)。

A. 高级语言　　　　　　　　　　　B. 结构化查询语言

C. 第三代语言　　　　　　　　　　D. 宿主语言

(6) SQL 语言是(　　)的语言,易学习。

A. 过程化　　　　B. 非过程化　　　　C. 格式化　　　　D. 导航式

(7) SQL 语言集数据查询、数据操纵、数据定义和数据控制功能于一体,其中, CREATE、DROP、ALTER 语句是实现(　　)功能。

A. 数据查询　　　　　　　　　B. 数据操纵

C. 数据定义　　　　　　　　　D. 数据控制

(8) SQL 中可使用的通配符有(　　)。

A. *(星号)　　　　　　　　　B. %(百分号)

C. _(下划线)　　　　　　　　D. B 和 C

(9) 在 SQL 语句中,与表达式"工资 BETWEEN 1800 AND 2300"功能相同的表达式是(　　)。

A. 工资>=1800 AND 工资<=2300

B. 工资>1800 AND 工资<2300

C. 工资<=1800 AND 工资>2300

D. 工资>=1800 OR 工资<=2300

(10) 在 SQL SELECT 语句的 ORDER BY 短语中如果指定了多个字段,则(　　)。

A. 无法进行排序　　　　　　　B. 只按第一个字段排序

C. 按从左至右优先依次排序　　　D. 按字段排序优先级依次排序

(11) 下面有关 HAVING 子句,描述错误的是(　　)。

A. HAVING 子句必须与 GROUP BY 子句同时使用,不能单独使用

B. 使用 HAVING 子句的同时不能使用 WHERE 子句

C. 使用 HAVING 子句的同时可以使用 WHERE 子句

D. 使用 HAVING 子句的作用是限定分组的条件

2. 填空题:

(1) 不带条件的 DELETE 命令(SQL 命令)将删除指定表的(　　)记录。

(2) 设有学生选课表 SC(学号,课程号,成绩),用 SQL 语言检索每门课程的课程号及平均分的语句是:SELECT 课程号,AVG(成绩) FROM SC(　　)。

3. 根据 STUD、COURSE、SC 表,写出如下对应的 SQL 语句:

(1) 查询 COURSE 表中的所有内容;

(2) 查询所有"大庆油田"的学生的情况;

(3) 查询所有姓名为两个字的学生的姓名、性别与工作单位;

(4) 查询学生成绩表中不重复的学生的学号;

(5) 查询学生成绩数据并以课程号和成绩排序;

(6) 统计各个工作单位有多少名学生;

(7) 查询成绩在 80 分以上的学生的姓名与成绩；

(8) 查询每门课程的平均成绩；

(9) 查询 VF 课程的平均成绩；

(10) 在学生表中查询在成绩表中已经存在的学生的情况；

(11) 在表 COURSE 中删除课程号为"000011"的记录；

(12) 在表 SCORE 中增加一条新记录,记录信息为('2007010101','000005',
85)；

(13) 把所有学生的成绩增加 5 分。

4. 有如下三个表"图书"、"读者"和"借阅",写出完成下列工作的 SQL 语句：

图书(编号 C(6),分类号 C(8),书名 C(16),作者 C(6),出版单位 C(16),单价
N(7,2))；

读者(借书证号 C(4),单位 C(10),姓名 C(6),性别 C(2),职称 C(8),地址
C(16))；

借阅(借书证号 C(4),编号 C(6),借书日期 D)。

(1) 创建"图书"表,设置主键编号；

(2) 查询"读者"表中所有男读者的姓名和单位；

(3) 查询"读者"表中所有职称为"教授"的读者的姓名和单位；

(4) 查询"借阅"表中每个借书证所借图书的册数；

(5) 查询所有借过书的读者的姓名；

(6) 查询"图书"表中出版单位为"高教出版社"且书名中含"数据库"的所有图
书；

(7) 查询借阅了"数据库原理"这本书的读者的借书证号、姓名和借书日期；

(8) 查询"图书"表中单价最高的图书的书名和作者；

(9) 查询"读者"表中所有和"张三"同单位的读者的借书证号、姓名和性别；

(10) 查询"读者"表,按借书证号由大到小的顺序输出读者的借书证号、姓名
和性别；

(11) 查询没有借书的读者的姓名及借书证号；

(12) 在"借阅"表中删除借书证号为"1009"的记录；

(13) 在"借阅"表中增加一条新记录,记录信息为("1006","N12345",{2005-
3-20})；

(14) 修改"读者"表中的字段单位为 C(20)；

(15) 在"借阅"表中增加一个新字段:还书日期 D；

(16) 删除"读者"表中借书证号前两位为"04"的读者的记录；

(17) 把"图书"表中分类号"TP311"修改为"TN300"。

第6章 视图与查询设计

本章导学

本章主要讲解 Visual FoxPro 的查询和视图。通过本章的学习,读者应该掌握以下内容:查询文件建立的方法、使用查询设计器建立查询文件(重点)、视图的概念和建立的方法、视图的设计与调用、查询设计以及如何调用查询文件。

在数据库的应用中,查询是数据处理中不可缺少的、最常用的。面对数据库中大量的数据,如何简单、快捷地从数据库中提取满足用户指定条件的数据,Visual FoxPro 提供了查询和视图两种方法。使用"查询设计器",能方便地生成一个查询,从而获得用户所需要的数据。而视图能帮助用户从本地或远程数据源中获取相关数据,而且还可以对这些数据进行修改更新,Visual FoxPro 将自动完成对源表的更新。

6.1 查询与视图的基本概念

查询(QUERY):查询功能可以使用户从数据库中检索所需的数据。根据需要可以对查询结果进行排序、分类,还可以采用数据表、报表、图形等多种方式存储、显示查询结果。

查询的实现方法有两种:一种是直接编写 SELECT-SQL 语句,但它不生成查询文件;另一种是用 Visual FoxPro 提供的"查询设计器"或"查询向导"建立查询文件并运行。

视图(VIEW):视图功能可以使用户从本地或远程数据库中检索所需的数据并形成一个虚拟表,该表是查询的结果,既可以当作实际的数据表来使用,又可以通过视图更新源表中的数据。

创建视图的方法也有两种:一种是直接编写 CREATE VIEW-SQL 语句并执行;另一种是用 Visual FoxPro 提供的"视图设计器"或"视图向导"建立视图并运行。

视图和查询都可以进行数据表的检索,两者的建立方法也基本相同。但是它们之间也存在如下差异:

（1）对数据库执行查询的结果可以存储成多种数据格式，如数据表、图表、报表等；根据数据库建立的视图只能是一虚拟表，但可以当作数据表来使用。

（2）查询的数据仅供查看，并不能修改、回存；而视图的数据则可修改并且回存到数据表中。

（3）查询的数据来源仅限于 Visual FoxPro 的数据表；而视图的数据来源除了 Visual FoxPro 的数据表外，还可以是视图、远程服务器上的数据表、Visual Fox-Pro 之外的数据表和视图。

6.2 建立与使用查询

6.2.1 查询的类型

根据第 3 章和第 5 章学过的知识，Visual FoxPro 将查询操作分为两大类：一类是在查询后直接将查询结果输出，如 LIST，DISPLAY 等命令；另一类是仅移动记录指针到查询结果处，输出由另外的命令实现，如 FIND，SEEK，LOCATE 等命令。两类的查询操作各有千秋，第一类查询有两种类型，第二类查询有三种类型。

（1）简单查询，即通过 LIST 或 DISPLAY 命令查找记录，并直接输出结果。

（2）建立查询文件，查询文件核心是 SQL 语句，扩展名为 .QPR。我们可以利用查询设计器或向导生成查询文件，然后运行查询文件，输出查询结果。

（3）移动记录指针，即通过修改记录指针值来定位记录。

（4）顺序查询，指在用户指定范围内，按记录序号依次逐个查找符合用户指定条件的记录。顺序查询的速度与用户指定范围内的记录个数成反比。

（5）索引查询，即在索引文件控制下，通过索引查找命令从关键字中找出与用户指定值相同的记录，加快查询速度。

其中，（1）、（2）为第一类查询，（3）～（5）为第二类查询。

6.2.2 查询设计过程

查询设计的步骤如下：

（1）确定查询数据库和表。

（2）确定查询输出字段。

（3）当数据取自两个以上表时，确定表间关系，并指定联接关键字。

（4）确定数据的筛选条件。

（5）确定输出结果的排序或分组选项。

（6）确定查询结果的输出类型：表、报表、浏览等。

（7）运行查询来检索数据。

6.2.3　创建查询文件

下面以一个学生管理数据库为实例来说明如何使用查询设计器建立查询。本例用来查询成绩及格的学生信息和成绩单。

步骤1：启动查询设计器。

方法一：从项目管理器启动查询设计器。选择"数据"选项卡，选定"查询"，单击"新建"按钮。在"新建查询"对话框中选择"新建查询"，弹出"添加表或视图"对话框。如果选择"查询向导"则利用向导创建查询。

方法二：从"文件"菜单启动查询设计器。选择"文件"菜单中的"新建"，或者单击常用工具栏上的"新建"按钮。在如图6.1所示的"新建"对话框中选择"查询"文件类型，并单击"新建文件"按钮。在弹出的如图6.3所示的"添加表或视图"对话框中，选择一个或多个表，然后单击"关闭"则显示查询设计器，如图6.2所示。

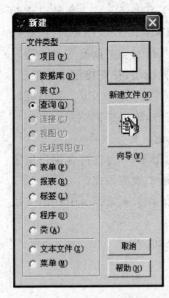

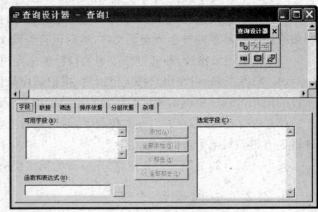

图6.1　"新建"对话框，
　　　　"查询"按钮

图6.2　查询设计器窗口

方法三：使用命令方式打开查询设计器

【格式】CREATE QUERY

在命令窗口输入以上命令，也会弹出图6.2所示的查询设计器窗口。

查询设计器窗口由上下两个窗格组成。上窗格显示已添加到查询中的表，每个表以一个小窗口形式显示,若两表之间已建立了联接关系,则两表的关联字段之间有一段线条相连,如图6.4所示;下窗格如图6.2所示有6个选项卡,不同的选项卡对应不同内容的设置,表6.1给出了其选项卡设置和SQL-SELECT子句的对应关系。

表6.1　查询设计器选项卡与SQL子句的对应关系

选项卡	SQL
字段	SELECT
联接	JOIN ON
筛选	WHERE
排序依据	ORDER BY
分组依据	GROUP BY
杂项	DISTINCT TOP

步骤2:添加数据库表。

如图6.3所示,添加STUDENT数据库中的STUD、COURCE、SCORE三个表。如果需要添加多个表,从添加第二个表开始,通常会出现"联接条件"对话框,显示系统根据字段名自动配对的联接条件,可在此设置联接条件后按"确定"退出,若不想在此设置联接条件则按"取消"退出。无论是否在"联接条件"对话框中设置

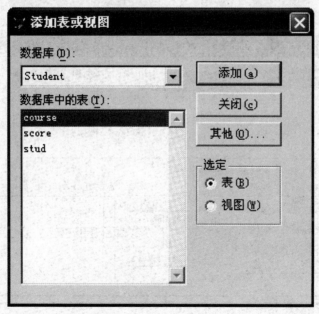

图6.3　添加表或视图

了联接条件,均可通过查询设计器中的"联接"选项卡重新设置。添加表或视图后,
进入如图 6.4 所示的查询设计器窗口。

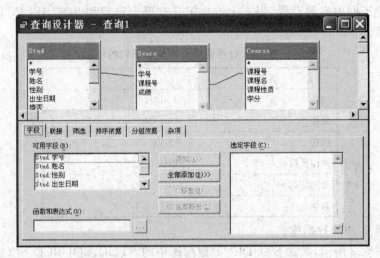

图 6.4 添加表或视图后的查询设计器窗口

步骤 3:选定输出列。

在查询设计器对话框中选择"字段"选项卡,用于设置查询输出的字段,如
图 6.5所示。

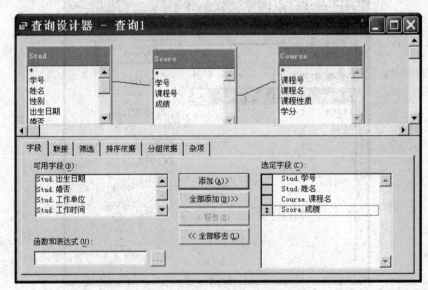

图 6.5 选定字段

- "可用字段"列表框:当前所选表或视图的全部可选字段。
- "选定字段"列表框:用户所选的需要输出的表或视图字段。
- "函数和表达式"文本框:设置字段的表达式。在"函数和表达式"文本框中可输入函数或表达式,也可以点击右边的"…"按钮,由"表达式生成器"生成表达式,然后单击"添加",将该函数添加到"选定字段"列表框中。

本例从"可用字段"列表框中分别选取 STUD.学号 、STUD.姓名、COURSE.课程名和 SCORE.成绩,并单击"添加"按钮,将所选字段添加到"选定字段"列表框中。

步骤 4:设置联接条件。

联接选项卡用于设置多表的联接条件,如图 6.6 所示。

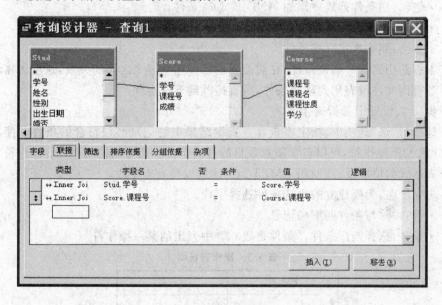

图 6.6　设置联接条件

- "类型"下拉列表框:可以选择表 6.2 所示的 4 种联接类型,默认状态下为内联接。

表 6.2　联接类型和说明

联接类型	说　明
INNER JOIN	只有在其他表中包含对应记录(一个或多个)的记录才出现在查询结果中
LEFT [OUTER] JOIN	在查询结果中包含 JOIN 左侧表中的所有记录,以及 JOIN 右侧表中匹配的记录。OUTER 关键字可被省略

联接类型	说 明
RIGHT〔OUTER〕JOIN	在查询结果中包含 JOIN 右侧表中的所有记录,以及 JOIN 左侧表中匹配的记录
FULL〔OUTER〕JOIN	在查询结果中包含 JOIN 两侧所有的匹配记录和不匹配的记录

- 字段名:指定联接条件的第一个字段。
- 否:排除与条件匹配的记录。
- 条件:选择匹配条件。
- 值:指定联接条件的其他字段。
- 逻辑:在条件列表中添加 AND 或 OR 条件。
- 插入:插入一个空联接条件。
- 移去:删除选定联接条件。

本例共用到两个联接条件,在前面我们已经建立好表之间的关系,这里无需设置。若查询文件没有用到联接条件,可直接跳到下一步骤。

步骤 5:设置记录筛选条件。

选择"筛选"选项卡,指定将包含在查询结果中的记录必须符合的条件。使用 AND 或 OR 操作符,可以包含随意数目的过滤条件。还可以使用 NOT 操作符将逻辑表达式的值取反,或使用 EMPTY() 函数以检查空字段。

- 字段名:为要建立的筛选条件选择字段。
- 否:排除与条件匹配的记录。
- 条件:选择匹配条件。条件是表 6.3 中列出的某一操作符。

表 6.3　操作符说明

操作符	比　较
=	等于
==	全等
LIKE	SQL LIKE
<>,!=,#	不等于
>	大于
>=	大于或等于
<	小于
<=	小于或等于

- 实例:输入需要比较的实例值。
- 大小写:忽略需要匹配的字符或字符串的大小写。
- 逻辑:在条件列表中添加 AND 或 OR 条件。

根据本例要求,指定筛选条件为"SCORE.成绩>=60",如图 6.7 所示。

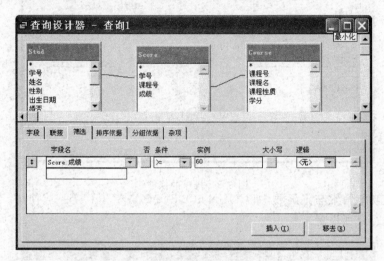

图 6.7 设置记录筛选条件

步骤 6:指定对查询结果进行排序的依据。

选择"排序依据"选项卡,其中的内容说明如下:

- 选定字段:列出当前选定的所有字段。
- 排序条件:列出当前选定的排序字段,字段的顺序决定排序的准则。
- 添加:将"选定字段"的字段添加到"排序条件"中。
- 移去:将"排序条件"的字段移回到"选定字段"中。
- 排序选项:选择输出结果是按升序还是按降序排列。

如图 6.8 所示,本例指定排序所依据的字段为"STUD.学号",排序方式为"升序"。

步骤 7:指定记录分组所依据的字段。

如图 6.9 所示,"分组"选项卡用于将查询进行分组,每组只输出一条记录。

- 可用字段:列出当前选定的所有字段。
- 分组字段:列出当前选定的分组字段。
- 添加:将"可用字段"的字段添加到"分组字段"中。
- 移去:将"分组字段"的字段移回到"可用字段"中。
- 满足条件:给定条件后,只输出满足条件的记录。

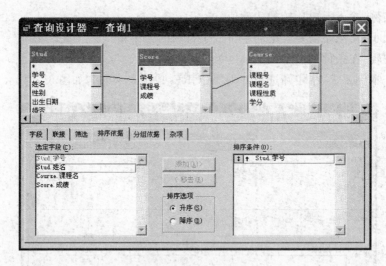

图 6.8　排序的依据

分组功能常常与集函数,如 COUNT(),SUM(),AVG()等一起使用。在本例中无需进行此项设置。

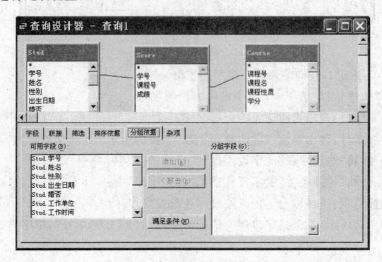

图 6.9　分组的依据

步骤 8:设置查询结果中可否包含重复的记录,以及对查询记录的数目进行限制,可选择"杂项"选项卡。本例中取默认值,如图 6.10 所示。

• 无重复记录:选中此项将去掉重复记录。

• 交叉数据表:当输出字段只有 3 项时,选中此项会将结果以交叉表的形式传递给其他表或报表。3 项查询字段分别代表 x 轴、y 轴和图形的单元值。

• 列在前面的记录:选择"全部",将输出全部记录;不选"全部",则"记录个数"

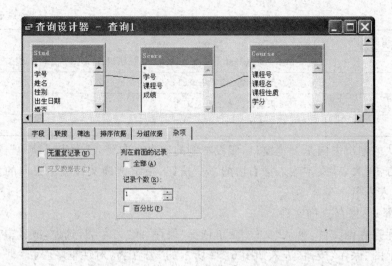

图 6.10 杂项"选项卡

和"百分比"可选,此时可设定输出排在前面的记录的个数和百分比。

步骤 9:选择查询结果的输出去向。

从"查询"菜单选择"查询去向",或者单击"查询设计器"工具栏上的"查询去向"按钮,进入"查询去向"对话框,如图 6.11 所示。

图 6.11 查询结果的输出去向

查询输出去向共有 7 个,其含义见表 6.4 的说明。

表 6.4 查询输出去向

查询输出去向	含　义
浏览	将查询结果显示在浏览窗口
临时表	将查询结果存储成一个暂时的只读文件
表	将查询结果存储成一个数据库自由表文件(.DBF)

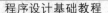

续表 6.4

查询输出去向	含　义
图形	利用 Microsoft Graph 程序将查询结果以柱状图、饼形图等图形方式输出
屏幕	将查询结果直接输出到 Visual FoxPro 的主窗口中
报表	将查询结果输出成一个报表文件(.FRX)
标签	将查询结果输出成一个标签文件(.LBX)

默认的输出去向是浏览窗口,假设本例的输出去向是表"学生成绩单",则选择"表"。点击"表名"文本输入框右边的"…"按钮,指定查询文件输出去向的保存位置,并输入表名。

步骤 10:保存查询文件。

要保存查询文件,可从"文件"菜单选择"保存"或"另存为"选项,或者单击常用工具栏上的"保存"按钮,进入如图 6.12 所示的"另存为"对话框,在对话框中输入查询文件名,例如"成绩查询.QPR",则根据前面的设置系统自动生成的 SELECT-SQL 命令便存储到指定的查询文件中。

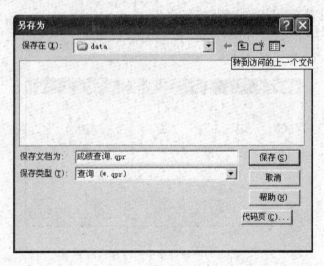

图 6.12　保存查询文件

查询文件建立完成后,若要查看生成的 SQL 命令,可从"查询"菜单选择"查看SQL",或者单击"查询设计器"工具栏上的"显示 SQL 窗口"按钮。本例结果显示如图 6.13 所示。

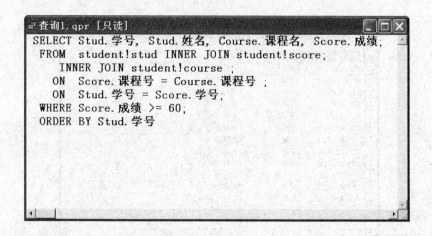

图 6.13 查询文件的 SQL 语句

6.2.4 关闭查询文件

关闭查询设计器，即关闭查询文件。关闭查询文件后，如果需要再次运行或修改它，可从项目管理器中选取查询文件（当查询文件已建在某一个项目中时），然后单击"运行"或"修改"按钮。也可以从"文件"菜单选择"打开"或者单击常用工具栏上的"打开"按钮，将指定查询文件打开在查询设计器中，然后再运行或修改。

6.2.5 运行查询文件

查询文件的运行方法有以下 5 种：

（1）选择"程序"→"运行"，或选择"查询"→"运行查询"命令。

（2）在"查询设计器"窗口中，右击"查询设计器"窗口，选择快捷菜单中的"运行查询"命令。

（3）在"查询设计器"窗口中，选择"查询"→"运行查询"命令。

（4）在"项目管理器"窗口中，选择要运行的查询文件，单击右边的"运行"按钮。

（5）在"命令"窗口中，键入 DO ＜查询文件名＞。例如，DO 查询 1. QPR。

如果输出去向是浏览窗口，运行后就可以看到查询结果。本例是将输出去向定义为表，表名是"学生成绩单.DBF"，也可以将该表打开后，直接通过浏览等命令查看结果，如图 6.14 所示。

以上建立的查询只是对常量进行的查询，在此基础上，我们还可以建立一个动态查询。但动态查询不能单独运行，其顺利运行需要一定的环境，我们将在熟悉了表单以后再介绍。

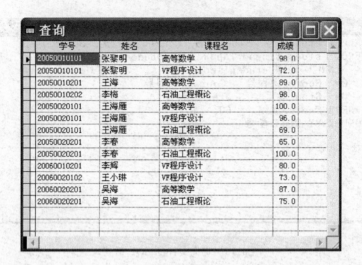

图 6.14　查询文件的运行结果

6.3　建立与使用视图

6.3.1　视图的概念

视图是在表或其他视图上导出的逻辑虚表。它是用户查看数据的窗口,用户可通过它方便地实现对单表或多表数据的各种查询。此外,视图还具有更新功能,可以更新视图并将更新结果发回源表。

6.3.2　视图的分类

视图分为本地视图和远程视图两种。本地视图从本地数据库的表中选取数据,远程视图则从 ODBC 数据源上的表中选取数据,两种视图的创建方法基本相同。视图的创建方法可以直接用 SQL 命令建立,也可以用视图设计器来完成,还可以利用向导完成。视图不能独立存在,它必须存在于某个数据库中,因此必须把视图建立在已有的数据库中。视图具有表的所有特性,也把它称为"虚拟表"。

6.3.3　视图设计步骤

视图设计的一般步骤如下:

(1)确定数据来源的数据库,将视图设计成本地视图或远程视图。

(2)确定视图的数据项。

（3）当数据来自两张以上的表时，确定表间关系，指定相关的关键字。

（4）确定视图数据的筛选条件。

（5）确定数据排序依据。

（6）确定修改、保存数据项。

6.3.4 视图的创建

1. 用 SQL 命令直接建立视图

【格式】

CREATE VIEW ＜视图名＞ AS ＜SELECT-SQL 命令＞

说明：

因为视图是数据库中的对象，使用该命令之前必须先打开存放视图的数据库。

【例 6.1】 建立一个在胜利油田工作的学生信息视图。

OPEN DATABASE STUDENT

CREATE VIEW V_学生_胜利 ；

AS ；

SELECT 学号,姓名,工作单位 FROM STUD ；

WHERE 工作单位 LIKE "胜利油田%"

命令执行后，如图 6.15 所示，在数据库设计器窗口中多了一个"V_学生_胜利"的视图。

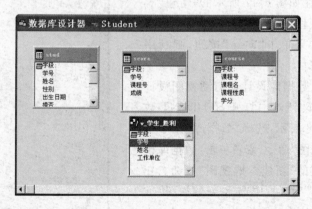

图 6.15 创建视图命令的执行结果

要显示视图查询结果，可以像操作表那样将视图打开并浏览，系统会弹出图 6.16 所示的视图窗口。

2. 使用视图设计器建立视图

步骤 1：启动视图设计器。

图 6.16　视图查询结果

方法一：从项目管理器启动视图设计器。打开"学生管理"项目进入项目管理器，选择"数据"选项卡，选定 STUDENT 数据库下的"本地视图"，单击右边的"新建"按钮。系统弹出"新建本地视图"对话框，选择"新建视图"。如果选择"视图向导"，则弹出"本地视图向导"对话框，可利用它来完成视图的创建。利用向导方法创建的步骤同下。

方法二：从"文件"菜单启动视图设计器。打开 STUDENT 数据库，从"文件"菜单选择"新建"，或者单击常用工具栏上的"新建"按钮。在如图 6.17 所示的"新建"对话框中选择"视图"单选按钮，并单击"新建文件"按钮。如果单击"向导"按钮，则利用向导进行创建。

方法三：从数据库设计器启动视图设计器。在数据库设计器中打开 STUDENT 数据库，如图 6.18 所示，选择"数据库"菜单下的"新建本地视图"命令，或者单击"数据库设计器"工具栏上的"新建本地视图"按钮。在"新建本地视图"对话框中选择"新建视图"。

步骤 2：添加表和视图。

【例 6.2】　建立一个能提供学生学号、姓名、课程名、成绩的视图。

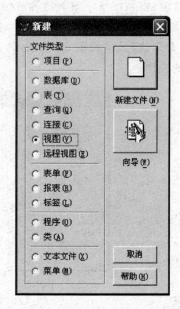

图 6.17　"新建"对话框，选择"视图"按钮

启动完视图设计器，选择新建命令后，系统会自动弹出如图 6.19 所示的"添加表或视图"对话框。

选择学生数据库中的 STUD、COURSE 和 SCORE 表，或者单击"其他"按钮

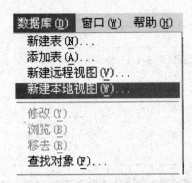

图 6.18 "新建本地视图"菜单,选择"新建本地视图"按钮

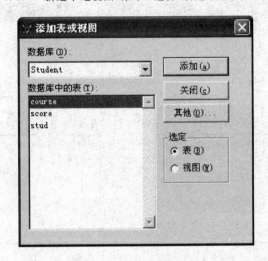

图 6.19 添加表或视图

选择自由表。最后按"关闭"直接进入如图 6.20 所示的"视图设计器"。

视图设计器由上下两个窗格组成。上窗格显示已添加到视图中的表,每个表以一个小窗口形式显示,若两表之间已建立了联接关系,则两表的关联字段之间有一段线条相连;下窗格有如表 6.5 所说明的 7 个选项卡供选择。

表 6.5 视图设计器的 7 个选项卡与 SQL 的对应关系

选项卡	SQL	含 义
字段	SELECT	指定视图输出列
联接	JOIN ON	设置表之间的联接关系
筛选	WHERE	指定筛选记录的条件

表 6.5

选项卡	SQL	含　义
排序依据	ORDER BY	指定对视图结果进行排序的依据
分组依据	GROUP BY	指定分组视图的依据
更新条件	—	设置视图可更新功能
杂项	DISTINCT TOP	设置视图结果中可否包含重复的记录,以及对视图记录 的数目进行限制

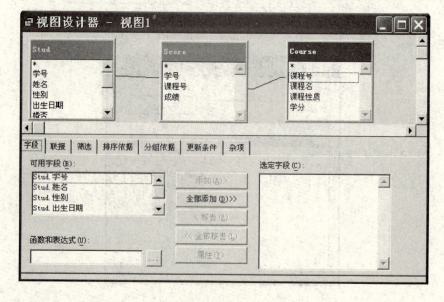

图 6.20　视图设计器

从表 6.5 中可以看出,视图设计器的选项卡同查询设计器中的选项卡基本相同,不同之处是视图设计器有更新条件,但没有查询去向。

步骤 3:选择视图字段。

点击视图设计器的"字段"选项卡,在"可用字段"列表框中选择 STUD.学号、STUD.姓名、COURSE.课程名和 SCORE.成绩,并将其分别"添加"到"选定字段"列表框中,显示结果如图 6.21 所示。若要改变输出项的排列顺序,可通过拖动"选定字段"列表框中字段前的按钮进行调整。

步骤 4:设置联接条件。

在"视图设计器"窗口中选择"联接"选项卡,出现如图 6.22 所示的对话框,在此对话框中设置 STUD.学号＝SCORE.学号和 COURSE.课程号＝SCORE.课程号,设置联接类型都为 INNER JOIN。或者点击"类型"选项前面的按钮,弹出"联

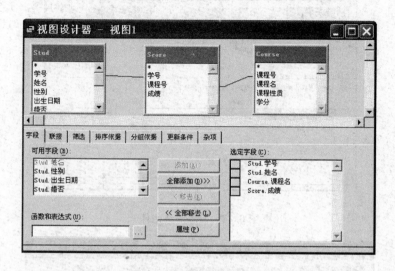

图 6.21　选定字段

接条件"对话框,在其中进行修改。

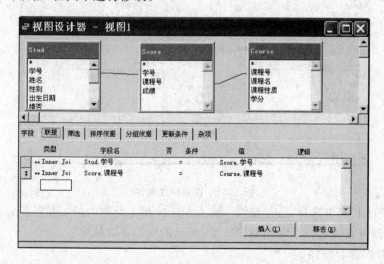

图 6.22　设置联接条件

步骤 5:设置记录筛选条件、排序依据、分组依据等。

方法跟查询设计器相同,相应的对话框如图 6.23、图 6.24 所示,不再赘述。

步骤 6:运行视图,查看视图查询结果。

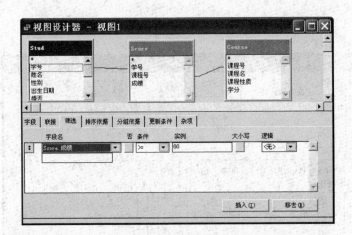

图 6.23　设置筛选条件

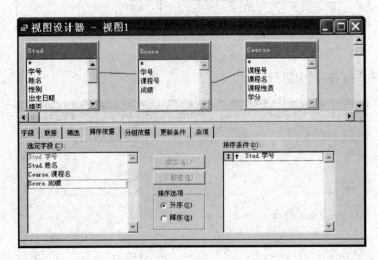

图 6.24　设置排序条件

从"查询"菜单选择"运行查询",或者单击常用工具栏上的"运行"按钮,视图被运行,随即可在浏览窗口看到如图 6.25 所示的视图查询结果。

步骤 7:保存视图。

从"文件"菜单中选择"保存",弹出"保存"对话框,键入视图名称。假设本例保存为"v_成绩单",建好的视图被添加到 STUDENT 数据库中,如图 6.26 所示。

视图设计完毕后,可以点击"窗口"下的"v_成绩单"查看 SQL 命令,如图 6.27所示。

视图1			
学号	姓名	课程名	成绩
► 20050010101	张黎明	高等数学	98.0
20050010101	张黎明	VF程序设计	72.0
20050010201	王海	高等数学	89.0
20050010202	李梅	石油工程概论	98.0
20050020101	王海雁	高等数学	100.0
20050020101	王海雁	VF程序设计	96.0
20050020101	王海雁	石油工程概论	69.0
20050020201	李春	高等数学	65.0
20050020201	李春	石油工程概论	100.0
20060010201	李辉	VF程序设计	80.0
20060020102	王小琳	VF程序设计	73.0
20060020201	吴海	高等数学	87.0
20060020201	吴海	石油工程概论	75.0

图 6.25 视图查询的结果

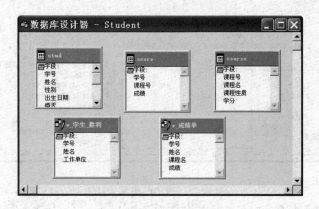

图 6.26 保存好的视图

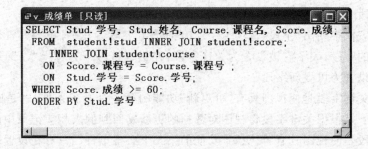

图 6.27 查看 SQL 命令的窗口

6.3.5 用视图更新数据

视图与查询的一个明显区别是：查询的数据仅供查看，并不能修改、回存，而视图的数据可以修改并可以回存到数据表中。视图结果是动态的、可更新的。一方面，源表的更新会自动反映到视图结果中，从而能保证源表中的数据动态、实时地被用户查看，这种功能被称为"自动更新"功能；另一方面，可直接对视图增、删、改记录，并可将更新结果发回源表，这种功能称为"可更新"功能。视图的"自动更新"功能是自动具有的，而"可更新"功能必须通过对视图设计器中"更新条件"选项卡的设置才能具备。"更新条件"选项卡如图 6.28 所示。

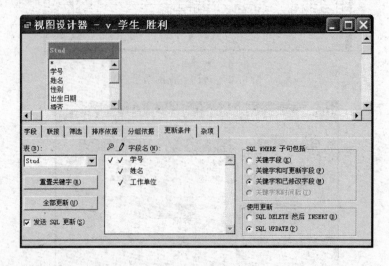

图 6.28　视图的更新条件

"更新条件"选项卡中各选项的具体功能如下：

•表：用于设置可供视图修改的表。

•字段名：用于设置可供视图更新的字段。

该列表框中列出"字段"选项卡中所有的选定字段。其中，在钥匙符号下方标上"√"号的字段，表示它被设置为关键字段，在铅笔符号下方标上"√"号的字段，表示它被设置为可更新字段。

设置关键字段是使视图具有"可更新"功能的第一个必备条件，这是因为 Visual FoxPro 是根据关键字段将视图对数据的更新发回到源表相应记录中的。设置可更新字段是使视图具有"可更新"功能的第二个必备条件。只有在设置关键字段后才可以设置可更新字段。未被注明为可更新的字段，用户在视图里虽然可以对它们做修改，但这种修改不会保存和发回源表。

- 重置关键字:消除"字段名"列表框中已设置的所有"√"号。
- 全部更新:选择除了关键字段以外的所有字段为可更新字段。
- 发送 SQL 更新:指定是否将视图记录中的更新发回源表。必须选中该项,它是使视图具有"可更新"功能的第三个必备条件。
- 更新的冲突:在多用户环境下,当一个用户正在更新服务器上的某个数据时,可能其他用户也在试图更新该数据,于是将出现冲突问题。"SQL WHERE 子句包括"的选项可帮助管理遇到多用户访问同一个数据时应如何更新记录。其选项具体内容如表 6.6 的说明。

表 6.6   视图设计器的更新选项

选　项	作　用
关键字段	当源表中的关键字段被改变时,更新失败
关键字和可更新字段	当远程表中任何可更新字段被改变时,更新失败
关键字和已修改字段(默认选项)	当在本地表改变的任一字段在源表中被改变时,更新失败
关键字和时间戳	当远程表中记录的时间在首次检索或被改变时,更新失败 (仅当远程表存在时间戳时有效)

- 使用更新:指定字段如何在后端服务器上更新。

SQL DELETE 然后 INSERT:先删除源表中的记录,再插入一条新的记录。

SQL UPDATE(默认选项):用视图字段的变化来修改源表的字段。

用视图更新数据的具体步骤:

(1)在视图设计器中打开视图。进入数据库设计器选定视图,从"数据库"菜单选择"修改",或者右击视图,在快捷菜单中选择"修改",则在视图设计器中打开视图。若视图及所在数据库包含在某一项目中,则从项目管理器定位到视图后,单击"修改"按钮,也可以打开视图。

(2)选择"更新条件"选项卡,进行相应设置。按图 6.28 所示进行设置。

(3)保存视图。通过查看视图和相应表在更新前后的变化,可以看出更新设置的效果。

6.3.6 视图的调用

视图的调用方法与数据库表的调用方法和操作命令相同,不同的是:视图操作必须先打开数据库,才能进行相应操作。

6.3.7 远程视图

远程视图是通过 ODBC 从远程数据源建立的视图。所谓 ODBC,即 Open DataBase Connectivity（开放式数据互连）的英语缩写，它是一个标准的数据库接口，以一个动态连接库（DLL）方式提供。

创建 ODBC 数据源可以用两种方法：第一种方法是利用如图 6.29 所示的"连接设计器"中"新的数据源"创建；第二种方法是在 Windows 系统的"控制面板"中启动"ODBC 数据源（32 位）"应用程序。

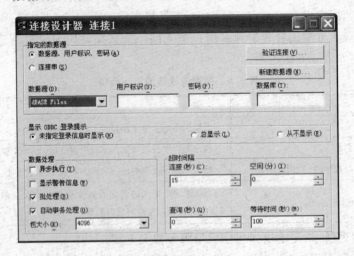

图 6.29　连接设计器

本章小结

本章介绍了查询和视图的概念、查询设计器和视图设计器的使用等。两个设计器像孪生姊妹，不但外表相像，建立视图和建立查询的过程和方法也很相像，应注意两者比较着进行学习。

通过本章的学习，要求掌握查询设计器各选项卡对应的 SQL 语句、建立运行查询和视图的概念及分类等。视图是一个基于数据库表或其他视图的虚拟表，它可以更新数据源。视图可以分为本地视图和远程视图。我们主要学习的是本地视图。要重点掌握查询和视图的区别，通过视图更新基表中的数据。

习　题　六

1. 单项选择题：

（1）Visual FoxPro 系统中的查询文件是指一个包含一条 SELECT-SQL 命令的程序文件，文件的扩展名为（　　　）。

A. .PRG
B. .QPR
C. .SCX
D. .TXT

（2）Visual FoxPro 系统中,使用查询设计器生成的查询文件中保存的是（ ）。

A. 查询的命令
B. 与查询有关的基表

C. 查询的结果
D. 查询的条件

（3）在 Visual FoxPro 系统中,( )创建时,将不以独立的文件形式存储。

A. 查询
B. 视图

C. 数据库
D. 表

（4）有关查询与视图,下列说法中不正确的是( )。

A. 查询是只读型数据,而视图可以更新数据源

B. 查询可以更新源数据,视图也有此功能

C. 视图具有许多数据库表的共性,利用视图可以创建查询和视图

D. 视图可以更新源表中的数据,存在于数据库中

（5）下列说法中正确的是( )。

A. 视图文件的扩展名是.VCX

B. 查询文件中保存的是查询的结果

C. 查询设计器实质上是 SELECT-SQL 命令的可视化设计方法

D. 查询是基于表的并且是可更新的数据集合

（6）下面关于查询的描述,正确的是( )。

A. 可以使用 CREATE VIEW 打开查询设计器

B. 使用查询设计器可以生成所有的 SQL 查询语句

C. 使用查询设计器生产的 SQL 语句存盘后将存放在扩展名为.QPR 的文件中

D. 使用 DO 语句执行查询时,可以不带扩展名

（7）在 Visual FoxPro 中,关于视图的正确叙述是( )。

A. 视图与数据库表相同,用来存储数据

B. 视图不能同数据库表进行连接操作

C. 在视图上不能进行更新操作

D. 视图是从一个或多个数据库表导出的虚拟表

（8）以下关于查询的描述,正确的是( )。

A. 不能根据自由表建立查询
B. 只能根据自由表建立查询

C. 只能根据数据库表建立查询
D. 可以根据数据库表和自由表建立查询

（9）视图设计器中比查询设计器中多出的选项卡是( )。

A. 字段   B. 排序依据

C. 联接   D. 更新条件

(10) 视图不能单独存在,它必须依赖于(　　　)。

A. 视图   B. 数据库

C. 数据表   D. 查询

(11) 默认查询的输出形式是(　　　)。

A. 数据表   B. 图形

C. 报表   D. 浏览

(12) 下列关于视图向导的叙述,正确的是(　　　)。

A. 视图向导只能为一个表建立视图

B. 视图向导只能为多个表建立视图

C. 视图向导只能为一个表或多个表建立视图

D. 视图向导可以为一个表或多个表建立视图

2. 设计题:

(1) 利用 STUDENT 数据库建立一个查询,生成一个包含学号、姓名、Visual FoxPro 成绩的表 S_VFP. DBF;

(2) 利用 STUDENT 数据库,创建一个查询,反映所有参与选课的学生成绩情况,查询结果包括"学号"、"姓名"、"课程名"、"成绩"等 4 个字段,按"姓名"升序排序;

(3) 在 STUDENT 数据库中为大庆油田的学生建立一个视图 v_大庆;

(4) 在 STUDENT 数据库中建一个本地视图 V_XS,查询所有 1985 年(包括 1985 年)以后出生且高等数学成绩大于 80 分的学生的成绩情况。结果包括"学号"、"姓名"、"性别"、"出生日期"、"高等数学"、"VF 程序设计"6 个字段,按"VF 程序设计"降序排序。

第7章 表单及控件

本章导学

Visual FoxPro 除了可以进行面向过程的程序设计外,还可以进行面向对象(Object-Oriented Programming,OOP,面向对象程序设计)的程序设计。它提供了友好的图形界面、可视化的设计工具和操作向导。

本章先从面向对象和面向过程程序设计方法的比较开始,让读者对面向对象程序设计方法有一个感性认识;然后介绍面向对象的一些基本概念;再详细介绍Visual FoxPro 中的表单和常见控件的属性、方法和事件等。

7.1 面向对象的基本概念

7.1.1 面向对象程序设计与面向过程程序设计的比较

先用一个程序亲身感受一下面向对象程序设计的操作简单直观、界面友好等特点。

【例 7.1】 从键盘输入两个数 a 和 b,计算并输出 $a \sim b$ 之间所有整数的和。

方法一:用面向过程的程序设计方法创建程序,运行时如图 7.1 所示。该程序运行时,屏幕上首先显示"请输入 a 的值:",此时输入 a 的值;屏幕上又显示"请输入 b 的值:",此时再输入 b 的值,然后按回车;最后屏幕上才显示"和为:5050"。

图 7.1 面向过程程序设计方法实现例 7.1 的运行结果

方法二：用面向对象的程序设计方法创建一个表单，运行时如图 7.2 所示。在文本框中分别输入 a 和 b 的值，点击"计算"按钮，在右边的文本框中即可显示出计算结果。

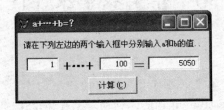

图 7.2　面向对象程序设计方法实现例 7.1 的运行结果

通过以上两种程序设计方法的比较可以发现：用面向对象程序设计方法完成程序的界面跟常见的 Windows 系统的界面完全相同，而且操作简单、界面友好，符合大多数人的使用习惯；而面向过程程序设计方法完成程序的界面非常不美观，而且操作也不方便。

7.1.2　对象（Object）

1. 对象的概念

客观世界里的任何实体都可以被看做是对象。对象可以是具体的物，也可以是虚拟的概念。程序运行时见到的每个窗体、按钮、文本框、表格、图形等都是对象，软件的外观主要由这些对象组成。从编写程序的角度考虑，对象就是将数据和操作过程结合在一起的一种数据结构，或者说是一种具有属性、方法、事件的一个集合体。例如，图 7.2 中有 8 个不同的对象，它们分别是：1 个表单、3 个文本框、3 个标签和 1 个命令按钮。对象具有 3 个最主要的概念：属性、方法和事件。

2. 属性（Property）

属性用于描述对象的性质，即对象的状态，如长、宽、位置、颜色、标题等。在程序设计时可以通过"属性"窗口查看和修改。在图 7.2 的例题中用到的属性如表 7.1 所示。

表 7.1　图 7.2 中的 3 个文本框的主要属性

	Name	Left	Top	Width	Height	Value
a 对应的文本框	Text1	13	36	48	36	1
b 对应的文本框	Text2	121	36	48	36	100
c 对应的文本框	Text3	193	36	76	36	5050

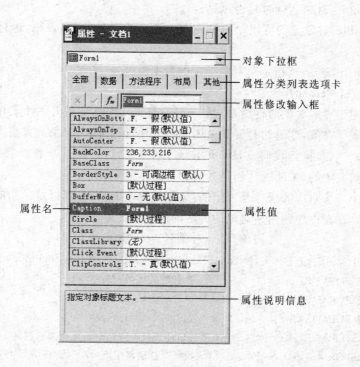

图 7.3 "属性"窗口

在 Visual FoxPro 中,对象常见的属性有:

• Name:对象的名称,是程序中访问对象的标识。

• Caption:对象的标题。

• Color:对象的颜色,属性值＝ RGB(R,G,B),表示红色、绿色、蓝色(0～255)合成的颜色。例如,RGB(255,0,0)表示红色,RGB(0,0,255)表示蓝色。

• FontName:标题的字体。

• FontBold:标题字体是否为粗体。

• FontSize:标题字体的大小。

• FontItalic:标题字体是否为斜体。

• ForeColor:标题字体的颜色。

• Width:对象的宽度。

• Height:对象的高度。

• Left:对象左边距离其所在对象(父对象)的距离。

• Top:对象顶部距离其所在对象(父对象)的距离。通过 Left 和 Top 定义其在父对象的位置。

• BackColor:对象的背景颜色。

- Visible：对象运行时是否可见。
- Enable：对象是否可用。如果为 .T.，则表示对象有效；否则，运行时对象不可使用。
- ControlSource：指定与对象绑定的数据源。

3. 方法（Method）

方法用于描述对象的行为，也叫"方法程序"。例如，要打开一个表单对象或者关闭一个表单对象，这里的打开和关闭就是方法，通过调用对象的方法可以完成特定的任务。例如，执行代码 THISFORM. Release 时，当前这个表单将被关闭，至于它是如何关闭的（关闭的代码是如何编写），不需要关心。

每一个方法对应的任务是固定的，是不能修改的；但是可以定义新的方法以扩展方法集。在程序中调用某对象的方法的语句格式为

<表单>.<对象名>.<方法名>

表单中常用的方法有：Release、Hide、Show、Refresh、SetFocus 等，例如，

- THISFORM. Release &.& 执行时关闭当前表单
- THISFORM. Hide &.& 执行时隐藏当前表单
- THISFORM. Show &.& 执行时显示当前表单
- THISFORM. Refresh &.& 执行时刷新当前表单，重新加载数据
- THISFORM. Text1. SetFocus &.& 执行时自动将焦点（即光标）移动到 Text1 文本框中

4. 事件（Event）

事件是由 Visual FoxPro 系统预先命名好的而由用户操作或者程序执行触发的，可被对象响应的动作。

事件可以由用户引发，例如，用鼠标单击界面上的一个命令按钮就会激发按钮的 Click 事件，命令按钮识别该事件并执行相应的 Click 事件代码。事件也可以由程序激发，例如，生成对象时系统就会触发 Init 事件，对象识别该事件并执行（触发）相应的 Init 事件代码。

事件的源程序代码是由用户自己根据需要编写的，例如，例题 7.1 中用面向对象的程序设计方法编程时，当双击对象 Command1 时，就可以在打开的窗口中编写 Command1 的 Click 事件的程序代码。对于没有编写代码的事件，即使触发也不会有任何反应。虽然可以自己编写事件的代码，但是事件的个数和名称（事件集）是固定不变的。

在 Visual FoxPro 中，常用的事件如表 7.2 所示。

表 7.2 Visual FoxPro 中常用的事件

类　别	事件名	说　明
鼠标事件	Click	在对象上单击鼠标左键时触发的事件
	DblClick	在对象上双击鼠标左键时触发的事件
	MouseMove	鼠标指针移动到对象上时触发的事件
	RightClick	在对象上单击鼠标右键时触发的事件
键盘事件	KeyPress	按下键盘的按键时触发的事件
控制焦点事件	GotFocus	对象获得焦点时(光标移进来)触发的事件
	LostFocus	与 Gotfocus 相反,对象失去焦点时触发的事件
改变控件内容事件	InteractiveChange	用户手动修改对象的值时触发的事件
	ProgrammaticChange	程序自动修改对象的值时触发的事件
表单事件	Load	创建表单时触发的事件
	Unload	关闭表单时触发的事件
	Resize	改变表单大小时触发的事件
	Activate	激活表单时触发的事件
	Deactivate	表单转变为非激活状态时触发的事件
	Init	创建对象时触发的事件
	Destroy	表单从内存中释放时触发的事件
数据环境事件	BeforeOpenTables	表打开前触发的事件
	AfterCloseTables	表关闭后触发的事件
计时器	Timer	计时器计时到时间周期时触发的事件
出错	Error	程序在执行过程中出错时触发的事件

5. 对象的层次

有的对象中可以继续放置对象,如表单(Form)中可以放置绝大部分其他对象、命令按钮组(CommandButtonGroup)中可以放置若干个命令按钮(Button)等。这种对象所对应的类称作是"容器类"。还有一些对象中不能再放置其他对象,如命令按钮(Button)、标签(Label)等,它们已经是最底层的对象了,这种类型对象所对应的类称作是"控件类"。

例如,图 7.4 所示的表单中第一层是表单 Form1;在 Form1 的下层是标签 Label1、页框 PageFrame1、命令按钮 Command1;在页框 PageFrame1 中包含两页 Page1 和 Page2;在 Page1 中包含命令按钮组 CommandGroup1、命令按钮 Commad2、标签 Label2;在命令按钮组 CommandGroup1 中包含两个命令按钮 Command3 和 Command4。各个对象的层级关系如图 7.5 所示。

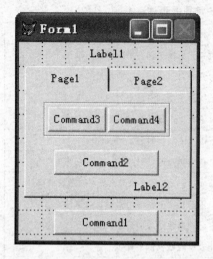

图 7.4 各个对象在表单中的布局

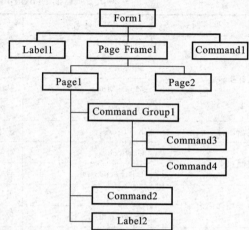

图 7.5 各个对象的层次关系

6. 对象的引用

在 Visual FoxPro 的面向对象程序设计中,必须使用对象的名称(Name 属性)引用对象。对象的引用有两种方式:相对引用和绝对引用。

(1) 相对引用:从正在编写事件代码的对象(关键字 THIS 表示该对象)出发,向高一级(.PARENT)或者低一级(.[对象名])逐层引用。经常使用的关键字有:THIS(当前对象)和 PARENT(当前对象的上一级对象)。

例如,当在图 7.4 中 Command2 上点击鼠标左键时:

THIS.Caption = "确定"   && 修改 Command2 的 Caption 属性

THIS.PARENT.Caption = "页面 1"

*修改当前对象向上 1 层的对象 Page1 的 Caption 属性

THIS.PARENT.Label2.Caption = time( )

*修改当前对象向上 1 层再向下 1 层的对象 Label2 的 Caption 属性

(2) 绝对引用:从最高层对象开始向低一级逐层引用。经常使用的关键字有:THISFORM(当前对象所在的表单)和 THISFORMSET(当前对象所在的表单集)。

例如,当在图 7.4 中 Command2 上点击鼠标左键时:

THISFORM.Pageframe1.Page1.Command2.Caption = "确定"

*修改 Command2 的 Caption 属性

THISFORM.Pageframe1.Page1.Caption = "页面 1"

*修改 Page1 的 Caption 属性

7.1.3 类(Class)

1. 类的概念

类是对一类相似的对象的性质描述,也就是某些对象的模板,抽象地描述了属于该类的全部对象的共有的属性和操作。类与对象是面向对象程序设计语言的基础。例如,"学生"是一个笼统的名称,是整体概念,如果把"学生"看成一个"类",那么一个个具体的学生(比如"张三")就是这个类的实例,即这个类的一个对象。

从某种意义上讲,类跟第 2 章学的数据类型类似:对象类似于一个具体变量,对象的属性类似于该变量的一个具体的值,对象的方法类似于该变量的一个运算。

2. 类的特性

(1)继承性:子类是父类的下一层类,子类可以具有父类的全部属性和方法。

(2)封装性:类的内部信息是隐蔽的,调用时只需要知道接口(接口主要指参数个数、参数类型、返回值的类型等)即可。

(3)多态性:类中可以具有名称相同的方法程序,但方法程序的接口必须不相同。

3. Visual FoxPro 中的基类

在 Visual FoxPro 环境下,要进行面向对象的程序设计,必然要用到 Visual FoxPro 系统提供的基础类,即 Visual FoxPro 基类,如表 7.3 所示。

表 7.3　Visual FoxPro 中常用的基类

控　件	描　述
Label	用于显示文本信息的标签
Text	用于单行文本的输入框
EditBox	用于多行文本的编辑框
Command	命令按钮
CommandGroup	命令按钮组
OptionGroup	单选按钮组
CheckBox	复选框
ComboBox	组合框,可以输入、可以下拉选择
ListBox	列表选择框
Spinner	微调按钮
Grid	二维表格
Image	用于显示图片的图像控件
Timer	能在一定时间循环执行代码的定时器

续表 7.3

控　件	描　述
PageFrame	包含若干页的页框
Line	水平线、垂直线或斜线
Shape	方框、圆或椭圆

　　Visual FoxPro"表单控件"工具箱中的各种控件并不是对象,而是代表了各个不同的类。当在窗体上画一个控件时,就用选定的控件(类)创建了一个新的对象,即创建了一个控件对象,也简称为控件。Visual FoxPro 中经常使用的类都列在"表单控件"工具箱中,如图 7.6 左侧"表单控件"工具栏所示。

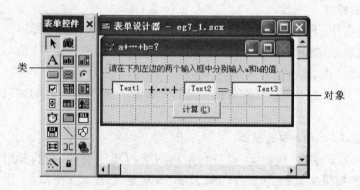

图 7.6　Visual FoxPro 中的对象与类

7.2　表单对象

　　表单(Form)又叫"窗体",提供了一个可视化的输入输出界面,在图形界面的应用软件中,是程序和人进行交互的重要界面。表单是一个容器,可以在其中包含控件、菜单、数据环境等,通过这些控件来显示数据、响应操作事件、对数据执行各种操作。这充分体现了面向对象、可视化程序设计的风格。

　　Visual FoxPro 提供了表单向导、快速表单、表单设计器 3 种创建表单的方法;还提供了表单控件工具栏、布局工具栏、"属性"窗口、表单设计器、数据环境、调色板。在设计表单时经常要添加、删除各种控件,设置表单的属性,调用表单的方法,编写表单的事件代码等。

7.2.1　新建表单

　　新建表单一般有 3 种方法:表单向导,创建简易的具有添加、删除、修改、翻页等按钮的数据表单;快速表单,创建简易的数据表单,但是不具有操作按钮;表单设计器,创建或修改任何形式的表单。

1. 表单向导

1) 打开表单向导

打开表单向导主要有以下 4 种方法:

(1) 项目管理器:在项目管理器中选择"文档"选项卡,然后选中"表单"、点击右侧的"新建"按钮,在打开的如图 7.7 所示的"新建表单"对话框中点击左侧的"表单向导",即可打开如图 7.8 所示的"向导选取"对话框。

图 7.7 新建表单对话框   图 7.8 表单向导选取对话框

(2) "文件"系统菜单:在"文件"菜单下点击"新建"菜单项,在"新建"对话框中再选中"表单"、点击"向导"按钮。

(3) "工具"系统菜单:在"工具"菜单下点击"向导"→"表单"菜单项。

(4) 常用工具栏:在"常用"工具栏中直接点击"表单向导"图标按钮 。

2) 向导选取

在图 7.8 所示的"向导选取"对话框中有两个向导:一个是"表单向导",用来为单个表(或视图)创建操作数据的表单,如例 7.2 所示;一个是"一对多表单向导",用来为两个相关表创建操作数据的表单,两个表之间一定要存在一对多的关系,在生成的表单中记录定位的按钮只作用于父表,而子表的数据显示在表单的表格中。

3) 表单向导应用实例

【例 7.2】 利用表单向导创建学生管理系统中的"学生信息管理"的表单。

(1) 打开项目管理器:点击"文件"→"打开",在"打开"对话框中选择文件类型为"项目",文件名选择"学生管理系统.PJX"(如果没有该项目需要新建),然后点击"确定"按钮。

(2) 打开表单向导:在项目管理器中选择"文档"选项卡,然后再选中"表单"、点击右侧的"新建"按钮,在打开的如图 7.7 所示的"新建表单"对话框中点击左侧的"表单向导",即可打开如图7.8所示的"向导选取"对话框。因为学生信息不需要与其他表关联,所以选择"表单向导",最后点击"确定"按钮即可打开如图7.9所示的"表单向导"对话框。

(3) 操作表单向导:在表单向导中需要进行如下4步来完成表单的创建。

步骤1:字段选取。

首先从左侧"数据库和表"下方的列表框中选择"STUDENT"数据库;然后点击下方的"STUD"这个表,此时中间列表中列出了"STUD"表中的所有字段;最后点击"可用字段"右侧的 ▶▶ 按钮(第二个按钮),将所有的字段都添加到"选定字段"列表框中。点击"下一步"按钮,进入到如图7.10所示的步骤2。

图7.9　表单向导步骤1:字段选取　　　　图7.10　表单向导步骤2:选择表单样式

在步骤1中,如果要选择自由表,则在左侧"数据库和表"下方的下拉框中选择"自由表",然后点击下拉框右侧的文件选择按钮,选择需要的自由表。"可用字段"右侧的4个按钮用来设定哪些字段将显示在表单中。

• ▶ 按钮:将左侧选中的"可用字段"移动到右侧"选定字段",被移动的字段将在表单中显示。

• ▶▶ 按钮:将左侧所有的"可用字段"移动到右侧"选定字段"。

• ◀ 按钮:将右侧"选定字段"移动到左侧的"可用字段",被移动的字段将不在表单中显示。

• ◀◀ 按钮:将右侧所有的"选定字段"移动到左侧的"可用字段"。

也可以在"可用字段"或者"选定字段"的下拉列表中双击某个字段,直接将该字段移动到另外一个下拉列表中,实现"选定"或者"不选定"。

步骤2:选择表单样式。

在左侧"样式"的下拉列表中选择"标准式",右侧的"按钮类型"中选择"文本按钮",然后点击"下一步"按钮。这两项都是使用的默认值,可以直接点击"下一步"按钮,进入到如图7.11所示的步骤3。

在步骤2中,可以选择不同的样式和不同的按钮类型,此时可以在左上角的预览图片中看到所选样式的预览效果。

步骤3:选择排序次序。

在左侧"可用的字段或索引标识"的下拉列表中选择"学号",点击"添加"按钮,即可将"学号"添加到"选定字段"列表框中,然后点击选中"升序"单选按钮。这样,在表单中的学生信息将按照学号的升序进行排序。单击"下一步"按钮进入到如图7.12所示的步骤4。

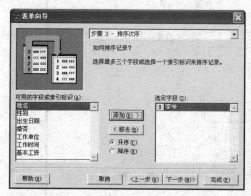
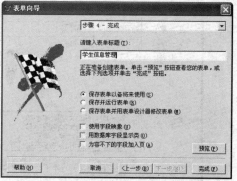

图 7.11　表单向导步骤3:选择排序次序　　　　图 7.12　表单向导步骤4:完成

在步骤3中,最多选择3个字段或选择1个索引标识,作为排序的依据,注意:不能同时选定普通字段和索引标识。选定字段中的顺序对排序结果有影响:先按照第一个字段排序,如果第一个字段相同的记录再按照第二个字段排序。可以在"选定字段"列表框的左侧有上下箭头位置处按下鼠标左键向上或向下拖动字段,来改变排序字段的先后顺序。

步骤4:完成。

在"请输入表单标题"下方的文本框中输入"学生信息管理"。选择"保存表单已备将来使用",最后点击"完成"按钮,在打开的"保存"对话框中输入文件名"STUD.SCX",点击"保存"按钮,完成表单的设计。

在步骤4中,可以点击"预览"按钮,预览表单的设计效果,在打开的预览窗口中点击上方的"返回向导"按钮,返回到"表单向导"界面。如果不满意,可以点击"上一步"按钮,返回前面的界面重新设置。点击"完成"按钮前可以有3个选择:

• "保存表单已备将来使用":保存表单、关闭表单向导。

• "保存并运行表单":保存表单、关闭表单向导、运行表单。

• "保存表单并用表单设计器修改表单"：保存表单、关闭表单向导、打开"表单设计器"对表单进行修改。

（4）修改、运行表单：当表单设计完毕后，该表单会自动添加到"项目管理器"中，可以在"项目管理器"中选择"文档"选项卡，展开"表单"的目录树，选中刚才建立的"STUD"这个表单，此时"表单设计器"右侧的 6 个按钮都变成可用状态。点击"修改"将打开"表单设计器"对表单进行修改；点击"运行"将运行表单，结果如图 7.13 所示。

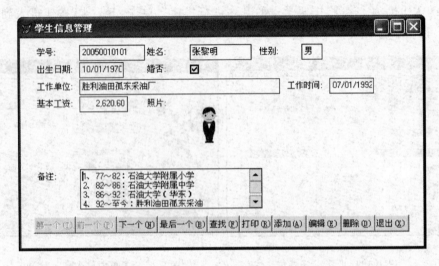

图 7.13　例 7.2 设计的表单的运行结果

2. 快速表单

除了使用表单向导建立功能完善的具有添加、编辑、删除、翻页等按钮的表单外，还可以使用"快速表单"快速地将字段加入到表单中，建立一个编辑数据表记录的界面。但是这个界面中没有相关按钮，还需要通过表单设计器来添加按钮，编写相关代码。

【例 7.3】　利用表单设计器和快速表单创建学生管理系统中的"课程信息管理"的界面。

（1）打开"表单设计器"窗口：在项目管理器中选择"文档"选项卡，然后选中"表单"、点击右侧的"新建表单"按钮，在打开的如图 7.7 所示的"新建表单"对话框中点击右侧的"新建表单"，即可打开"表单设计器"的窗口。

（2）打开快速表单的"表单生成器"对话框：打开表单设计器窗口后，在系统菜单上增加了"表单"菜单项，点击该菜单的"快速表单"菜单项即可打开快速表单的"表单生成器"对话框，如图 7.14 所示。

（3）字段选取：在"表单生成器"对话框上点击左侧的"1．字段选取"，如图7.14所示。首先从左侧"数据库和表"下方的下拉框中选择数据库"STUDENT"，然后点击下方的表"COURSE"，将"可用字段"的所有字段都移动到"选定字段"列表框中。

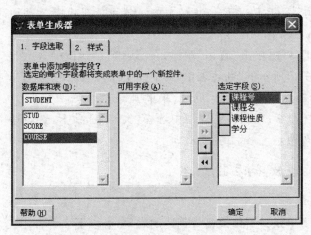

图7.14　快速表单的"表单生成器"对话框

（4）设定样式：在"表单生成器"对话框上点击左侧的"2．样式"选项卡，选中"标准式"。

（5）返回到"表单设计器"窗口：在图7.14中点击"确定"按钮后，返回到"表单设计器"窗口，如图7.15所示。此时生成的表单只具有绑定了字段的控件，没有相关的按钮和代码，而且控件布局不是很美观，所以并不具有实用价值，还需要在表单设计器中继续进行修改、完善。

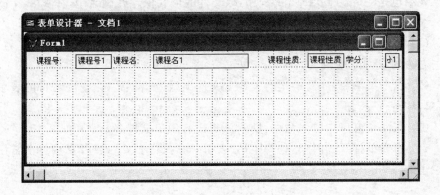

图7.15　快速表单的生成结果

3. 表单设计器

使用向导可以快速简单地创建很实用的表单,对数据进行管理,而且不需要手写代码,但是,向导创建的表单格式单一、功能不够丰富灵活。使用表单设计器可以根据需要任意创建各种各样的表单。有以下 4 种常用的方法可以新建表单:

(1) 命令方式:CREATE FORM［文件名|?］:新建表单,同时打开表单设计器。

(2) 常用工具栏:单击"新建"图标,在"新建"对话框中选中"表单"单选按钮,在打开的如图 7.7 所示的"新建表单"对话框中点击右侧的"新建表单"。

(3) 菜单栏:点击"文件"→"新建"菜单项。

(4) 项目管理器:在项目管理器中选择"文档"选项卡,然后选中"表单",点击右侧的"新建"按钮。

7.2.2 修改和运行表单

1. 修改表单

可以启动表单设计器修改已经创建的表单,有以下 3 种常用的方法:

(1) 命令方式:MODIFY FORM［文件名|?］。

(2) 常用工具栏:点击"打开"按钮,在"打开"对话框中,将文件类型设定为"表单"。

(3) 菜单方式:点击"文件"→"打开"菜单项。

(4) 项目管理器:在项目管理器中选择"文档"选项卡,然后在"表单"下选择一个现存的表单,点击右侧的"修改"按钮。

2. 运行表单

表单也是 Visual FoxPro 的程序,以文件的形式保存在磁盘中,在 Visual Fox-Pro 环境中可以直接运行,常用的运行方法有:

(1) 在项目管理器中选取"文档"选项卡,选择"表单"下所要运行的表单名称,点击右边的"运行"按钮。

(2) 点击菜单"程序"→"运行",改变文件类型为"表单",选择要运行的表单文件,单击"运行"按钮。

(3) 在命令窗口中键入命令:DO FORM <表单文件名>。

(4) 当表单打开的时候,选择菜单"表单"→"执行表单",或者直接点击常用工具栏里的"运行"按钮 。

7.2.3 表单中对象的基本操作

1. 表单设计器的工具栏和窗口

在 Visual FoxPro 中有多个工具栏和窗口可以进行表单的设计和修改。如果界面中没有这些窗口，可以点击"显示"菜单，点击选中需要的窗口；如果界面中没有这些工具栏，可以在"显示"菜单下，点击"工具栏"子菜单，打开如图 7.16 所示的窗口，点击选中需要显示的工具栏；也可以在如图 7.17 所示的"表单设计器"工具栏中点击按钮选择显示相应的窗口和工具栏。

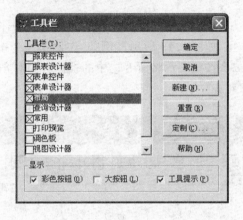

图 7.16 显示、关闭工具栏

1)"表单设计器"窗口

每个"表单设计器"中只能包含一个表单，对表单的主要操作都在该窗口下进行，包括添加、删除、修改控件等。

2)"表单设计器"工具栏

"表单设计器"工具栏包含了设计表单时需要的常用工具，如图 7.17 所示。从左到右分别是：设置 Tab 键次序（连续按 Tab 键时，选中表单中控件的顺序）、数据环境（定义表单或表单集使用的数据源）、属性窗口、代码窗口、表单控件工具栏、调色板工具栏、布局工具栏、表单生成器和自动格式。

图 7.17 "表单设计器"工具栏

3)"表单控件"工具栏

"表单控件"工具栏中列出了 Visual FoxPro 中常用的控件，如图 7.18 所示，

可以拖动该工具栏的边界,改变工具栏的形状。

图 7.18 "表单控件"工具栏

4)"属性"窗口

用来修改表单以及表单中的控件的属性的窗口,如图 7.3 所示。

5)"布局"工具栏

在"布局"工具栏中,列出了常用的调整布局的按钮,根据按钮的图标形状就可以知道每个按钮的作用,如图 7.19 所示。例如,左侧第一个按钮表示将所有选中的控件左侧对齐;第二个按钮表示将所有选中的控件右侧对齐;第三个按钮表示将所有选中的控件顶部对齐。

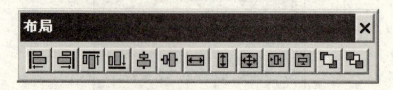

图 7.19 "布局"工具栏

6)"调色板"工具栏

在"调色板"工具栏中,列出了常用的颜色,可以直接点击选择某个颜色对控件进行修改,如图 7.20 所示。如果选定第一个按钮,则修改的是控件的前景色;如果选定第二个按钮,则修改的是控件的背景色;如果两个按钮同时选定,则同时修改控件的前景色和背景色。如果列出的颜色不能满足要求,可以点击最后一个"其他颜色"按钮,打开"颜色"对话框,选择更多的颜色。

图 7.20 "调色板"工具栏

7)"代码编辑"窗口

为控件编写各种事件的代码以及其他程序的窗口,图 7.21 所示的是例 7.1 中按钮 Command1 的 Click 事件的代码。

8)"数据环境"窗口

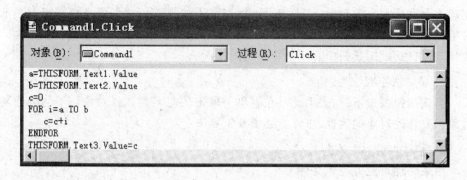

图 7.21 "代码编辑"窗口

利用向导设计出的表单中,有的控件可以显示表中的数据,这是由于向导自动设定了与控件关联的数据环境,因此能显示出该字段的数据,如图 7.22 所示。如果要在表单设计中自行设计控件,就要手动打开如图 7.24 所示的数据环境设计器来添加、删除表和视图,以及设定表之间的关系。

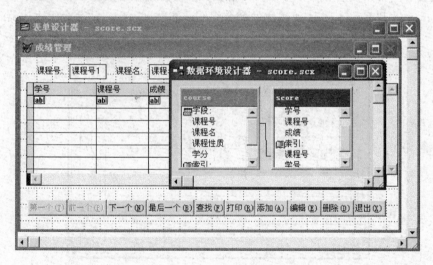

图 7.22 数据环境设计器

9)"表单"菜单

在设计表单时,如果当前窗口是"表单",Visual FoxPro 的系统菜单中就会显示"表单"菜单,"表单"菜单中的命令主要用于创建、编辑表单或表单集,如为表单增加新的属性和方法等。

2. 在表单中添加控件

向表单中添加控件需要利用如图 7.18 所示的"表单控件"工具栏。方法是:首先在"表单控件"工具栏中单击选择某表单控件,然后再在表单的相应位置处单击

创建一个默认大小的对象,或者按下鼠标左键不放拖动鼠标创建一个指定大小的对象。

"表单控件"工具栏中有 4 个特殊的按钮:

1) ⬉ "选定对象"按钮

当该按钮被按下时,表示此时在表单上单击的时候是选择对象而不能创建新对象。要修改对象的属性、事件等必须首先要选定对象。

2) 🗔 "查看类"按钮

用来添加第三方类库文件。

3) ✎ "生成器锁定"按钮

当该按钮被按下时,每次新建一个对象时如果该对象有"生成器"则会自动打开控件生成器对话框。如果该按钮没有被按下,需要选中要修改的控件,点击鼠标右键,在打开的快捷菜单中点击"生成器…"。控件生成器可以快速、简单、可视化地完成一些常用属性的设置。例如,图 7.23 所示的命令组生成器,是例 7.2 中 Command3 和 Command4 所组成的命令组 CommandGroup1 的命令组生成器。

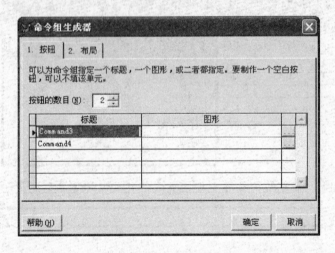

图 7.23　命令组生成器

4) 🔒 "按钮锁定"按钮

当需要连续创建多个相同的控件时,可以先按下该按钮,然后连续地在表单中点击或者拖放就可以创建相同的控件。添加完毕后,必须再次点击"按钮锁定"按钮,才可以创建其他控件。

3. 选择控件

选择控件前,要首先点击"表单控件"工具栏中的"选定对象"按钮,然后通过以下几种方法选中表单中的一个或者多个控件：

1）选择单个控件

在表单上用鼠标左键点击控件，即可选中单个控件。

2）用 Shift 选择多个控件

按下 Shift 键，在表单上用鼠标左键连续单击控件，即可选中多个控件。

3）用矩形框选择多个控件

在表单的空白区域按下鼠标左键，画出一个矩形框，则矩形框内的所有控件将被选中。

被选定的控件四周会出现 8 个控点，拖动控点可以改变控件的大小。

4. 删除控件

删除控件前，首先选中要删除的控件（可以同时选定多个控件），然后点击"Delete"键，即可删除。

5. 复制控件

先选定控件，点击菜单"编辑"→"复制"或者使用快捷键 Ctrl＋C，然后点击菜单"编辑"→"粘贴"或者使用快捷键 Ctrl＋V，最后将复制产生的新控件拖动到需要的位置。

6. 调整控件布局

1）控件的位置

可以通过以下几种方法调整控件的位置：

首先选定控件（可以同时选定多个控件），然后用鼠标将控件拖动到需要的位置上；也可用方向键对控件进行移动；也可以使用图 7.19 所示的布局工具栏，快速调整控件的对齐方式等；还可以在属性窗口中修改控件的 Left 和 Top 属性。

2）控件的大小

首先选定控件（可以同时选定多个控件），然后拖动控件四周的某个控点可以改变控件的宽度或高度；也可以按住 Shift 键，用方向键对控件大小进行微调；也可以使用图 7.19 所示的布局工具栏，点击"相同高度"、"相同宽度"、"相同大小"等按钮，快速统一控件的高度或宽度；还可以在属性窗口中修改控件的 Height 和 Width 属性。

3）控件的颜色

首先选定控件（可以同时选定多个控件），然后通过图 7.20 所示的调色板修改背景颜色或者前景颜色；也可以通过属性窗口修改更多的颜色，包括 BackColor（背景颜色）、BorderColor（边框颜色）、ForeColor（前景颜色）、DisabledBackColor（控件无效时的背景颜色）、DisabledForeColor（控件无效时的前景颜色）等。

7. 控件属性设置方法

控件的属性可以在设计时修改,可以在程序执行过程中通过代码修改,也可以在程序执行过程中通过人工修改。

1)在设计模式下修改控件的属性

有些只需用鼠标拖动即可修改,如长、宽、位置等(也可以在"属性"窗口中设置);另一些则必须在如图 7.3 所示的"属性"窗口中进行设置,如字体、标题等。在"属性"窗口中设置时,需要首先在表单中点击选中该控件(可以同时选定多个控件),或者在"属性"窗口上方的对象下拉框中选择,此时属性列表框中显示的才是该控件的属性。

在"属性"窗口中共有"全部"、"数据"、"方法程序"、"布局"和"其他"4 个属性选项卡。"全部"选项卡中列出了选中控件的所有属性;"数据"选项卡只列出了与数据相关的选中控件的属性,如文本框的 Value、MaxLength、ControlSource 等;"方法程序"选项卡只列出了与选中控件相关的事件,双击某事件即可编辑该事件的代码,如表单的 Load Event、Click Event 等;"布局"选项卡只列出了与控件布局相关的属性,如表单的 Caption、BackColor、FontName 等;"其他"选项卡则列出了剩下的其他属性,如表单的 Name、WindowType、TabIndex 等。

要修改某属性只要选中该属性,然后在上方的属性输入框中直接输入(如表单的 Name、Caption 等属性),或者通过下拉列表框选择属性(如表单的 WindowType、FontName 等属性),或者点击文本框右侧的属性生成器(如表单的 ForeColor、Picture 等属性)生成属性。图 7.3 显示的是 Form1 这个对象的"属性"窗口,此时修改的是 Form1 的 Caption(标题)的属性值。

被修改的属性将用"黑体"字显示,以便区分没有修改的默认属性。另外,用斜体显示的属性,属于不能修改的属性。

2)在程序代码中通过赋值修改控件的属性

修改某对象的属性的语句格式为

$$[表单].[对象名].[属性名]=[属性值]$$

例如,THISFORM. Text3. Value $=0$

　　　THISFORM. Caption $=$ "a$+\cdots+$b $=$? "

3)在程序执行时人工修改控件的属性

程序运行时可以通过鼠标、键盘等输入设备修改对象的属性,例如,在图 7.2 中的输入框中可以输入 a 和 b 的值。

8. 设置 Tab 键次序

当表单运行时,可以按 Tab 键选择表单中的控件,使焦点在控件间移动。控件的 Tab 键次序决定了选择控件的次序。Visual FoxPro 提供了两种方式来设置

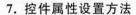

Tab 键次序：

(1) 在控件的"属性"窗口中,直接修改 TabIndex 属性。

(2) 点击 Visual FoxPro 系统菜单"显示"→"Tab 键次序",此时当前表单中的所有控件的 Tab 键次序将用带蓝色背景的数字显示出来,此时,直接从要设置的第一个 Tab 键开始点击,将分别设置 Tab 键次序为 1、2、3、4、5…。

9. 设置事件代码

只要在某个控件上双击就可以打开该控件默认的事件的代码编辑窗口,如图 7.21 所示。例如,在 FORM 上双击打开的是它的 Load 事件代码编辑窗口;也可以在"属性"窗口中的"方法程序"选项卡中选择某事件,然后双击,打开选定的事件代码编辑窗口;还可以在已经打开的事件代码编辑窗口中通过左侧的"对象"下拉列表框和右侧的"过程"下拉框跳转到其他对象特定事件的代码编辑窗口。

如果已经定义了某个事件的代码,则在"属性"窗口中该事件将显示为"[用户自定义过程]",否则将显示最初的"[默认过程]"。

10. 数据绑定

可以将某个控件绑定到表中的某个字段,例如,将学号的文本框绑定到"STUD"表中的"学号"字段。绑定之前要首先打开"数据环境"窗口,将相关的表添加到数据环境中。

1) 打开数据环境

当表单激活的时候,可以点击菜单"显示"→"数据环境"或者在表单上点击鼠标右键,打开快捷菜单,点击"数据环境",打开如图 7.22 所示的数据环境设计器。

2) "数据环境设计器"的操作

(1) 添加表或者视图:当"数据环境设计器"被激活的时候,可以点击菜单"数据环境"→"添加"或者在"数据环境设计器"的空白地方点击鼠标右键打开快捷菜单,点击"添加",打开如图 7.24 所示的"添加表或视图"对话框。

(2) 移去表或者视图:当"数据环境设计器"被激活的时候,可以直接点击选中某个表或者视图,然后单击"Delete"键或者点击鼠标右键在快捷菜单中点击"移去"或者点击菜单"数据环境"→"移去"。

(3) 关系的常用属性:表(视图)间的关系也是有属性的,可以在"数据库环境设计器"上点击选中关系(表(视图)之间的连线),此时"属性"窗口中显示的就是"关系"的属性。关系中常用的属性有:

• RelationalExpr:用于指定基于主表的关联表达式。

• PARENTAlias:用于指明主表的别名。

• ChildAlias:用于指明子表的别名。

• ChildOrder:用于指定主表中与子表的关联表达式相匹配的索引。

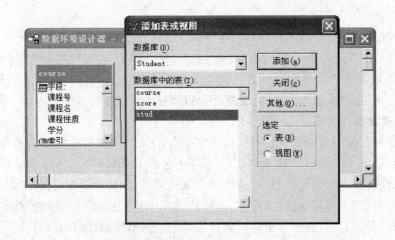

图 7.24　在数据环境设计器中添加表或视图

• OneToMany：用于指明关系是否为一对多关系，该属性默认为".F."，如果关系为"一对多关系"，该属性则要设置为".T."。

（4）在数据环境设计器中指定当前的主控索引：指定了主控索引后，在数据环境中的数据将按照该索引进行排序。首先在"数据环境设计器"中用鼠标右键单击该表，在打开的快捷菜单中点击"属性"；然后在"属性"窗口中修改"Order"属性（在索引下拉框中选定一个索引即可）。

（5）数据环境的常用属性：

• AutoOpenTables：指定当表单打开时是否自动打开数据环境中指定的表，默认值为.T.，即自动打开。

• AutoCloseTables：指定当表单关闭时是否自动关闭数据环境中指定的表，默认值为.T.，即自动关闭。

• InitialSelectedAlias：当运行表单时默认选定的表或视图。如果没有指定，在运行时最先加到"数据环境"中的表最先被选定。

3）数据绑定方法

（1）通过控件的属性进行数据绑定：可以通过属性窗口或代码为控件设置数据源。一般来说，先把需绑定的数据源加入到数据环境中，再打开控件的属性窗口，设置其 ControlSource 属性。

（2）通过控件生成器进行数据绑定：将数据源加入到数据环境后，通过控件的生成器很容易进行数据绑定。如图 7.25 所示，将 STUD 这个表中的姓名绑定到文本框中。

（3）通过拖放添加绑定型控件：Visual FoxPro 提供了更简单的数据绑定方

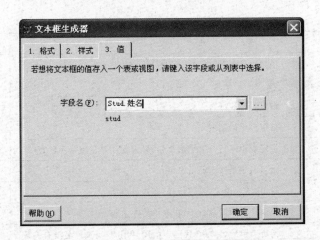

图 7.25 在控件生成器中进行数据绑定

法,允许从"数据环境设计器"窗口、"项目管理器"窗口或"数据库设计器"窗口中直接将选定的字段、表或视图拖入到表单中,系统将根据数据类型自动选定相应的控件添加到表单中并与字段绑定。

7.2.4 表单的常用属性、方法和事件

1. 表单的常用属性

表单的常用属性大约有 100 多个,表 7.4 中列出了常用的一些属性。

表 7.4 表单常用属性

属　性	说　明	默认值
AlwaysOnTop	指定表单是否总是显示在其他打开的表单之上	假(.F.)
AutoCenter	指定表单初始化时是否让表单自动地在系统主窗口中居中	假(.F.)
BackColor	指定表单的背景颜色	236,233,216
BorderStyle	指定表单的边框样式:0—无边框、1—单线边框、2—固定对话框、3—可调边框	3
Caption	指定表单标题栏显示的文本	Form1,2…
Closable	指定是否能通过单击右上角的"关闭框"来关闭表单	真(.T.)
Height	指定表单的高度	
MaxButton	指定表单右上角是否显示最大化按钮	真(.T.)
MinButton	指定表单右上角是否显示最小化按钮	真(.T.)
Movable	指定表单是否能够移动	真(.T.)
Picture	指定表单的背景图片	

续表 7.4

属　性	说　明	默认值
ScrollBars	指定表单所具有的滚动条类型。可取值为 0—无、1—水平、2—垂直、3—既水平又垂直	0—无
TitleBar	指定表单顶部是否显示标题栏(Title)	1—打开
Width	指定表单的宽度	
WindowState	指定表单刚打开时是最小化、最大化还是正常显示状态	0—普通
Visible	指定表单是显示还是隐藏	真(.T.)
WindowsType	指定是"无模式表单"还是"模式表单"	0—无模式
Icon	指定表单的图标,显示在表单的左上角	无
Name	指定表单的名称(在代码中引用时用的,与文件名没有关系)	Form1,2…

在使用属性的时候,有以下需要注意的:

1) Name、Caption 和文件名的区别

• Name:表单对象名,只在编程时使用。

• Caption:表单标题名,运行时显示在标题位置处。

• 文件名:表单对应的文件名,在"我的电脑"或者"资源管理器"里看到的。

2) Visible 与 Enabled 的区别

• Visible:指定表单是否可见。

• Enabled:指定表单是否可用,或者是否可以响应用户的请求。

3) "模式"表单

只有本表单退出时,才可以激活别的表单。

2. 表单的常用事件

1) Load 事件

装载表单(创建表单之前)时,将会激发这个事件,而且表单被加载进内存。

2) Init 事件

表单初始化(创建表单)时,将会激发这个事件。

3) Activate 事件

表单激活时,将会激发这个事件。

4) GotFocus 事件

表单接收焦点,由用户(动作),或者在代码中使用 SetFocus 方法引起。

5) LostFocus 事件

表单失去焦点时,将会激发这个事件。

6) Destroy 事件

表单释放时,将会激发这个事件。

7) Unload 事件

关闭表单时,将会激发这个事件,而且表单从内存中释放,在 Destroy 事件激发而且所有包含的对象被释放后,才会激发 Unload 事件。

8) Deactivate 事件

当表单不再处于激活状态时,将会激发这个事件。

9) Resize

改变表单大小时,将会激发这个事件。

10) Click

单击鼠标左键时,将会激发这个事件。

11) DblClick

双击鼠标左键时,将会激发这个事件。

12) RightClick

单击鼠标右键时,将会激发这个事件。

13) MouseDown、MouseUp、MouseMove3 个常用的鼠标事件

在表单上按下鼠标、释放鼠标、移动鼠标时触发。

【例 7.4】 创建一个包含表单常用事件的表单,在表单中编写 Load、Init、Activate、GotFocus、Resize、RightClick、Destroy、Unload、Deactivate、GotFocus、Lostfocus 等事件的代码,当激发事件时,显示该事件的名称。

(1) 通过表单设计器,新建一个表单。

方法:点击菜单"文件"→"新建"后选择"表单",再点击"新建文件",此时将新建一个空白的表单,最后点击常用工具栏中的"保存"按钮。

(2) 编写各个事件的代码。

方法:在新建的"Form1"的"属性"窗口中,点击"方法程序"选项卡,拖动滚动条找到"Load Event";双击打开代码编辑窗口(此时默认的是 Load 事件的代码),在该窗口内输入"MessageBox ("Load")",如图 7.26 所示。然后再在代码编辑窗口内"过程"右侧的下拉框中依次选择其他的 Init、Activate、GotFocus、Resize 等事件,在打开的代码编辑窗口中依次输入"MessageBox (" *** ")"(*** 为各个事件的名称)。

注:MessageBox( )函数将弹出一个对话框,点击"对话框"中的"确定"按钮后,对话框关闭。函数 MessageBox( )的语法如下:

MessageBox(cMessageText [,nDialogBoxType [,cTitleBarText]])

• 第一个参数 cMessageText:为对话框的提示内容。

• 第二个参数 nDialogBoxType:为对话框内"按钮组合+图标类别"。一般是

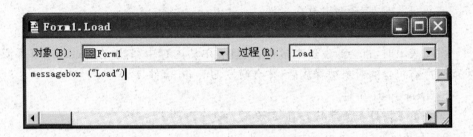

图 7.26 例 7.4 的"代码编辑"窗口

两个数字间以"＋"连接：第一个数字为"信息窗口按钮组合"，第二个为"图标类别"。

信息窗口按钮组合：0—只有"确认"按钮；1—"确认"和"取消"按钮；2—"放弃"、"重试"和"忽略"按钮；3—"是"、"否"和"取消"按钮；4—"是"和"否"按钮；5—"重试"和"取消"按钮。

图标（Icon）类别：16—"停止"图标；32—"问号"图标；48—"感叹号"图标；64—"信息(i)"图标。

例如 4＋48,4 表示按钮组合为"是"和"否"，48 表示图标类别是感叹号。

• 第三个参数 cTitleBarText：是对话框的标题（Caption）内容。"对话框标题"指定对话框标题栏中的文本。若省略，标题将显示"Microsoft Visual Fox-Pro"。

例如，MessageBox("请输入学号",4＋48,"信息窗口")。

当点击对话框中的按钮的时候，可以根据返回的值判断点击的是哪个按钮。1—"确认"；2—"取消"；3—"放弃"；4—"重试"；5—"忽略"；6—"是"；7—"否"。

（3）保存并运行表单。

点击"保存"按钮。运行时注意观察各个事件激发的顺序。

① 在常用工具栏中点击"运行"按钮：表单开始装入内存、初始化、运行，此时会依次弹出"Load"、"Init"、"Activate"、"GotFocus"4 个事件的对话框。

② 拖动表单的边界，改变表单的大小：此时会弹出"Resize"的对话框。

③ 在表单上点击鼠标右键：此时会弹出"RightClick"的对话框。

④ 在其他窗口上点击鼠标左键，使"Form1"失去焦点：此时会依次弹出"Lost-Focus"、"Deactive"的对话框。

⑤ 在"Form1"上点击鼠标左键，激活"Form1"：此时会依次弹出"Activate"、"GotFocus"的对话框。

⑥ 点击表单"Form1"右上角的"关闭"图标，关闭该表单：此时会依次弹出"Destroy"、"Unload"的对话框。

3. 表单的常用方法

1）Release 方法

关闭、释放表单。注意：要打开一个表单应该使用命令 Do FORM ＜表单名＞。

2）Refresh 方法

重新绘制表单，并刷新表单中所有控件的属性。

3）Show 方法

显示被隐藏的表单，相当于将表单的 Visible 属性设为.T. 。

4）Hide 方法

隐藏表单，相当于将表单的 Visible 属性设为.F. 。

【例 7.5】 创建一个包含表单常用方法的表单，在表单中有 4 个按钮：第一个按钮是修改表单的背景颜色，第二个按钮是修改表单的背景图片，第三个按钮是隐藏表单，第四个按钮是退出表单。效果图如图 7.27 所示。

图 7.27 例 7.5 运行界面

（1）打开表单设计器，新建表单。

（2）在表单中增加 4 个按钮，分别修改 4 个按钮的 Caption 属性为"修改背景颜色"、"修改背景图片"、"隐藏表单"、"退出表单"，调整布局如图 7.27 所示。

（3）为每个命令按钮编写代码：分别双击每个命令按钮，编写命令按钮的 Click 事件。

① "修改背景颜色"按钮的 Click 事件代码：

```
THISFORM. Picture = " "      && 当有背景图片时,使得修改的颜色可见
THISFORM. BackColor = RGB(255,0,0)
```

② "修改背景图片"按钮的 Click 事件代码：

```
THISFORM. Picture = "M:\VisualFoxPro\upcmain2. gif"
 * 假定图片文件保存在 M:\VisualFoxPro 目录下
```

③ "隐藏表单"按钮的 Click 事件代码：

THISFORM. Hide

隐藏后若要显示出来,可在命令窗口输入:

THISFORM. Show

④ "退出表单"按钮的 Click 事件代码:

THISFORM. Release

(4) 保存表单,并运行表单。

7.3 常用表单控件

本节主要学习各种表单控件的功能、常用属性和方法。多数控件都具有相同的属性,如 Name、Color、Caption 等,可参考 7.1.2 所述。Visual FoxPro 中容器类控件有命令按钮组(CommandButtonGroup)、表格(Grid)、选项按钮组(Option-ButtonGroup)、页框(PageFrame);其他控件有复选框(CheckBox)、组合框(Combo-Box)、命令按钮(CommandButton)、编辑框(EditBox)、图像(Image)、标签(Label)、线条(Line)、列表框(ListBox)、OLE 绑定型控件(OLEBoundControl)、OLE 容器控件(OLEContainerControl)、形状(Shape)、微调控件(Spinner)、文本框(TextBox)、计时器(Timer)。以下分别介绍常用的控件。

7.3.1 标签控件(Label)

标签控件用来显示静态文本。在标签中只能显示文本,不能在表单运行时通过界面修改,但可以在程序中通过代码修改 Caption 属性。标签的默认名称为 Label1、Label2、Label3…。标签控件有两个作用:

显示文本:程序中通过给标签设置 Caption 属性达到显示文本的目的。

为没有 Caption 属性的控件添加标志性说明或提示,如为文本框、列表框、组合框等加标识。

标签控件的常用属性有:

1) Caption

指定要显示的文本。默认值为标签的名称 Name。

2) Alignment

设置标签中文本的对齐方式。取值:0—左对齐,为系统默认值;1—右对齐;2—居中。

3) BorderStyle

用于设定标签的边框形式。取值:0—无边框,默认状态;1—固定单线,边框为单直线。

7.3.2 文本框(TextBox)

文本框控件既能显示文本,又能输入、修改文本,其信息通过 Value 属性修改。文本框的默认名称为 Text1、Text2、Text3…。文本框有以下两个作用:

用于显示或接收单行文本信息(不设置 ControlSource 属性),默认输入类型为字符型,最大长度为 256 个字符。

用于显示或编辑对应变量或字段的值(设置 ControlSource 属性为已有变量或字段名)。

1. 文本框控件的常用属性

文本框的部分属性同标签,包括 BorderStyle(默认值为 1—固定单线)、Enabled、FontBold、FontItalic、FontName、FontSize、FontUnderline、Height、Left、Name、Top、Visible、Width 等。其他属性说明如下:

1) Value

保存文本框的当前内容,如果没有为 ControlSource 属性指定数据源,可以通过该属性访问文本框的内容。Value 的初值决定了文本框中值的类型。例如,若 Value 的初值为 1(数值型),则 Text 的数据类型就为数值型;若 Value 的初值为 "UPC"(字符型),则 Text 的数据类型就为字符型。如果为 ControlSource 属性指定了数据源,该属性值与 ControlSource 属性指定的变量或字段的值相同。

2) PasswordChar

设定文本框是否用于输入口令类文本,取值为字符型,如 * ,♯,$ 等。当设为某字符时(如常用的"*"),运行程序时输入的文本就会只显示这一字符,但系统接收的却是输入的文本。系统默认为空字符,这时程序运行中输入的可显示文本将直接显示在文本框中。

3) MaxLength

用于设定文本框中能够容纳的最多字符数。0—可容纳任意多个输入字符,但必须少于 256 个;正整数—该数值为可容纳的最多字符数。

4) ControlSource

设置文本框的数据来源。一般情况下,可以利用该属性为文本框指定一个字段(字符型、数值型、日期型)或内存变量。

5) ReadOnly

确定文本框是否为只读。设为".T."时,文本框的值不可修改。

2. 文本框控件的常用事件

1) InteractiveChange 事件

当使用键盘或者鼠标修改控件的值时将激发的事件。当键入一个字符时,就会引发一次 InteractiveChange 事件。例如,键入"Visual FoxPro"一词时,会引发 13 次 InteractiveChange 事件。

2)ProgrammaticChange 事件

以编程方式改变控件的值时所引发的事件。一次赋值语句只引发一次 ProgrammaticChange 事件。例如,THISFORM. Text1. Value = " Visual FoxPro",会引发 1 次 ProgrammaticChange 事件。

3)GotFocus 事件

当光标跳入文本框中取得焦点时激发的事件。最常用的处理是当光标转到文本框时,自动选中文本内容。通常,可以引发 GotFocus 事件的情况是:按 Tab 键,跳转到该文本框中;用鼠标单击文本框;在程序代码中用 SetFocus 方法激活文本框。

4)LostFocus 事件

当光标离开文本框失去焦点时激发的事件。主要用来对录入的数据进行有效性验证。可以引发 LostFocus 事件的情况是:按 Tab 键,跳出该文本框;用鼠标单击其他控件;在程序代码中用 SetFocus 方法激活其他控件。

5)KeyPress 事件

当按住并释放键盘上的一个键时激发的事件。

3. 文本框控件的常用方法

文本框最常用的方法是 SetFocus,功能是把光标移到指定的文本框中。

格式:[对象.]SetFocus( )

7.3.3 编辑框(EditBox)

编辑框控件类似于文本框,用于显示或编辑文本信息,但是编辑框可以编辑多行文本,可以实现自动换行,可以显示垂直滚动条。编辑框的默认名称为 Edit1、Edit2、Edit3⋯。编辑框常用的属性、事件、方法跟文本框类似,但以下两个属性需要特殊说明:

1)AllowTabs

指定能否在编辑框中录入 Tab 键。该属性的默认值为F.,即当按 Tab 键时,焦点移出编辑框。

2)ScrollBars

指定编辑框是否具有滚动条,取值:0—无,编辑框没有滚动条;2—垂直,编辑框包含垂直滚动条(默认值)。

7.3.4　命令按钮(CommandButton)

命令按钮控件是 Windows 应用程序中最常用的控件,通常是用来启动某个事件代码(主要是接收 Click 事件)、完成特定功能,如关闭表单、移动记录指针等。命令按钮的默认名称为 Command1、Command2、Command3……。

在程序运行时,常用以下方法激活按钮:用鼠标单击;按 Tab 键将焦点移到相应按钮上,再按回车键;按快速访问键(Alt+有下划线的字母)。

1. 命令按钮控件的常用属性

1) Cancel

该属性是逻辑型的,设置是否是缺省的"取消"按钮,如果设置为"是"(属性值设置为.T.),则在该按钮所在的表单激活的情况下,按 Esc 键可以激活该按钮(相当于用鼠标单击了该按钮),并执行该按钮的 Click 事件代码。命令按钮的 Cancel 属性默认值为.F.,而且在一个表单中只能有一个按钮的 Cancel 属性为"真",即在一个表单上只能有一个命令按钮为"Cancel"按钮。

2) Default

该属性是逻辑型的,设置是否是"默认"按钮,如果设置为"是"(属性值设置为.T.),则在该按钮所在的表单激活的情况下,按 Enter 可以激活该按钮(相当于用鼠标单击了该按钮),并执行该按钮的 Click 事件代码。命令按钮的 Default 属性默认值为.F.,而且在一个表单中只能有一个按钮的 Default 属性为"真",即在一个表单上只能有一个命令按钮为"默认"按钮。

3) Caption

设置按钮的标题。可以用快速访问键控制命令按钮触发事件,此时需要在 Caption 属性值中写入快速访问键符,注意快速访问键符前插入符号"\<"。例如,"打印(\ < P)"就是一个以字符"P"作为"打印"命令按钮的快速访问键,即按下键盘 Alt+P 就相当于用鼠标点击该按钮。

4) Enable

设置按钮是否有效,若 Enable 属性为.F.,单击该按钮时不会激发其单击事件。

5) Picture

用于设定命令按钮上显示的图标。可以在设计阶段的"属性"窗口中选择一个文件,也可以在代码中设置(例如,THISFORM. Command1. Picture = "M:\VisualFoxPro\cancel. gif")。默认为无图片。

6) DownPicture

设置当按钮被单击并处于按下状态时,在命令按钮中显示的图标。

7) DisabledPicture

设置当按钮被禁用时(即 Enabled 为.F.),在命令按钮中显示的图标。

8) TooltipText

指定控件的提示文本,当鼠标移动到按钮上时,显示的提示信息。

2. 命令按钮控件的常用事件

命令按钮控件最基本的事件是 Click(单击),注意:命令按钮不支持双击事件。另外还有 RightClick、MiddleClick 事件:右击、中击(按下鼠标中键)命令按钮时触发;MouseDown、MouseUp、MouseMove 事件:鼠标在命令按钮对象上按下、释放、移动时触发。

3. 命令按钮控件的常用方法

命令按钮的常用方法是 SetFocus。

功能:把光标移动到指定的命令按钮中,取得焦点。

【例 7.6】 创建一个使用用户名和密码登录的表单。

设计步骤如下:

(1) 打开表单设计器,新建表单。

(2) 在表单中添加控件:添加 2 个标签、2 个文本框、2 个命令按钮。

(3) 调整各控件的布局:根据图 7.28 调整各个控件的大小和位置。

(4) 修改属性:

• 表单 Form1:AutoCenter:.T.;Caption:系统登录;Closable:.F.;MaxButton:.F.;MinButton:.F.;Windowtype:1—模式。

• 标签 Label1:Autosize:.T.;Caption:请输入用户名:。

• 标签 Label2:Autosize:.T.;Caption:请输入密码:。

• 文本框 Text1:MaxLength:10。

• 文本框 Text2:MaxLength:10;PasswordChar:*。

• 命令按钮 Button1:Caption:无;Picture:m:\visualfoxpro\ok.gif。

• 命令按钮 Button2:Caption:无;Picture:m:\visualfoxpro\cancel.gif。

(5) 编写表单的 Init 事件的代码,以便当表单打开时自动选中"用户名"的文本框:

```
THISFORM.Text1.Setfocus
```

(6) 编写"登录"按钮的 Click 事件的代码:

```
IF alltrim(THISFORM.Text1.Value)=="foxpro" .and. alltrim(THISFORM.Text2.Value)=="UPC"
    MessageBox("合法用户,欢迎登录!",0,"提示")
ELSE
```

```
    MessageBox("口令或用户名有错,请重输入!",0,"提示")
    THISFORM. Text1. Setfocus
ENDIF
```

（7）编写"取消"按钮的 Click 事件的代码：

```
    THISFORM. Release( )
```

（8）保存表单，并运行。运行界面如图 7.28 所示。

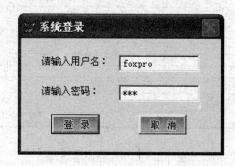

图 7.28 例 7.6 运行界面

7.3.5 命令按钮组（CommandGroup）

命令按钮组控件是包含一组命令按钮的容器类控件，运行时的操作跟一般的命令按钮是相同的，只是在设计时有所区别。命令按钮组的默认名称为 CommandGroup 1、CommandGroup 2、CommandGroup 3…。

当点击命令按钮组时选中的是整个命令按钮组，此时"属性"窗口中显示的是命令按钮组的属性，如果要修改某个命令按钮的属性或者事件，可以：

方法一：从"属性"窗口的对象下拉框中选择指定的命令按钮，对某一个命令按钮进行修改。

方法二：在命令按钮组上点击鼠标右键，从打开的对话框中点击"编辑"命令，这时命令按钮组四周加上了蓝色的虚线，表示进入到命令按钮组的编辑状态，此时可以点击命令按钮组中的某个命令按钮，对它的属性进行修改。

使用命令按钮组时，可以使用如图 7.29 所示的"生成器"对命令按钮组和其中的每个命令按钮进行设置。

1. 命令按钮组控件的常用属性

1）ButtonCount

命令按钮组中的命令按钮的个数。

2）Value

用来判断点击的是哪个命令按钮。取值可以是整型的 1、2、3、4…Button-

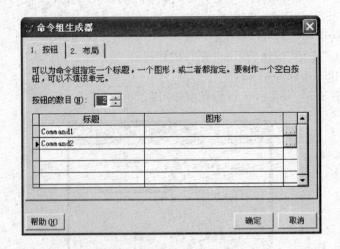

图 7.29　命令按钮组生成器

Count,也可以是某个字符(此时系统自动修改成某个命令按钮的 Caption)。如果是整型,则当点击某命令按钮时,就会将该命令按钮的编号赋值给 Value;如果是字符,则当点击某命令按钮时,就会将该命令按钮的 Caption 赋值给 Value。

3) Buttons

作为一个数组来使用,而且只能在代码中使用,通过这个数组来访问命令按钮组中的某个命令按钮。例如,THISFORM. CommandGroup1. Buttons[1]. Caption = "按钮 1" 等价于 THISFORM. CommandGroup1. Button1. Caption = "按钮 1"(Button1 为第一个命令按钮的 Name)。

2. 命令按钮组控件的常用事件

命令按钮组控件最基本的事件是 Click,注意:命令按钮组支持双击事件。通常在 Click 事件中需要判断点击的是哪个按钮(根据 Value 属性),根据点击的不同按钮进行不同的处理。

3. 命令按钮组控件的常用方法

1) Addobject( )方法

在运行时,通过代码动态地向命令按钮组中添加按钮。

2) Removeobject( )方法

在运行时,通过代码动态地从命令按钮组中移走按钮。

【**例 7.7**】　设计一个能够计算+、一、×、÷的计算器。

(1)打开表单设计器,新建表单。

(2)在表单中添加控件:添加 1 个标签、3 个文本框、1 个命令按钮组、1 个命令按钮。

（3）调整各控件的布局：根据图 7.30 调整各个控件的大小和位置。

（4）修改属性：

• 表单 Form1：AutoCenter：.T.；Caption：我的计算器；Closable：.F.；Max-Button：.F.；MinButton：.F.；Windowtype：1—模式。

• 命令按钮组：单击选中命令按钮组，修改 Name：oper。在鼠标右键的快捷菜单中点击"生成器"。在生成器的"1. 按钮"选项卡中将按钮数目修改为 4，将 4 个命令按钮的标题分别修改为＋、－、×、/。

• 标签 Label1：将 Caption 属性修改为 ＝ ；

• 文本框：分别修改 Text1、Text2、Text3 的 Name 属性为 a、b、c；3 个文本框的 Alignment 属性都为 0—左；第三个文本框(c)的 ReadOnly 为.T.。

• 命令按钮 Button1：它的 Caption 属性为关闭。

（5）编写"命令按钮组"的 Click 事件的代码：

```
a = VAL(THISFORM. a. Value)
b = VAL(THISFORM. b. Value)
IF b = 0 AND THIS. Value = 4
    MessageBox("除数不能为 0!",0,"错误")
    RETURN
ENDIF
DO CASE
    CASE THIS. Value = 1              && 单击第一个按钮
        THISFORM. c. Value = str(a+b)
    CASE THIS. Value = 2              && 单击第二个按钮
        THISFORM. c. Value = str(a-b)
    CASE THIS. Value = 3              && 单击第三个按钮
        THISFORM. c. Value = str(a * b)
    CASE THIS. Value = 4              && 单击第四个按钮
        THISFORM. c. Value = str( a/b ,10,3) && 取 3 位小数
ENDCASE
```

（6）编写"关闭"按钮的 Click 事件的代码：

```
THISFORM. Release( )
```

（7）保存表单，并运行。运行界面如图 7.30 所示。

本例中，也可以分别编写 4 个按钮的 Click 事件，每个事件实现一个运算。

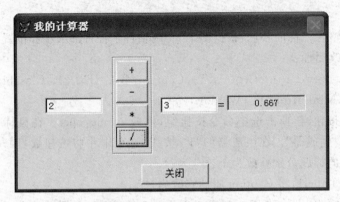

图 7.30　例 7.7 运行界面

7.3.6　选项组(**OptionGroup**)

选项组控件可以提供一组彼此相互排斥的选项,任何时刻只能从中选择一个选项,实现"单项选择"的功能。选项组控件的默认名称为 OptionGroup 1、OptionGroup 2、OptionGroup 3…。可以在"属性"窗口的对象下拉框中选择需要的选项,对某一个选项进行编辑;也可以在选项组的"编辑"状态下点击每个选项对其进行编辑。

使用选项组时,可以使用"选项组生成器"对选项组和其中的每个选项进行设置。

1. 选项组控件的常用属性

1) ButtonCount

选项组中的选项个数。

2) Buttons

作为一个数组来使用,而且只能在代码中使用,通过这个数组来访问选项组中的某个选项。例如,THISFORM. OptionGroup1. Buttons[1]. Caption = "选项 1"等价于 THISFORM. OptionGroup1. Option1. Caption = "选项 1"(Option1 为第一个选项的 Name)。

3) Value

主要用来在程序中设置或者记录当前选中的是哪个选项。可以在程序代码中对其赋值,赋值可以是整型的 0、1、2、3、4…ButtonCount(0 表示没有选中任何选项,其他整数表示选中的是第几个选项),也可以是某个选项的 Caption 字符或者空字符串(空字符串表示"无",没有选中任何选项)。当点击选中不同的选项时也会自动修改 Value 的值,修改成选中的选项的序号或者 Caption。

4) ControlSource

262

指定选项组数据源。数据源可以是字段变量和内存变量,其数据类型可以是数值型和字符型。如果是数字型,则表示第几个选项被选中;如果是字符型,则表示 Caption 等于该变量的选项被选中。

2. 选项组控件的常用事件

选项组控件最基本的事件是 Click(单击),注意:选项组控件支持双击事件。通常在 Click 事件中需要判断选择的是哪个选项(根据 Value 属性)。

7.3.7　复选框(CheckBox)

复选框控件用于标识一个两值状态,如真(.T.)或假(.F.)。当处于"真"状态时,复选框内显示一个√,当处于"假"状态时,复选框内√消失。复选框默认名称为 Check1、Check2、Check3…。一组复选框控件可以提供多个选项,它们彼此独立工作,所以可以同时选择任意多个选项,实现一种"不定项选择"的功能。

1. 复选框控件的常用属性

1) Value

用来指明复选框的当前状态,数据类型可以是逻辑型也可以是数值型,如表 7.5 所示。

表 7.5　复选框控件的 Value 属性

属性值	说　明
0 或.F.	未被选中(默认值)
1 或.T.	被选中
> = 2 或. NULL.	不确定

2) ControlSource

用于指定复选框的数据源。例如,ControlSource ="STUD. 婚否"。

注意:"不确定"的状态表示. NULL. 或者不知道,此时复选框用灰色表示,但是选项的标题 Caption 仍然是正常的颜色显示。可以点击修改其状态,点击后就不能恢复到"不确定"状态。这要与复选框的"不可用"(Enabaled = .F.)状态相区别:"不可用"状态时,复选框和选项的标题 Caption 都是用灰色(默认是灰色,可以在 DisabledBackColor 和 DisabledForeColor 中修改)显示的,而且无法点击修改其状态。

2. 复选框控件的常用事件

复选框控件最基本的事件是 Click(单击),注意:复选框控件支持双击事件。通常在 Click 事件中需要判断复选框是否被选中。

【例 7.8】 设计一个能够修改字体属性的程序。

（1）打开表单设计器，新建表单。

（2）在表单中添加控件：添加 1 个标签、1 个选项组、4 个复选框。

（3）调整各控件的布局：调整各个控件的大小和位置。

（4）修改属性：

• 表单 Form1：AutoCenter：.T.；MaxButton：.F.；MinButton：.F. 。

• 选项组 OptionGroup1：单击选中选项组，在鼠标右键的快捷菜单中点击"生成器"，在生成器的"1. 按钮"选项卡中将按钮数目修改为 4；将 4 个选项的标题分别修改为"宋体"、"黑体"、"楷体_GB2312"、"仿宋_GB2312"；然后点击"2. 布局"选项卡，将按钮布局修改为"水平"；最后在"属性"窗口中将 OptionGroup1 的 Value 属性修改为"宋体"。

• 标签 Label1：Caption 属性修改为"中国石油大学（华东）"。

• 文本框：分别修改 Check1、Check2、Check3、Check4 的 Caption 为"下划线"、"粗体"、"斜体"、"删除线"。

（5）编写"OptionGroup1"的 Click 事件的代码：

```
    THISFORM. Label1. fontname = THIS. Value          && 修改字体
```

（6）编写每个 Check 复选框的 Click 事件的代码：

① Check1（下划线）的 Click 事件代码：

```
    IF THIS. Value = 1
        THISFORM. Label1. fontunderline = .T.          && 加上下划线
    ELSE
        THISFORM. Label1. fontunderline = .F.          && 删除下划线
    ENDIF
```

② Check2（粗体）的 Click 事件代码：

```
    IF THIS. Value = 1
        THISFORM. Label1. fontbold = .T.
    ELSE
        THISFORM. Label1. fontbold = .F.
    ENDIF
```

③ Check3（斜体）的 Click 事件代码：

```
    IF THIS. Value = 1
        THISFORM. Label1. fontitalic = .T.
    ELSE
        THISFORM. Label1. fontitalic = .F.
    ENDIF
```

④ Check4（删除线）的 Click 事件代码：

```
IF THIS. Value = 1
    THISFORM. Label1. fontstrikethru = .T.
ELSE
    THISFORM. Label1. fontstrikethru = .F.
ENDIF
```

（7）保存表单，并运行。运行界面如图 7.31 所示。

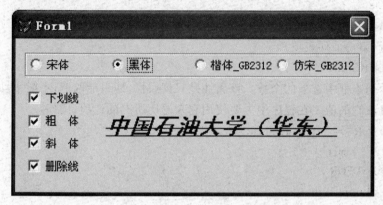

图 7.31 例 7.8 运行界面

7.3.8 列表框（ListBox）

列表框控件用于显示多个可以供选择的选项，可从中选择一个或多个选项。如果选项总数超过了可显示的选项数，Visual FoxPro 会自动加上滚动条。列表框控件默认名称 List1、List2、List3…。

使用列表框控件时，可以使用"列表框生成器"对列表项、样式、布局、值等进行设置，如图 7.32 所示。

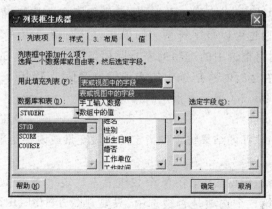

图 7.32 列表框生成器

1．列表框控件的常用属性

1）RowSourceType

指明列表框数据源的类型，可以为 SQL 语句、字段、别名、查询等。

2）RowSource

指定列表框的数据源，注意与 RowSourceType 相对应。

3）List

该属性是一个字符型数组，存放列表框的选项。例如，List[1]代表列表框中的第一行（第一个列表项）。

4）ListCount

表示列表框中选项的个数。该属性是只读属性，即只能取值，不能手动或者通过程序修改它的值。在程序中主要使用它来遍历所有的选项，例如，

```
FOR i = 1 TO THISFORM.List1.Listcount
    ? List[i]
ENDFOR
```

5）ColumnCount

设置列表项按几列显示。如果 ColumnCount＝0 或者＝1，则只按 1 列显示；如果 ColumnCount＞1，则按照多列显示。例如，如果 $RowSourceType = 1$（数据源类型为 1（值）），则选项按照先行后列的顺序显示；如果 $RowSourceType = 2$（别名）、3（SQL）、4（查询）或者 6（字段），则在同一行的选项中可以显示多个字段的记录值。

6）BoundColumn

数值型属性，在多列的列表控件中，指定哪一列绑定到 Value 属性中。

7）Value

返回列表框中被选中的列表项。该属性类似于命令按钮组、选项组的 Value 属性，可以是数值型也可以是字符型。如果在设计时指定为一个数值型的值，如 0,1…，则在运行时将把选中的选项的序号赋值给 Value；如果在设计时指定为一个字符型的值，则在运行时将把选中的选项的值赋值给 Value。如果列表框是多列的，则 Value 与 BoundColumn 指定的列对应。

8）ControlSource

将从列表框中选择的结果绑定到指定的字段变量或内存变量上。

9）Selected

该属性是一个逻辑型数组，第 N 个数组元素代表第 N 个数据项是否为选定状态。例如，判断第二个选项是否被选中，只要判断 THISFORM.List1.Selected[2]是否为.T. 即可。

10）ListIndex

该属性是一个整型变量,返回当前选中的列表项的序号,表示被选中项的位置。如果返回值为 0,表示当前没有选中任何列表项。

11）MultiSelect 属性

该属性是一个逻辑型变量,指定能否在列表框控件内进行多重选定。如果设置为.T.,则可按 Shift、Ctrl 或者 Shift 加箭头键进行多选。

注意:如果 MultiSelect = .T.,则 Value 属性只能返回选中的最后一个选项的 Value,所以要判断某个选项是否被选中就不能根据 Value 来判断,而应该对列表框的所有选项进行遍历,根据 Selected 属性进行判断。

12）Sorted

该属性是一个逻辑型变量,设置列表框中的列表项在运行时是否自动排序。

2. 列表框控件的常用事件

列表框支持常用的事件 Click、DblClick、GotFocus、LostFocus 等,但最常用的是 Click 和 DblClick。例如,双击某个选项将其移动到另外一个列表框中。

3. 列表框控件的常用方法

1）AddItem

把一个选项加入列表框。

格式:Control. AddItem(cItem [,nIndex][,nColumn])

其中,cItem 是将要加入列表框的选项,必须是字符串表达式。nIndex 指定数据项添加到列表框的位置。如果指定了有效的 nIndex 值,cItem 将添加在列表框相应的位置处。nColumn 指定控制的列,新数据项加入到此列中。

2）AddListItem

与 AddItem 类似,都是把一个列表项加入列表框中。只不过 AddListItem 的参数是某个列表框的列表项,而不是字符串表达式。例如,THISFORM. List2. Addlistitem(THISFORM. List1. Listitem[1])是将 List1 中第一个列表项添加到 List2 中。

3）Clear

用于清除列表项中的所有列表项。例如,THISFORM. List1. Clear( )。

4）RemoveItem

用于删除列表框中的列表项。

格式:列表框. RemoveItem(Index)

其中,Index 是被删除列表项在列表框中的序号。

7.3.9 组合框（ComboBox）

组合框控件将文本框和列表框的功能结合在一起，既可以在列表中选择某项（只能选取一项），也可以在编辑区域中直接输入文本内容来选定列表项。组合框控件的默认名称为 Combo1、Combo2、Combo3⋯。组合框控件的属性、事件和方法与列表框的含义和用法基本类似，主要区别可以从图 7.33 中显示的界面看出来。

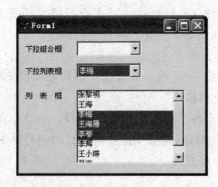

图 7.33 组合框与列表框

（1）组合框不提供多重选择的功能，没有 MultiSelect 属性；而列表框有。

（2）组合框只有一个条目是可见的，需要单击组合框上的下拉箭头按钮打开选项列表，进行选择；而列表框可以同时显示若干个列表项。

（3）组合框有两种形式（Style 属性）：0—下拉组合框；2—下拉列表框。对于下拉组合框，既可以从列表中选择，也可以在编辑区增加选项和修改已有的列表选项；对下拉列表框，只可从列表中选择，而不能增加和修改列表项。

7.3.10 表格（Grid）

表格控件可以用二维表格的方式显示记录，并具有数据编辑和导航功能。表格控件的默认名称为 Grid 1、Grid 2、Grid 3⋯。表格控件是一种包含列（Column）对象的容器控件。列也是一种容器对象，由列标题（Header）和列控件组成。

1. 表格的常用属性

1）RecordSourceType 和 RecordSource

RecordSourceType 指定表格数据源的类型，RecordSource 指定数据的来源。

2）AllowAddNew

逻辑型变量，指定运行时是否允许添加新记录。

3）AllowRowSizing

逻辑型变量,指定运行时是否可改变行高。

4) AllowHeaderSizing

逻辑型变量,指定运行时是否可改变列宽。

5) HeaderHeight

指定表头的高度。

6) RowHeight

指定表格中记录行的高度。

7) LinkMaster

指定表格控件中所显示的表(当前表)的父表名称。

8) ChildOrder

指定子表(当前表)与父表建立联接时子表所使用的索引标识。

9) RelationalExpr

指定子表(当前表)与父表建立联接时父表所使用的表达式。

10) ColumnCount

指定表格的列数。默认值为一1,表示使用数据源中的所有列;如果指定了ColumnCount > 0,表示在 Grid 中只显示 ColumnCount 列,而且可以在设计时定义每列和每个列标头的相关属性。

11) DeleteMark

指定表格控件中是否显示删除标记列。取值:.F. —假;.T. —真(默认值)。

12) RecordMark

指定表格控件中是否显示记录选择器列。

2. 列的常用属性

设置列的属性时,首先要选中列,选择列有两种方法:

(1) 在“属性”窗口的对象下拉框中选择相应列。

(2) 在表格控件中的快捷菜单中点击“编辑”,这时表格进入编辑状态(表格的四周有一个蓝色的虚线),可用鼠标单击选择列。

列的常见属性有:

1) ControlSource

指定在该列显示的数据源(通常是某个字段)。

2) CurrentControl

指定在该列显示数据或者修改数据时使用的控件(默认是文本框,可以自己定义)。

3) Sparse

确定 CurrentControl 属性影响列中的所有单元格还是只影响当前选中的单

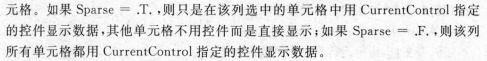

元格。如果 Sparse ＝ .T. ,则只是在该列选中的单元格中用 CurrentControl 指定的控件显示数据,其他单元格不用控件而是直接显示;如果 Sparse ＝ .F. ,则该列所有单元格都用 CurrentControl 指定的控件显示数据。

4) Width

指定该列的宽度。既可以直接在"属性"窗口中修改 Width 的值;也可以让表格处于"编辑"状态下,将鼠标指针置于表格两列的列标头之间(此时鼠标指针变成带水平箭头的十字形)拖动鼠标进行调整。

5) Bound

指定列对象中的控件是否与其数据源建立联系,即从表格控件中修改数据时,是否自动修改其对应的数据表中的数据,取值:.F. —假;.T. —真(默认值)。

3. 列标头的常用属性

列标头也是一个对象,有它自己的属性、方法和事件,设计时要设置列标头对象的属性,首先要选择列标头对象,选择列标头对象的方法与选择列对象的方法类似。

1) Caption

指定列标头对象的标题文本,显示于列顶部。

2) Alignment

指定标题文本在列标头中显示的对齐方式。

4. 表格的常用事件

1) BeforeRowColChange 事件

当光标移动到另一行或另一列之前触发。

2) AfterRowColChange 事件

当光标移动到另一行或另一列后触发。

5. 表格的常用方法

Refresh 方法,刷新表格中显示的记录。

6. 使用表格生成器设计表格

使用表格生成器,可以快速、直观地设计表格。表格生成器有:

• "表格项"选项卡:用于设置表格内显示字段。

• "样式"选项卡:指定表格的样式(有专业型、标准型、浮雕型、财务型)。

• "关系"选项卡:设置一个一对多关系,指明父表中的关键字段与子表中的相关索引(相当于设置 LinkMaster 属性、ChildOrder 属性和 RelationalExpr 属性)。

• "布局"选项卡:调整行高、列宽,设置列标题,选择控件类型。

【例 7.9】 在表格 Grid 控件中根据学生姓名编辑成绩信息。

(1) 新建表单,打开表单设计器。

表单及控件

（2）在表单中添加控件：添加1个标签控件、1个组合框控件、1个表格控件。

（3）调整各控件的布局：根据图7.34调整各个控件的大小和位置。

（4）修改属性：

• 表单 Form1：AutoCenter：.T.；MaxButton：.F.；MinButton：.F.；Border-Style：2—固定对话框。

• 标签 Label1：Caption：请选择姓名：；RowSourceType：0—无。

• 设计数据环境：把学生表 STUD 和成绩表 SCORE 加入数据环境，并在学号之间建立关系。

• 组合框 Combo1：Style：2—下拉列表框。在 Combo1 的右键快捷菜单中打开"组合框生成器"，在"列表项"的选项卡下将"姓名"添加到"选定字段"中；或者直接修改 RowsourceType：6—字段，RowSource：STUD.姓名。

• 表格 Grid1：在 Grid1 的右键快捷菜单中打开"表格生成器"，在"表格项"选项卡下将 SCORE 的所有字段：学号、课程号、成绩添加到"选定字段"下；在"关系"选项卡下设置"父表中的关键字段"为：STUD.学号，"子表中的相关索引"为：学号。或者直接修改 RecordSourceType：别名；RecordSource：SCORE（子表的表名）；LinkMaster：STUD（父表的表名）；ChildOrder：学号（子表 SCORE 中的学号的索引标识）；RelationalExpr：学号（父表 STUD 中的学号）。最后修改表格 Grid1 的 AllowAddNew 属性为.T.。

（5）保存表单，并运行表单。效果如图7.34所示。想要添加新行的时候，不是直接在第一个空白行点击鼠标，而是点击选中最后一行，用向下的方向键移动到第一个空白行。

图7.34 例7.9运行界面

7.3.11 微调按钮(Spinner)

微调按钮控件既可以通过微调按钮在一定范围内增大或减小数据,同时又可以像文本框一样直接输入数据。微调按钮的默认名称为 Spinner 1、Spinner 2、Spinner 3…。

1. 微调按钮的常用属性

1) Increment

设置点击微调按钮的向上或向下的箭头按钮时,增加或减小的数值,默认值为 1.00。

2) InputMask

设置数据的格式,例如,999.999 表示 3 位小数。

3) SpinnerLowValue

通过单击向下箭头按钮或按向下箭头键时,微调按钮可达到的最小值。

4) SpinnerHighValue

通过单击向上箭头按钮或按向上箭头键时,微调按钮可达到的最大值。

5) KeyboardLowValue

微调按钮中允许输入的最小值。

6) keyboardHighValue

微调按钮中允许输入的最大值。

7) Value

当前微调按钮中设置的值。

2. 微调按钮控件的常用事件

1) DownClick 事件

当单击微调按钮控件的向下箭头按钮或按向下箭头键时激发。

2) UpClick 事件

当单击微调按钮控件的向上箭头按钮或按向上箭头键时激发。

3) InteractiveChange 事件

当微调按钮 Value 属性值改变时激发。

7.3.12 计时器(Timer)

计时器控件提供计时功能,即每隔一段指定的时间就产生一次 Timer 事件,用于有规律地定时执行指定的工作,常常用于编写不需要进行交互就可自动执行的代码,如计时、倒计时、动画等。计时器控件的默认名称为 Timer1、Timer2、Timer3…。

注意:计时器控件在运行时是不可见的,所以在设计时,可把它放置在表单的任意位置。

1. 计时器的常用属性

1）Interval

指定调用计时器事件的时间间隔（单位为 ms,即毫秒）。此属性值为 0 时,不产生 Timer 事件,缺省值为 0。

2）Enabled

控制计时器是否启动。如果 Interval 大于 0 而且 Enabled 为.T.,则计时器便可以开始计时。若 Enabled 为.F. 或 Interval 等于 0,则计时器不启动。

2. 计时器的常用事件

计时器常用的事件是 Timer 事件。

3. 计时器的常用方法

计时器常用的方法是 Reset。调用 Reset 方法可使计时器重新从 0 开始计时。

7.3.13 页框(PageFrame)

页框控件是包含页面(Page)的容器对象,而页面本身也是一种容器,可以包含其他各种控件。利用页框、页面和相应的控件可以构建带选项卡(页面)的表单。页框的默认名称为 PageFrame 1、PageFrame2、PageFrame 3⋯。默认情况有两个页面 Page1 和 Page2,可通过设置 PageCount 指定页面个数,通过 Caption 设定页面的标题。

页框定义了页面的总体特性,包括大小、位置、边界类型以及哪页是活动的等。页框中的页面相对于页框的左上角定位,并随页框在表单中移动而移动。

向页框(实际上是某个页面)中添加控件时,需要打开该页框的右键快捷菜单,点击"编辑"使页框进入"编辑"状态后,就可以跟在普通表单上添加控件一样地操作了。从"属性"窗口中的对象下拉框中,可以看到表单、页框、页面、页面中的控件的层次关系。如果页框没有进入"编辑"状态,即使将某控件添加或者移动到页框中,该控件也并没有真正位于页面控件之中。所以在设计过程中,向页面中添加控件之前,必须先激活页框,检查当前正处在页框的哪一个页面上。

1. 页框控件的常用属性

1）PageCount

设定页面的个数,默认是 2。

2）Tabs

逻辑型变量,指定页框是否显示选项卡,一般都应该设置为.T.,即显示上方的选项卡。

3) TabStretch

页面标题(页面的 Caption)文本太长时,可设定是否多行显示,值为 0—多行, 1—单行。默认为 1—单行,此时如果标题太长则后面的文字将被隐藏。

4) ActivePage

指定页框对象中活动页的页码。

5) Pages 属性

该属性是一个数组,用于存取页框中的某个页对象。例如,PageFrame1. Pages[1]表示页面 1。

6) TabStyle

为 0(默认值)时,表示所有的页面标题布满页框的宽度;为 1 时,表示以紧缩方式显示页面标题。

7) PageWidth

指定页框对象的宽度,设计与运行时只读,只能通过鼠标拖动来调整宽度。

8) PageHeight

指定页框对象的高度,设计与运行时只读,只能通过鼠标拖动来调整高度。

2. 页面控件的常用属性

1) Caption

指定页面标题,选项卡上显示的文字。

2) Picture

设置页面的背景图片。

7.3.14 图像(Image)

图像控件用于显示图片文件,以加强程序的界面效果。图像的默认名称为 Image1、Image2、Image3…。在图像框中使用的图片文件的格式通常为. ICO 格式、BMP 格式或. JPG 格式。图像控件常用属性除了常见的 Top、Left、Height、Width、Enabled、Visible 外,还有:

1) Stretch

对图像是否剪裁:0—裁剪;1—等比填充;2—变比填充。0—裁剪:显示的图片的大小不随着图像控件大小的变化而变化,只是当图像控件的高度或者宽度小于图片的高度或者宽度的时候,图片将显示不全;1—等比填充:图片尽量占满整个图像控件的大小,但保证图像按照比例缩放;2—变比填充:图片占满整个图像控件的大小,不保证按照比例缩放图片。

2) Picture

图像源文件存放在磁盘的位置。

3）BorderStyle

边框样式:0—（默认值）无边框;1—固定边框。

7.3.15 线条控件(Line)

线条控件用于创建水平线、垂直线和斜线。在表单中添加线条控件后,缺省名称为 Line1、Line2、Line3…。线条的常用属性:

1）BorderStyle

设置线条线型:0—透明;1—实线;2—虚线;3—点线;4—点画线;5—双点画线;6—内实线。

2）BorderWidth

设置线条宽度。

3）LineSlant

设置线条倾斜方向:"/"—正斜;"\"—反斜。

7.3.16 形状控件(Shape)

形状控件用于创建矩形、圆角矩形、椭圆和圆形对象。在表单中添加形状控件后,缺省名称为 Shape1、Shape2、Shape3…。

1. 形状控件的常用属性

1）Curvature

指定形状类型,整型数据(0~99):0—矩形;99—圆。从 0 到 99,其形状从矩形到圆形渐变。

2）SpecialEffect

指定特殊效果:0—三维;1—平面(默认)。

3）FillStyle

指定填充类型:在形状控件内填充各种线条(水平线、垂直线、对角线、交叉线等)。

4）FillColor

设置填充图案的颜色。

2. 形状控件的常用方法

Move 方法:将对象移动到新位置。

Move 方法有 4 个参数:LPARAMETERS nLeft、nTop、nWidth、nHeight,分别表示对象移到新位置时的左边距、上边距、宽度和高度。

7.4 表单及控件应用实例

【例 7.10】 通过表单设计器,设计一个具有"首条"、"前一条"、"后一条"、"末条"的表单来浏览学生表中的信息。

(1) 打开表单设计器,新建表单。

(2) 设置数据环境:

点击"显示"→"数据环境"或者在表单上点击鼠标右键,打开快捷菜单,点击"数据环境",打开数据环境设计器。

在"添加表或者视图"的窗口中,首先从"数据库"下的下拉框中选择 STUDENT 数据库,然后在"数据库中的表"下选择 STUD 表,点击"添加"按钮。最后点击"关闭"按钮,退出"添加表或者视图"的窗口。

在数据环境中用鼠标选中 STUD 表中的"字段:"(所有字段之前),鼠标左键按住不放,拖动到表单中,此时所有的字段将自动添加到表单中,包括 Label 控件和相应的字段绑定的控件。

(3) 添加命令按钮组,并设置命令按钮的属性。

将命令按钮组添加到表单上后,单击选中命令按钮组,在鼠标右键的快捷菜单中点击"生成器"。在生成器的"1. 按钮"选项卡中将按钮数目修改为 4,将 4 个命令按钮的标题分别修改为"首条"、"前一条"、"后一条"、"末条"。

(4) 调整各个控件的位置,如图 7.35 所示。

(5) 修改各个控件的属性:

表单 Form1:AutoCenter:.T. ;MaxButton:.F. ;MinButton:.F. ;BorderStyle:2—固定对话框。

(6) 编写 4 个命令按钮的事件代码:

在属性窗口中,点击对象的下拉框,分别选中 Command1,然后在"方法程序"选项卡中双击"Click Event",编写 4 个按钮的 Click 事件。

① Command1 的 Click 事件代码:

```
GO TOP
THIS. Enabled = .F.
THIS. PARENT. Command2. Enabled = .F.
THIS. PARENT. Command4. Enabled = .T.
THIS. PARENT. Command3. Enabled = .T.
THISFORM. Refresh
```

② Command2 的 Click 事件代码:

SKIP - 1

IF BOF()

    MessageBox("已是第一个记录!",48,"信息窗口")

    THIS. Enabled = .F.

    GOTO TOP

    THIS. PARENT. Command1. Enabled = .F.

ELSE

    THIS. Enabled = .T.

    THIS. PARENT. Command1. Enabled = .T.

ENDIF

THIS. PARENT. Command3. Enabled = .T.

THIS. PARENT. Command4. Enabled = .T.

THISFORM. Refresh

③ Command3 的 Click 事件代码：

SKIP 1

IF EOF()

    MessageBox("已是最后一个记录!",48,"信息窗口")

    THIS. Enabled = .F.

    SKIP-1

    THISFORM. CommandGroup1. Command4. Enabled = .F.

ELSE

    THIS. Enabled = .T.

    THISFORM. CommandGroup1. Command4. Enabled = .T.

ENDIF

THISFORM. CommandGroup1. Command2. Enabled = .T.

THISFORM. CommandGroup1. Command1. Enabled = .T.

THISFORM. Refresh

④ Command4 的 Click 事件代码：

GO BOTTOM

THIS. Enabled = .F.

THISFORM. CommandGroup1. Command3. Enabled = .F.

THISFORM. CommandGroup1. Command1. Enabled = .T.

THISFORM. CommandGroup1. Command2. Enabled = .T.

THISFORM. Refresh

（7）保存并运行表单。运行结果如图 7.35 所示。

【例 7.11】　制作一个显示时间的模拟时钟,并且刷新时间可调。

（1）新建表单,打开表单设计器。

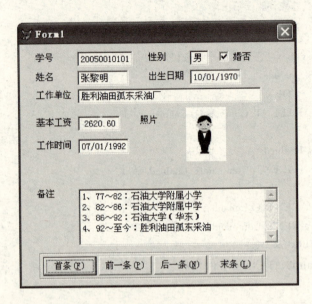

图 7.35　例 7.10 运行界面

（2）在表单中添加控件：添加 2 个标签控件、1 个文本框、1 个微调按钮（用于控制刷新时间间隔）、1 个命令按钮（用于启动、停止计时）。

（3）调整各控件的布局：根据图 7.36 调整各个控件的大小和位置。

（4）修改属性：

• 表单 Form1：AutoCenter：.T.；MaxButton：.F.；MinButton：.F.；Border-Style：2—固定对话框。

• 微调按钮 Spinner1：SpinnerLowValue：1；SpinnerHighValue：60；KeyboardLowValue：1；KeyBoardHighValue：60；Value：1。

• 命令按钮 Command1：Caption：启动。

• 计时器 Timer1：Enabled：.F.。

• 标签控件 Label1：Caption：当前时间。

• 标签控件 Label2：Caption：刷新时间（秒）：。

（5）编写事件代码：

① Form1 的 Init 事件代码：

```
THISFORM. Timer1. Interval = THISFORM. Spinner1. Value
THISFORM. Text1. Value = Time()
```

② Spinner1 的 DownClick 事件代码：

```
THISFORM. Timer1. Interval = This. Value * 1000
```

③ Spinner1 的 UpClick 事件代码：

THISFORM. Timer1. Interval = This. Value * 1000

④ Command1 的 Click 事件代码：

THISFORM. Timer1. Enabled = . NOT. THISFORM. Timer1. Enabled

IF THISFORM. Timer1. Enabled

   This. Caption = "停止"

ELSE

   This. Caption = "启动"

ENDIF

⑤ Timer1 的 Timer 事件代码：

THISFORM. Text1. Value = Time()

（6）保存并运行表单。运行结果如图 7.36 所示。

图 7.36　例 7.11 运行界面

～～～ **本章小结** ～～～

通过本章的学习，要求理解面向对象的基本概念，如对象、类、属性、方法、事件等；熟练掌握表单对象的常用属性、方法、事件以及如何使用表单设计器和表单向导创建、修改表单；掌握常用控件的使用，如标签、文本框、命令按钮、选项组、复选框、列表框、组合框、表格等。

习 题 七

1. 使用一对多表单向导设计一个根据课程的课程名关联操作学生成绩的表单。

2. 在表单中实现滚动字幕，字幕中显示"Visual FoxPro 程序设计"。

3. 在表单中有 3 个文本框、1 个按钮，在第一个文本框中输入任意字符，在第二个文本框中同步显示输入的字符的小写字母，在第三个文本框中同步显示输入的字符的大写字母；当点击按钮的时候，清除 3 个文本框中的内容，并选定第一个文本框。

4. 创建一个使用用户名和密码登录的表单。要求最大的错误输入次数不能超过 3 次。

5. 交换两个列表框的列表项。当双击某个列表项时，该列表项从本列表框中消失，出现在另一个列表框中；点击 4 个按钮分别实现右移选中的列表项、右移全部的列表项、左移选中的列表项、左移全部的列表项。

6. 在表格 Grid 控件中编辑学生信息。

7. 创建一个含有 3 个页面的页框的表单，分别用来显示欢迎语、学生信息和课程信息。

第8章 报表和标签的设计

本章导学

前面几章已经介绍了数据库、表单等内容,而在实际应用中经常需要将数据查询、统计或处理的结果以各种形式的报表、标签打印出来。第3章介绍了在 List 和 Display 命令中可以加上 TO PRINTER 子句将查询结果输出到打印机上进行打印,但是这种方法打印的报表格式固定、不能定制。如果要实现复杂的、个性化的报表,就需要用到本章要介绍的"报表和标签"。报表或标签的设计主要包括两部分:一部分是数据源(可以是数据库中的表、视图等),一部分是布局。

标签实际上可以看做是一种特殊的报表,二者的设计和使用非常类似。报表是将表中的数据以报表的形式显示出来,如根据 STUD 表打印出来的"学生花名册";标签则是将数据表中的每条记录单独生成一个标签(类似于报表中的多列报表),如根据 STUD 表打印出来的"学生档案卡片"。

本章将分别介绍报表和标签,因为二者操作上有很多类似的地方,所以重点介绍了报表向导、报表设计器、快速报表等,标签只做简单的介绍。

8.1 报表设计基础

Visual FoxPro 中有以下几种常见的如图 8.1 所示的报表格式:

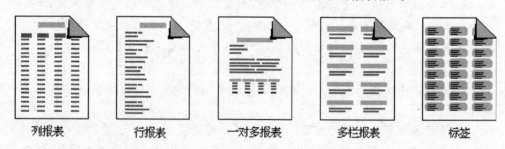

| 列报表 | 行报表 | 一对多报表 | 多栏报表 | 标签 |

图 8.1 报表的常规布局

(1)列报表:类似于二维表格,每条记录的字段在页面顶部上按水平方向放置,数据行列在字段的下方,每行一条记录。

(2)行报表:按垂直方向放置每个字段,包括字段名和字段值。

（3）一对多报表：用于一对多的两个表。显示父表中的一条记录，然后接着显示该记录对应的子表中的多条记录。

（4）多列报表（多栏报表）：类似于 Word 中的分栏，将报表正文内容在同一页中分多列显示。

（5）标签：多列记录，每条记录的字段沿左边缘竖直放置，打印在特殊纸上，类似于行报表的多列报表。

上述是 5 种基本的报表布局，还有一种是"分组报表"，即把一些具有相同或相似信息的数据打印在一起，这样会使报表更易于阅读。分组条件（分组表达式可以是一个字段、可以是多个字段组成的复杂的表达式）可以有多个，分组后可以按照分组进行统计总结。例如，把所有男学生打印在一起，或按照班级分页打印，每页底部显示班级人数等。注意：要打印分组报表必须保证报表的数据源是按照关键字排序的。

8.2 创建简单报表

8.2.1 报表向导

1. 打开报表向导

启动报表向导与启动表单向导的方法是相似的，有以下 4 种方法：

（1）项目管理器：在项目管理器中选择"文档"选项卡，然后选中"报表"、点击右侧的"新建"按钮，在打开的如图 8.2 所示的"新建报表"对话框中点击左侧的"报表向导"，即可打开如图 8.3 所示的"向导选取"的对话框。

（2）"文件"系统菜单：在"文件"菜单下点击"新建"菜单项，在"新建"对话框中选中"报表"、点击"向导"按钮，即可打开"向导选取"的对话框。

（3）"工具"系统菜单：在"工具"菜单下点击"向导"→"报表"菜单项，即可打开如图 8.3 所示的"向导选取"的对话框。

（4）常用工具栏：在"常用"工具栏中直接点击"报表向导"图标按钮，即可打开"向导选取"的对话框。

2. 向导选取

在向导选取对话框中有两个向导：一个是"报表向导"，用来为单个表或视图创建报表，如例 8.1；一个是"一对多报表向导"，用来为两个相关表创建报表，两个表之间一定要存在父子关系。生成的报表先显示主表第一条记录，和该条记录对应子表的所有记录；然后再显示主表第二条记录，和该条记录对应子表的所有记录，依次类推…。下面通过一个例题来说明报表向导的操作步骤。

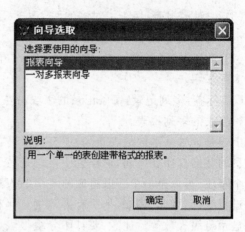

图 8.2　新建报表对话框　　　　图 8.3　报表向导选取对话框

3. 报表向导应用实例

【例 8.1】　利用报表向导创建学生管理系统中的"学生花名册"的报表。

（1）打开报表向导：在项目管理器中选择"文档"选项卡，然后选中"报表"、点击右侧的"新建"按钮，在打开的如图 8.2 所示的"新建报表"对话框中点击左侧的"报表向导"，即可打开如图 8.3 所示的"向导选取"的对话框。因为学生信息不需要与其他表关联，所以选择"报表向导"，最后点击"确定"按钮即可打开如图 8.4 所示的"报表向导"对话框。

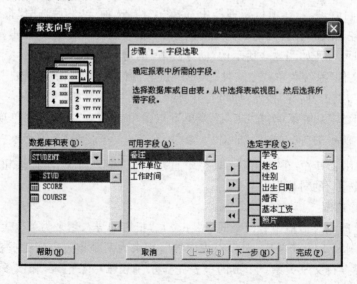

图 8.4　报表向导步骤 1：字段选取

（2）操作报表向导：在报表向导中需要进行6步操作，才可以完成报表的创建。

步骤1：字段选取。

与表单向导的字段选取操作方法相同，如图8.4所示。

步骤2：分组记录。

如图8.5所示，把一些具有某个相同或相似信息的数据打印在一起，并可以进行数据统计汇总，这样可使报表更易于阅读。本例将按照学生所在的年级（学号的前4位）分组打印，并统计各年级的人数，统计基本工资的和、平均值、最小值、最大值。

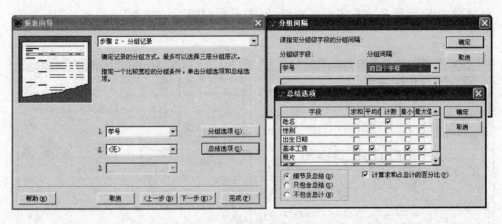

图8.5　报表向导步骤2：分组记录

① "分组条件"设置：首先在图8.5左侧的主界面中选择"学号"字段（此处可以选择多个字段进行分组，在向导中最多可以设定3个）。在此处用来分组的字段，在"步骤5：排序记录"中不可再用。

② "分组间隔"设置：点击主界面中的"分组选项"按钮，此时打开如图8.5右侧所示的"分组间隔"对话框。因为"学号"字段是字符型的（对于不同的数据类型，分组间隔下的选项是不同的，例如，如果是数字型的，则是"精确数字"、"10 s"、"100 s"、"1 000 s"…等数量级），所以分组间隔可以选择"整个字段"、"第一个字母"、"前两个字母"、"前三个字母"…，此处应该选择"前四个字母"。最后点击"确定"按钮，关闭"分组间隔"对话框。

③ "总结选项"设置：点击主界面中的"总结选项"按钮，此时打开如图8.5右侧所示的"总结选项"对话框。首先在复选框中点击选中"姓名"中的计数（统计人数）、"基本工资"中的求和、平均值、最小值、最大值。然后在左下方的单选框中选中如何显示这些统计结果："细节及总结"（同时显示各分组的统计结果和所有记录的统计结果），另外还有两个选项"只包含总结"（只显示所有记录的统计结果）、"不

包含总计"(不显示任何统计结果)。还要选中复选框"计算求和占总计的百分比",即是否在统计结果中显示各分组求和的结果占所有记录求和的百分比。最后点击"确定"按钮,关闭"总结选项"对话框。

步骤3:选择报表样式。

如图8.6所示,在样式的下拉列表中选择"财务式",当单击任何一种样式时,向导都在放大镜中更新成该样式的示例图片。

步骤4:定义报表布局。

如图8.7所示,包括列数(定义多列报表)、方向(纸的方向:横向、纵向)、字段布局,如果在步骤2中指定分组选项,则本步骤中的"列数"和"字段布局"选项不可用。

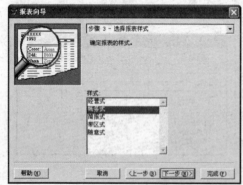 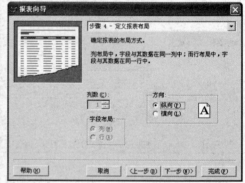

图8.6　报表向导步骤3:选择报表样式　　图8.7　报表向导步骤4:定义报表布局

步骤5:排序记录。

如图8.8所示,在左侧"可用的字段或索引标识"的下拉列表中可以选择字段,点击"添加"按钮,添加到"选定字段"列表框中,然后点击选中"升序"或者"降序"单选按钮。

步骤6:完成。

如图8.9所示,在"报表标题"下方的文本框中输入"向导1"。选择"保存报表已备将来使用",最后点击"完成"按钮,在打开的"保存"对话框中输入文件名"向导1.FRX",点击"保存"按钮,完成报表的设计。

(4)修改、运行报表:当报表设计完毕后,该报表会自动添加到"项目管理器"中。点击"修改"将打开"报表设计器"对报表进行修改;点击"运行"将运行报表,运行结果如图8.10所示。

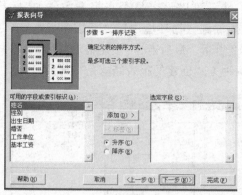
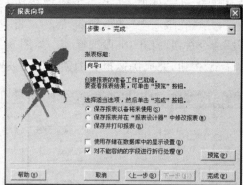

图 8.8　报表向导步骤 5：排序记录　　　　图 8.9　报表向导步骤 6：完成

王海雁	女	06/07/80	N		2,214.50
李春	女	01/01/80	Y		2,510.00

分类汇总2005:　　　　　　　　　　　11,681.60
分类汇总的 Pct　　　　　　　　　　　67.05%
计数2005:　　　　　　5
计算平均数2005:　　　　　　　　　　2,336.32
计算最小值2005:　　　　　　　　　　1,919.30
计算最大值2005:　　　　　　　　　　2,620.60

2006					
	李辉	男	08/12/86	N	1,962.20

图 8.10　例 8.1 设计的报表的运行结果

8.2.2　快速报表

Visual FoxPro 中有两种方法可以快速创建报表：一种是命令方式；另一种是通过交互方式创建。

首先通过 8.3 中介绍的打开"报表设计器"的方式，创建一个空白的报表，此时在系统菜单上增加了菜单"报表"，点击该菜单的"快速报表"的子菜单，打开"快速报表"的对话框，如图 8.11 所示。

在"快速报表"对话框中首先可以选择字段的布局，即选择是行报表（第二个图

标按钮),还是列报表(第一个图标按钮)。然后可以设定是否在报表中添加"标题"、是否在报表中"添加别名"、是否"将表添加到数据环境中",之后需要点击"字段"命令按钮,打开"字段选择器",如图 8.12 所示。最后点击"快速报表"界面中的"确定"按钮,完成快速报表的创建。上述两种方式创建的报表结构是一样的。

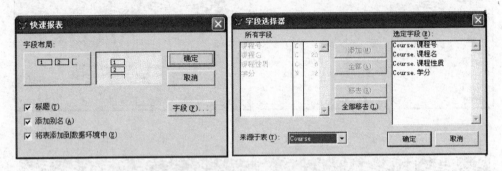

图 8.11　快速报表对话框　　　　图 8.12　快速报表中"字段选择器"

8.3　报表设计器

用"报表向导"和"快速报表"创建的报表格式基本固定,设计完后可以使用如图 8.13 所示的"报表设计器"进行进一步的修改;也可以用报表设计器从空白报表开始根据自己的需要设计报表。

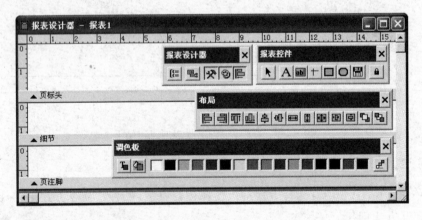

图 8.13　报表设计器及常用的工具栏

启动报表设计器有以下 4 种常用的方法:

(1) 命令方式:CREATE REPORT［文件名|?］:新建该报表,同时打开报表设计器。或者使用 MODIFY REPORT［文件名|?］,打开现存的报表。

(2) 常用工具栏：单击"新建"图标，在"新建"对话框中选中"报表"单选按钮、点击"新建文件"按钮新建一个报表。或者点击"打开"按钮，在打开对话框中，将文件类型设定为"报表"，打开一个现存的报表。

(3) 菜单栏：点击"文件"→"新建"菜单项，在"新建"对话框中选中"报表"单选按钮、点击"新建文件"按钮新建一个报表。或者点击"文件"→"打开"，在打开对话框中，将文件类型设定为"报表"，打开一个现存的报表。

(4) 项目管理器：在项目管理器中选择"文档"选项卡，然后选中"报表"、点击右侧的"新建"按钮，在打开的如图 8.2 所示的"新建报表"对话框中点击右侧的"新建报表"。或者在"报表"下选择一个已存的报表，点击右侧的"修改"按钮，打开一个现存的报表。

在 Visual FoxPro 中有多个工具栏进行报表的设计和修改，如图 8.13 所示。如果界面中没有这些工具栏，可以点击"显示"菜单，点击选中需要的窗口，例如，数据环境、报表控件工具栏、布局工具栏、调色板工具栏、报表预览工具栏、"报表设计器"工具栏等。

8.3.1　报表设计器的布局

1. 报表的带区

报表设计器的主界面被分成若干个水平的带区，默认情况下，只显示 3 个带区：页标头、细节和页注脚，如图 8.13 所示。其他带区只有在需要的时候才显示，如图 8.14 所示。

1）标题

每个报表只显示一次，可以用来显示报表的名称、日期、单位名称、作者等信息，可以把该区域的信息作为整个报表的封面。该带区默认不显示，可以点击"报表"菜单下的"标题/总结"菜单，在打开的对话框中设置是否显示"标题"和"总结"以及"标题"和"总结"是否在单独的页面中打印。

2）页标头

用来显示每页顶部的信息，相当于 Word 中的页眉。

3）列标头

每列顶部显示一次，该带区默认不显示，只有在多列报表中才显示，即从"文件"菜单中选择"页面设置"，设置"列数"大于 1，此时列标头和列注脚才显示出来。

4）组标头

每组顶部显示一次，一般用来显示各组的基本信息，可以添加域控件、线条、矩形、圆角矩形或希望出现在组内第一条记录之前的任何标签。例如，图 8.10 所示的报表设计器中的组标题显示的是年级信息。该带区默认不显示，只有在分组报

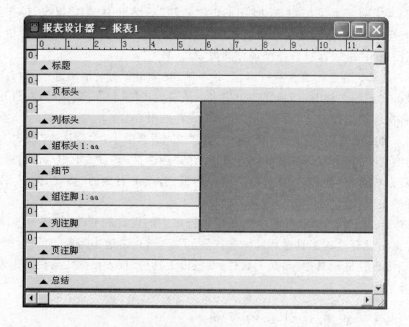

图 8.14　报表设计器的带区

表中才显示,从"报表"菜单中点击"数据分组",设定分组条件后,组标头和组注脚才显示出来。

　　5）细节带区

　　每条记录显示一次,表或者视图中有多少条记录,该区域的控件就循环显示多少次。该区域用来显示具体的记录的值。

　　6）组注脚

　　与"组标头"带区对应,一般用来显示各组的统计信息,例如,图 8.10 所示的报表设计器中的组注脚显示的是各年级学生基本工资的平均值、最高值、最低值等统计信息。

　　7）列注脚

　　与"列标头"带区对应,每列只显示一次。

　　8）页注脚

　　每页只显示一次,与"页标头"带区对应,相当于 Word 中的页脚。

　　9）总结

　　与"标题"带区对应,每报表只显示一次。

2. 各带区高度的调整

调整带区的高度有两种方法:

(1) 用鼠标拖动,粗调法:将鼠标指针指向某带区分隔条,出现上下双箭头时,按住左键上下拖动分隔条即可改变报表带区高度。

（2）键盘输入，微调法：在带区上双击鼠标左键，在"细节"对话框中的"高度"文本框中直接输入数字即可。

注意：不能使带区高度小于该带区内任何控件的高度。可以先减少控件的高度后，再减少该带区的高度。

细节带区的高度是每条记录的高度，并不是所有细节的高度。

3. 标尺

报表设计器中最上边和最左边设有标尺，标尺是为了设计报表的时候进行参考，可以准确地定位对象的垂直和水平位置。

另外，当"显示"菜单的"显示位置"子菜单被选中的时候，可以在 Visual FoxPro 底部的状态栏中显示当前鼠标指针的位置（水平位置、垂直位置）；当选中某控件的时候，可以显示该控件的上、下、左、右的位置，以及该控件的高度和宽度。

8.3.2　报表的"数据环境"

可以在数据环境中定义报表的数据源，用它们来填充报表中的控件。可用下面 3 种方法打开报表的"数据环境设计器"窗口：

（1）在报表的空白区域单击鼠标右键，在打开的快捷菜单中单击"数据环境"。

（2）如果当前选中的是报表，此时单击菜单"显示"→"数据环境"。

（3）在"报表设计器工具栏"中单击"数据环境"按钮（第二个按钮）。

"数据环境设计器"的添加表或者视图、移去表或者视图、设置表或视图间的关系、关系的常用属性、在数据环境设计器中设置索引、数据环境的常用属性等请参考第 7 章的"7.2.3 表单中对象的基本操作"中的"数据绑定"。

"数据环境设计器"窗口中的数据源将在每次运行报表时自动打开表或视图并收集报表所需数据集合，当关闭或释放报表时自动关闭表或视图。

8.3.3　报表的控件

1. 工具栏中各按钮的名称及功能

向报表中添加控件需要利用如图 8.13 所示的"报表控件"工具栏。工具栏中各按钮的名称及功能如下：

1）"选定对象"按钮 ▨

报表控件工具栏中第一个图标按钮，当该按钮被按下时，表示此时在报表上单击的时候是选择对象而不能创建新对象，选定对象后才可以修改对象的属性。

2）标签控件 A

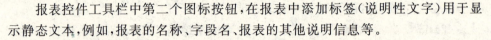

报表控件工具栏中第二个图标按钮,在报表中添加标签(说明性文字)用于显示静态文本,例如,报表的名称、字段名、报表的其他说明信息等。

3) 域控件 ![abl]

报表控件工具栏中第三个图标按钮,用来输出报表中各种类型的表达式,例如,表的字段、各种变量、函数等。域控件的添加和布局是报表设计的核心。

4) 线条控件 ![+]

报表控件工具栏中第四个图标按钮,画出报表中的水平或垂直线。

5) 矩形控件 ![□]

报表控件工具栏中第五个图标按钮,在报表中显示矩形框,如报表的边界。

6) 圆角矩形控件 ![○]

报表控件工具栏中第六个图标按钮,可在报表中显示圆、椭圆、圆角矩形等。

7) 图片/ActiveX 绑定控件 ![OLE]

报表控件工具栏中第七个图标按钮,在报表中显示图片或者通用字段。

8)"按钮锁定" ![🔒]

报表控件工具栏中最右侧的按钮,当需要连续创建多个相同的控件时,可以先按下该按钮,然后连续地在报表中点击拖放就可以创建相同的控件。添加完毕后,必须再次点击"按钮锁定"按钮,才可以创建其他控件。

2. 报表的控件

1) 标签控件

(1) 添加标签控件:在"报表控件"工具栏上选中"标签"按钮,然后在报表里指定的位置上单击鼠标,此时鼠标将变为一个竖条,表示可在当前位置上输入文本。

(2) 修改标签控件中文本的字体格式:首先选中要修改的标签控件(可以多选),然后点击菜单"格式"→"字体",打开"字体对话框",对控件字体进行设置。可以修改标签的字体大小、字体颜色、字体名称、字形、效果等属性。

(3) 修改标签控件中文本的段落格式:首先选中要修改的标签控件(可以多选),然后点击菜单"格式"→"文本对齐方式",从其子菜单中选择文本对齐方式(左、中、右)和行距(1 倍、1.5 倍、2 倍)。

(4) 修改已有的标签:首先在"报表控件"工具栏上选中"标签"按钮,然后再点击要修改的标签,鼠标将变为一个竖条,此时可以开始修改。

2) 域控件

(1) 添加域控件:可以通过以下两种方法添加域控件:

• 报表控件工具栏:在"报表控件"工具栏上选中域按钮,然后在报表里指定的位置上按下鼠标左键,此时鼠标将变为一个十字形,拖动鼠标创建一个指定大小的对象。当松开鼠标左键时打开一个如图 8.15 所示的"报表表达式"对话框,在该对话框内的表达式文本框内可以直接输入,也可以点击后边的按钮,在打开的"表达式生成器"中生成表达式。

• 数据环境设计器:在数据环境设计器中点击某表的标题(蓝色)或标题下的"字段:",拖动到报表带区(一般是细节带区)中,则该表的所有字段均被添加到报表中,或者在报表设计器的某个表上点击某个字段,将该字段拖动到报表带区中。

(2) 修改域控件中文本的字体格式:与标签控件操作方法相同。

(3) 修改域控件中文本的段落格式:与标签控件操作方法相同。

(4) 修改域控件的显示格式:双击要修改的域控件,在打开的"报表表达式"对话框中点击格式文本框右侧的按钮,打开如图 8.16 所示的"格式"对话框。在"格式"对话框内,可以设置该域控件的数据类型:"字符型"、"数值型"或"日期型"(此处设置只是为了显示,并不修改表的结构);选择相应的"编辑选项"(3 种数据类型下的选项是不同的,图 8.16 中显示的是字符型格式的选项)。

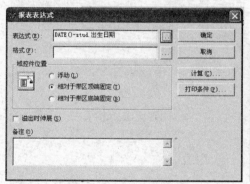

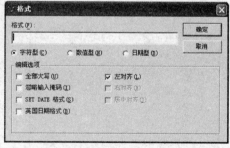

图 8.15　域控件的报表表达式　　　　图 8.16　域控件的显示格式(字符型)

(5) 域控件的计算统计:在报表中可以对域控件进行计算统计,例如,求和、统计个数、求最大值等,方法是在如图 8.15 所示的"报表表达式"的对话框中单击"计算"按钮,打开如图 8.17 所示的"计算字段"对话框,选择表达式的计算方法。

3) 线条控件

(1) 添加线条控件的方法:在"报表控件"工具栏上选中线条按钮,然后在报表里指定的位置上按下鼠标左键,此时鼠标将变为十字形,拖动鼠标创建一个指定长度的水平或垂直线条。

(2) 修改线条控件的格式:首先选中要修改的直线,然后点击菜单"格式"→"绘图笔",从其子菜单中选择适当的大小(1～6 磅)或样式(点线、虚线、点画线等)。

4）矩形控件

（1）添加矩形控件的方法：与添加线条控件的方法相同。

（2）修改矩形控件的格式：与修改线条控件格式的方法相同。

（3）修改矩形控件的填充模式：首先选中要修改的矩形，然后点击菜单"格式"
→"填充"，从下一级菜单中选择适当的填充模式。

5）圆角矩形控件

（1）添加圆角矩形控件的方法：与添加线条控件的方法相同。

（2）修改圆角矩形为圆或者其他特殊的圆角矩形：在该控件上双击鼠标左键，
在打开的如图 8.18 所示的"圆角矩形"对话框中选择相应的样式。

（3）修改矩形控件的格式：与线条控件的修改方法相同。

（4）修改矩形控件的填充模式：与矩形控件的修改方法相同。

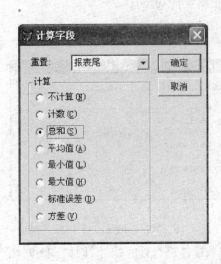

图 8.17　字段的计算统计

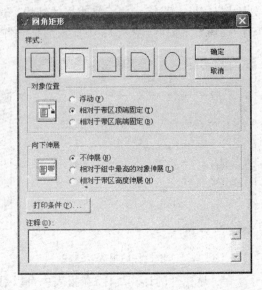

图 8.18　圆角矩形

6）图片/ActiveX 绑定控件

（1）添加图片/ActiveX 绑定控件的方法：与添加线条控件的方法相同，但是当
松开鼠标左键的时候，会打开一个"报表图片"的对话框，在该对话框内选择图片文
件的位置（例如，m:\visualfoxpro\upcmain2.gif）或者图片来自于哪个字段（例如，
STUD.照片）。

（2）调整图片：当图片与图文框的大小不一致时，需要在"报表图片"对话框中
选择相应的选项来控制图片的显示方式。

•"裁剪图片":将按照图文框的大小显示图片。

•"缩放图片,保留形状":图文框中放置一个完整、不变形的图片,但如果图片大小比文本框的大小小的时候,就无法填满整个图文框。

•"缩放图片,填充图文框":使图片填满整个图文框,在这种情况下,图片纵横比例可能会改变,从而导致图片变形。

3. 设置控件的打印条件

对于报表的各个控件,都可以设置其打印条件。双击控件,在打开的对话框(不同控件打开的对话框是不同的,但都有"打印条件"按钮)中单击"打印条件"按钮,将显示如图 8.19 所示的"打印条件"对话框。

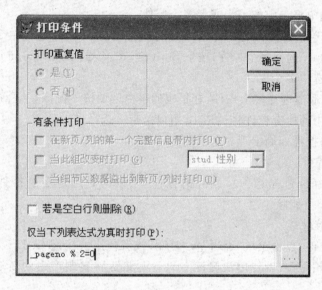

图 8.19   设置控件的打印条件

1)打印重复值

字段中如果相邻记录的值相同,是否重复打印。如果选否,则只打印相同记录的第一个,其他记录该位置处不打印。

2)有条件打印

(1)"在新页/列的第一个完整信息带内打印"被选中,表示在同一页或同一列中不打印重复值,换页或换列后遇到第一条新记录时打印重复值。该复选框只在"打印重复值"选择"否"时有效。

(2)"当此组改变时打印"被选中,表示当右边的下拉列表中显示的分组发生变化时,打印重复值。该复选框只在"打印重复值"选择"否"并有分组时有效。

(3)"当细节区数据溢出到新页/列时打印"被选中,表示当细节带区的数据溢

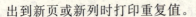

出到新页或新列时打印重复值。

3）仅当下列表达式为真时打印

打印时，仅当该逻辑表达式为真时才打印。点击右侧的按钮打开"表达式生成器"，可以编辑录入逻辑表达式。如果该文本框内为非空时"打印重复值"和"有条件打印"下的选项就不可再选择。如图 8.19 所示，表示仅当_pageno ％2＝0（偶数页）时才打印。

4. 报表控件的操作与布局

1）选择控件

选择控件前，要首先点击"报表控件"工具栏中的"选定对象"按钮，然后通过以下几种方法选中报表中的一个或者多个控件：

（1）选择单个控件：在报表上用鼠标左键点击控件，即可选中单个控件。

（2）用 Shift 选择多个控件：按下 Shift 键，在报表上用鼠标左键连续单击不同的控件，即可选中多个控件。

（3）用矩形框选择多个控件：在报表的空白区域按下鼠标左键，画出一个矩形框，则矩形框内的所有控件将被选中，可以跨带区选择。

被选定的控件四周出现 8 个控点。

2）删除控件

删除控件前，首先选中要删除的控件（可以同时选定多个控件），然后点击"Delete"键，即可删除。

3）复制控件

先选定控件，点击菜单"编辑"→"复制"或者使用快捷键 Ctrl＋C，然后点击菜单"编辑"→"粘贴"或者使用快捷键 Ctrl＋V，最后将复制产生的新控件拖动到需要的位置。

4）移动控件

首先选定控件（可以同时选定多个控件），然后用鼠标将控件拖动到需要的位置上（可以跨带区移动），也可用方向键对控件进行移动；也可以使用布局工具栏，快速调整控件的对齐方式等；还可以点击"格式"→"对齐"菜单下的"左边对齐"、"右边对齐"、"顶边对齐"、"底边对齐"等快速调整控件的位置。

5）组合控件

此处的组合控件，类似于 Word 软件中的将多个图片或者文本框等组合成一个对象。首先同时选择多个控件，然后点击菜单"格式"→"分组"，这样选定的所有控件即可作为一个整体来操作。

6）取消组合控件

点击选择一个组控件，点击菜单"格式"→"取消组"，这时该组内的控件将取消组合,还原为单个的控件个体。

7) 修改控件的大小

首先选定控件(可以同时选定多个控件),然后拖动控件四周的某个控点可以改变控件的宽度和高度;也可以按住 Shift 键,用方向键对控件大小进行微调;也可以使用布局工具栏,点击"相同高度"、"相同宽度"、"相同大小"等按钮,快速统一控件的高度或宽度;还可以点击菜单"格式"→"大小"下的"调整到最高"、"调整到最短"、"调整到最宽"、"调整到最窄"等快速统一控件的高度或宽度。

8) 修改控件的颜色

首先选定控件(可以同时选定多个控件),然后通过"调色板工具栏"修改背景颜色、前景颜色、文本颜色、线条颜色、填充颜色等。

9) 对齐控件

首先选定要对齐的控件,然后点击菜单"格式"→"对齐"下的"左边对齐"、"右边对齐"、"顶边对齐"、"底边对齐"等;或者使用"布局工具栏"对齐控件。

10) 对象之间的重叠

有时需要在同一个位置显示多个不同的信息,此时可能会出现对象之间的重叠,点击"布局工具栏"(或者系统菜单的"格式"下的)的"置前"或"置后"按钮。

8.3.4　其他菜单和工具栏

1. 报表设计器工具栏

"报表设计器"工具栏包含了设计报表需要的常用工具,如图 8.13 所示。从左到右分别是:数据分组、数据环境(定义报表时使用的数据源,包括表、视图和关系)、报表控件工具栏、调色板工具栏和"布局"工具栏。

2. 报表菜单

在设计时,若当前窗口是"报表",Visual FoxPro 的系统菜单中就会显示"报表"菜单,"报表"菜单中的子菜单主要用于创建、编辑报表,如"标题/总结"、"数据分组"、"变量"、"默认字体"、"快速报表"、"运行报表"等。

3. 调色板工具栏

与第 7 章表单设计器中介绍的调色板工具栏相同。

4. 布局工具栏

与第 7 章表单设计器中介绍的布局工具栏相同。

8.3.5　定义报表变量

在域控件中除了可以使用现有的数据库中的表字段、系统变量、函数、运算符号外,还可以点击系统菜单"报表"→"变量"自己定义报表变量。其中,

（1）在"要存储的值"框中输入一个变量或表达式。

（2）可以在"计算"下选择该变量的计算方式。如图 8.20 所示，对于变量"序号"，如果将其放置在"细节"带区，不选择计算，则将显示学生的学号，如果选择计算下的"计数"，则将显示"1、2、3、4…"。如果将其放置在"总结"带区，则在报表的末尾将显示所有学生的人数。

（3）可以为所定义的报表变量设定一个初始值，如图 8.20 所示，应该将"序号"这个变量的初始值定义为 0。

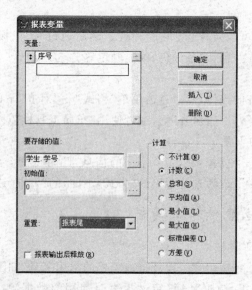

图 8.20　报表变量对话框

8.3.6　分组报表

把一些具有某个相同或相似信息的数据打印在一起，这样会使报表更易于阅读，可以按照分组进行统计计算，一个报表可以设置一个或多个数据分组。分组之后，报表布局就有了组标头和组注脚带区。例如，图 8.10 就是一个分组报表的预览效果。

要设置报表的分组实际上就是设置分组表达式，一个分组表达式对应一个分组。可以从系统菜单中点击"报表"→"数据分组"，打开数据分组对话框进行设置，如图 8.21 所示。

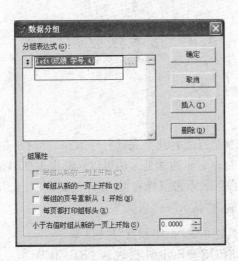

图 8.21　数据分组对话框

8.3.7　分栏报表

分栏报表(多列报表),即将报表正文内容在同一页中分多列显示,类似于Word中的分栏。创建分栏报表的方法是:从系统菜单中点击"文件"→"页面设置",会打开如图 8.22 所示的"页面设置"对话框。将列数设置为大于 1,则在报表设计器中可以自动显示出"列标题"和"列注脚"带区。

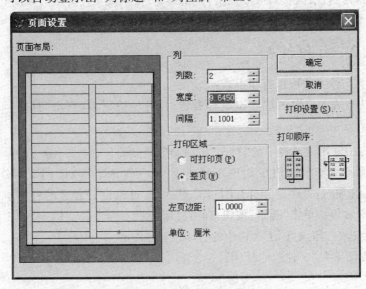

图 8.22　页面设置对话框

8.4　报表预览和打印

8.4.1　报表预览

1. 预览报表

设计时可以通过预览报表看到报表的打印效果，此时屏幕显示的效果与打印时的效果完全一致。有以下 4 种常见方法可以启动报表打印预览：

（1）从报表的空白区域点击鼠标右键，打开快捷菜单，点击"预览"。

（2）点击系统菜单的"显示"→"预览"。

（3）点击常用工具栏中的"打印预览"按钮![按钮]。

（4）命令方式：REPORT FORM 报表名 PREVIEW

2. 翻页

预览时，可以点击"打印预览"工具栏中的"上一页"、"前一页"、"首页"、"末页"来切换页面；也可以点击 PageUP 或 PageDown 按钮来翻页。

3. 缩放报表

从"打印预览"工具栏中选择不同的缩放比例查看报表。

4. 退出预览

若要返回到设计状态，可以点击"关闭预览"按钮或者直接点击键盘上的"Esc"键。

8.4.2　打印报表

有以下 5 种方法可以打印报表：

（1）从报表的空白区域点击鼠标右键，打开快捷菜单，点击"打印"，打开"打印"对话框。

（2）点击常用工具栏中的"打印"按钮![按钮]，直接打印。

（3）命令方式：REPORT FORM 报表名 TO PRINTER ［PROMPT］。带PROMPT 选项时，打印前会打开"打印"对话框，可以设置合适的打印机、打印范围和打印份数等。单击"确定"按钮，即可打印。

（4）点击"打印预览"工具栏中的打印按钮。

（5）点击菜单"文件"→"打印"。

8.5 报表设计示例

【例8.2】 设计一个如图8.26所示的报表,按照基本工资的级别(千位数字)打印学生名单,并对基本工资、结婚学生人数、平均年龄等进行统计。

1)新建报表

在系统菜单中点击"文件"→"新建",在"新建"对话框中选择"报表",点击"新建"对话框右上方的"新建文件"图标按钮,建立一个空白报表,并打开报表设计器。此时报表设计器是一个只包含"页标题"、"页注脚"和"细节"带区的空白报表。点击"工具栏"中的"保存"按钮,将报表命名为"STUDENT"。

2)设计报表的封面

(1)添加"标题"和"总结"带区。

封面实际上对应报表的"标题"带区,激活(选中)建立的空白报表,点击系统菜单中的"报表"→"标题/总结",打开"标题/总结"对话框,如图8.23所示。选中"报表标题"区域中的"标题带区"和"新页"(只有选中"新页",打印时才能将"标题"带区的内容单独打印成封面);选中"报表总结"区域中的"总结带区"。设置完毕后,点击"确定"按钮,此时空白报表中多出了"标题"和"总结"带区。

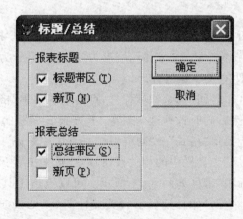

图8.23 设置"标题/总结"

(2)增大"标题"带区的高度。

因为封面要单独打印,所以要增大标题带区的高度。双击"标题"分隔条,在打开的"标题"对话框中的"高度"文本框中输入高度,例如,18。

(3)在封面中插入一个图片。

为了美观,可以在封面的左上角插入一个图片。

方法：在"报表控件工具栏"中点击"图片/ActiveX绑定控件"，在"标题"带区的左上角按下鼠标左键拖出一个与图片大小相当的区域松开鼠标，此时打开"报表图片"对话框，在"图片来源"区域，选中"文件"后，点击后边的选择按钮，打开文件选择对话框，选中需要的图片文件，例如，m:\visualfoxpro\upcmain2.gif，在"假如图片和图文框大小不一致"区域选择"缩放图片，保留形状"。

（4）在封面中输入报表的标题。

首先点击选中"报表控件"工具栏中的"标签"控件，在"标题"带区的适当位置点击鼠标左键，输入文字"按工资级别花名册"。然后修改字体格式：首先选中刚输入的文字，然后点击系统菜单"格式"→"字体"，打开"字体"对话框，选中字体为"黑体"、字形为"粗体"、大小为"小初"。

（5）在封面中输入日期、单位等信息。

首先，添加一个"标签"控件输入文字"打印日期："；添加一个域控件（点击选中"报表控件"工具栏中的"域控件"，在"标题"带区拖动一个矩形），当松开鼠标时，打开"报表表达式"对话框，在该对话框内的表达式中输入"Date()"或者点击右侧按钮在"表达式生成器"中选择日期函数中的"Date()"；点击"格式"右侧的按钮，分别选择"日期型"单选按钮和"Set Date 格式"。

然后，添加一个单位信息的"标签"控件，输入文字"中国石油大学（华东）成人教育学院"。

最后，同时选中两个"标签"控件和域控件，点击系统菜单"格式"→"字体"在打开的"字体"对话框中设置字体为"宋体"、字形为"粗体"、字号为"三号"。

（6）调整各个控件的大小和位置。

首先同时选中"打印时间"标签和域控件，点击系统菜单"格式"→"分组"，将二者合并为一个对象。然后同时选择这个对象、上方报表标题的标签和下方单位信息的标签，再点击系统菜单"格式"→"对齐"→"垂直居中对齐"、"格式"→"对齐"→"水平居中"（或者"布局"工具栏中的相关按钮）调整水平位置。

此时设计完的"标题"带区如图 8.24 所示。可以点击工具栏中的报表预览按钮，预览报表。至此，除了打印日期显示为英文日期外（见数据环境设置中的 Init 事件），其他都已经达到要求。

3）设计报表的页眉

页眉实际上对应报表的"页标头"带区。首先修改"页标头"带区的高度，例如，设置为 1.1。

添加一个"标签"控件，用来输入页眉内容"中国石油大学（华东）成人教育学院学生花名册（基本工资）"，然后点击"报表工具栏"中的"线条"控件，在刚加入的"标签"控件下按住鼠标左键画出一个大约等于报表宽度的直线。

按工资级别花名册

打印日期：DATE()

中国石油大学（华东）成人教育学院

▲ 标题

图 8.24 例 8.2 标题带区设计

分别选中这两个控件，点击"布局"工具栏中的"水平对齐"按钮，将两个控件居中。

此时设计完的"页标头"带区如图 8.25 所示。可以点击工具栏中的报表预览按钮，预览报表。

4）设置报表数据源

右键单击报表空白处，在右键快捷菜单中选择"数据环境"，打开"数据环境"设计器。在"数据环境"设计器中点击鼠标右键，选择"添加"，选中"STUDENT"数据库、"STUD"表，点击"添加"按钮，再点击"关闭"按钮。

在"STUD"上点击鼠标右键，选择"属性"，打开"属性"对话框，选择"数据"选项卡，修改 Order 属性为"基本工资"（如果没有这个索引，请打开表，手动添加该索引；因为后边要针对"基本工资"进行分组，所以此处必须以"基本工资"排序）。

在"数据环境"设计器的空白处点击鼠标右键，选择"属性"，打开"属性"对话框，选择"方法程序"选项卡，双击"Init Event"打开代码编辑窗口，输入：SET DATA TO LONG（目的是为了让报表中的日期都用中文格式显示）。

5）设置分组条件

点击系统菜单"报表"→"数据分组"，打开如图 8.21 所示的"数据分组"对话框,在"分组表达式"中输入"INT(STUD.基本工资/1000)",这样是按照工资千位上的数字(假定工资都是 4 位数)进行分组。

"组属性"下选择"每组从新的一页上开始"、"每页都打印组标头"。最后点击"确定"按钮,此时报表设计器中增加了"组标头 1:INT(STUD.基本工资/1000)"和"组注脚 1:INT(STUD.基本工资/1000)",如图 8.25 所示。

6) 设置组标头

组标头用来显示该组的标题以及标题的列标题。

(1) 创建组的标题。

首先添加一个"标签"控件,输入"基本工资级别为";然后添加一个域控件,在打开的"报表表达式"对话框的表达式中输入"INT(STUD.基本工资/1000)*1000";最后再添加一个"标签"控件,输入"的学生名单",如图 8.25 所示。

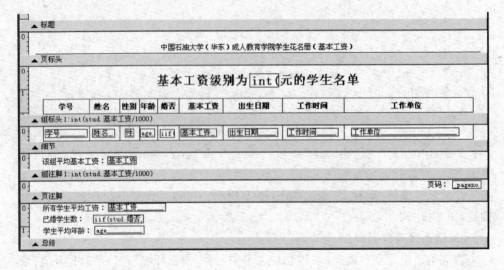

图 8.25　例 8.2 报表设计器的设计界面

(2) 修改组标题的格式。

同时选中 3 个控件,修改字体为"宋体"、"粗体"、"三号"。

点击系统菜单"显示"→"显示位置"(这样可以在状态栏看到每个控件的位置和大小),修改域控件的宽度(4 位数字,大约为 1.3),用鼠标分别调整 3 个控件为紧密相连,最后选中 3 个控件点击系统菜单"格式"→"分组",合并为一个对象,再点击"格式"→"对齐"→"水平对齐"。

(3) 创建表格的列标题。

创建若干的标签,对应表格的列标题。首先在"报表控件工具栏"中点击"按钮锁定"按钮;然后点击"标签"按钮,再在"组标头"区域分别点击,输入各自的列标题为"姓名"、"性别"、"年龄"、"婚否"、"基本工资"、"出生日期"、"工作时间"、"工作单位";最后再点击一次"按钮锁定"按钮取消锁定,再点击第一个"选定"按钮。注意调整列标题之间的距离和标签的宽度,例如,工作单位的宽度应该长一些。

7) 设置"细节"带区

(1) 添加域控件。

在"数据环境"窗口中按住 Shift 键,选中"姓名"、"性别"、"婚否"、"基本工资"、"出生日期"、"工作时间"、"工作单位"等字段,拖动到报表设计器的"细节"带区,此时这些字段垂直排列在"细节"带区。用鼠标点击选中各个控件,移动到适当的位置处。

双击"婚否"域控件,将"报表表达式"对话框的表达式改为"IIF(STUD. 婚否,'已婚','未婚')"。

因为年龄需要计算,而且多个地方用到,所以先定义变量 Age。点击系统菜单"报表"→"变量",将打开如图 8.20 所示的"报表变量"对话框;在"变量"框中输入"Age";在"要存储的值"框中输入"YEAR(DATE()) − YEAR(STUD. 出生日期)"(可以单击后面的按钮,打开表达式生成器,生成表达式)。在"细节"带区增加一个域控件,在"报表表达式"对话框的表达式中输入"Age",移动到"年龄"位置处。

选中所有的域控件,点击菜单"格式"→"字体"将字形修改为"粗体";再点击菜单""格式"→"对齐"→"水平对齐""。

(2) 创建表格边框。

首先在所有的列标题外创建一个矩形框(点击报表工具栏中的"矩形"按钮,在"细节"带区左上角按下鼠标,拖动到"细节"带区右下角);然后再点击"线条"按钮,在域控件"姓名"和"性别"之间画出一条与矩形框高度相同的竖线;然后选中该竖线,复制(Ctrl+C)、再粘贴(Ctrl+V)7 次(粘贴的竖线都罗列在一起了,看起来是一条);最后分别点击被粘贴的竖线,移动到各个域控件之间。

(3) 修改布局。

选中所有的 8 条竖线和矩形框,点击系统菜单"格式"→"对齐"→"顶部对齐",再点击"格式"→"分组"将线条和矩形框合并成一个线条框。

选中 8 个域控件,点击菜单"格式"→"对齐"→"顶部对齐",再按住 Shift 键继续选中线条框,再点击菜单"格式"→"对齐"→"水平居中对齐",使域控件在线条框的中间。

8) 设置组注脚带区

首先添加一个标签"该组平均基本工资:";然后添加一个域控件,在打开的"报表表达式"对话框的表达式中输入"STUD. 基本工资",格式中输入"9999.9"(4 位

整数、1 位小数);最后点击"计算"按钮,在打开的"计算字段"的对话框中选择"平均值",在重置下拉框中选择"INT(STUD.基本工资/1000)",即分别计算每个分组的平均基本工资。

9) 设置"页注脚"带区

首先添加一个标签"页码:";然后添加一个域控件,在打开的"报表表达式"对话框的表达式中输入或者点击后边的按钮在打开的表达式生成器中选择"_page-no"(页码的系统变量)。

10) 设置"总结"带区

(1) 添加 3 个标签:"所有学生平均工资:"、"已婚学生数:"、"学生平均年龄:"。

(2) 添加"平均工资"的域控件:添加一个域控件,在打开的"报表表达式"对话框的表达式中输入"STUD.基本工资",格式中输入"9999.9";点击"计算"按钮,在打开的"计算字段"的对话框中选择"平均值",在重置下拉框中选择"报表尾"。

(3) 添加"已婚学生数"的域控件:添加一个域控件,在打开的"报表表达式"对话框的表达式中输入"IIF(STUD.婚否,1,0)";点击"计算"按钮,在打开的"计算字段"的对话框中选择"总和",在重置下拉框中选择"报表尾"。

(4) 添加"学生平均年龄"的域控件:添加一个域控件,在打开的"报表表达式"对话框的表达式中输入"Age",格式中输入"99.9";点击"计算"按钮,在打开的"计算字段"的对话框中选择"平均值",在重置下拉框中选择"报表尾"。

此时报表设计完毕,可以点击工具栏中的报表预览按钮,预览报表,如图 8.26 和图 8.27 所示(页码部分未截图显示)。

中国石油大学(华东)成人教育学院学生花名册(基本工资)

基本工资级别为 2000 元的学生名单

学号	姓名	性别	年龄	婚否	基本工资	出生日期	工作时间	工作单位
20050010101	张黎明	男	38	已婚	2620.60	1970年10月1日	1992年7月1日	胜利油田孤东采油厂
20050020201	李春	女	28	已婚	2510.00	1980年1月1日	2001年11月20日	胜利油田孤东采油厂
20050010201	王海	男	30	已婚	2417.20	1978年8月11日	2000年7月1日	胜利油田孤东采油厂
20050020101	王海雁	女	28	未婚	2214.50	1980年6月7日	2004年7月1日	大庆油田采油三厂

该组平均基本工资:2440.5

图 8.26 例 8.2 报表预览(第 1 页)

中国石油大学（华东）成人教育学院学生花名册（基本工资）

基本工资级别为 1000 元的学生名单

学号	姓名	性别	年龄	婚否	基本工资	出生日期	工作时间	工作单位
20060010201	李辉	男	22	未婚	1962.20	1986年8月12日	2005年6月30日	胜利油田孤岛采油厂
20060020102	王小琳	女	22	未婚	1960.00	1986年8月9日	2005年6月30日	胜利油田现河采油厂
20050010202	李梅	女	22	已婚	1919.30	1986年8月10日	2006年7月1日	大庆油田采油二厂
20060020201	吴海	男	20	未婚	1816.30	1988年11月	2007年1月1日	大庆油田采油一厂

该组平均基本工资：1914.4
所有学生平均工资：2177.5
已婚学生数： 4
学生平均年龄： 26.2

图 8.27　例 8.2 报表预览（第 2 页）

8.6　标签的设计与使用

标签实际上是报表中的多列报表为匹配特定纸张而提供的快捷方便的设置（主要是纸张大小、列数）。当然，也可以通过报表实现跟标签一样的打印样式。在 Visual FoxPro 中，可以使用"标签向导"或"标签设计器"来创建标签。

8.6.1　标签向导

利用"标签向导"是创建标签的简单方法。用向导创建标签文件后，可以再用"标签设计器"继续修改标签。

1. 启动标签向导

启动标签向导跟启动报表向导的方法是类似的，主要有以下 3 种方法：

（1）项目管理器：在项目管理器中选择"文档"选项卡，然后选中"标签"、点击右侧的"新建"按钮，即可打开如图 8.28 所示的"新建标签"的对话框。

（2）"文件"系统菜单：在"文件"菜单下点击"新建"菜单项，在"新建"对话框中选中"标签"、点击"向导"按钮。

（3）"工具"系统菜单：在"工具"菜单下点击"向导"→"标签" 菜单项。

2. 标签向导应用实例

【例 8.3】　利用标签向导创建学生管理系统中的"学生学籍卡"的标签。

（1）打开标签向导：在项目管理器中选择"文档"选项卡，然后选中"标签"、点击右侧的"新建"按钮，在打开的如图 8.28 所示的"新建标签"对话框中点击左侧的"标签向导"，即可打开"标签向导"对话框。

（2）操作标签向导：在标签向导中需要进行 5 步操作，才可以完成标签的创

建。

步骤1：选择表。

如图8.29所示，首先从"数据库和表"下方的下拉框中选择"STUDENT"的"STUD"这个表。

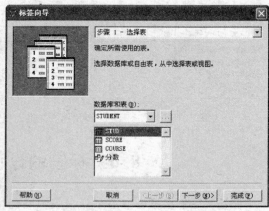

图 8.28　新建标签对话框　　　　　图 8.29　标签向导步骤1：选择表

步骤2：选择标签类型。

如图8.30所示，在标签向导中的"标签类型"主要说明了采用的纸张大小、报表的分列数等。其中，

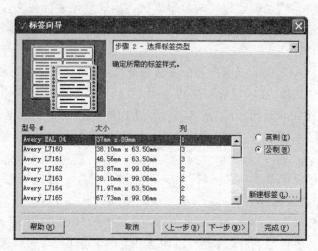

图 8.30　标签向导步骤2：选择标签类型

· 型号：说明该标签类型的名称。

· 大小：高度×宽度，可以选择右边的"英制（单位为英寸）"或"公制（单位为

mm)"。

• 列：沿纸张水平方向打印的标签个数。

如果列表中没有合适的标签类型，可选择近似的一种，用向导创建完毕后再在标签设计器里修改标签；也可以点击"新建标签"按钮创建自己定义的标签，点击后打开如图 8.31 所示的"自定义标签"对话框。在该对话框内可以点击"编辑"按钮打开"新标签定义"对话框，修改已有的自定义标签类型；也可以点击"删除"按钮删除已有的自定义标签类型；还可以点击"新建"按钮打开"新标签定义"对话框来自定义标签类型。

在"新标签定义"对话框内首先输入标签的名称，然后选择度量单位：英制（单位为英寸）或公制（单位为 cm），最后在下方的图示区域每个箭头旁的文本框内直接输入各个区域的尺寸。例如，图 8.31 所示的标签类型定义中各区域的大小设置如下：

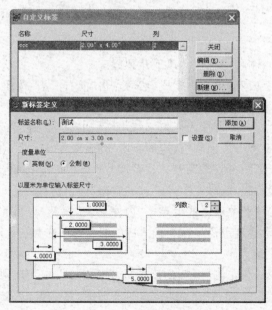

图 8.31　自定义标签

页面上边距：1 厘米；页面左边距：4 厘米；标签打印区域：高度为 2 厘米，宽度为 3 厘米；水平方向的列数（打印的标签个数）：2 列；列与列之间的水平间隔为 5 厘米。

步骤 3：定义布局。

如图 8.32 所示，该对话框中主要分为 3 个区域："可用字段"、命令按钮和"选定字段"。"可用字段"中列出的是在步骤 1 中选定表中的所有的字符型、数值型、

日期型的字段(备注、二进制等被忽略);"选定字段"中既包括表中的字段,也包括从命令按钮或文本框中输入的信息。

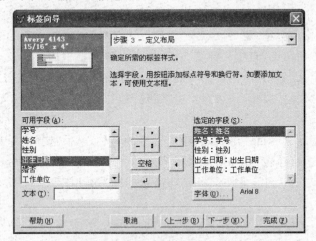

图 8.32　标签向导步骤 3:定义布局

向布局中添加、删除信息包括以下几种方法:

•先在"可用字段"框中选中字段,然后点击"向右箭头"按钮(也可以直接在字段上双击鼠标),添加到"选中的字段"列表框中。

•在"文本"输入框中可输入任何字符串,例如,输入"姓名:",然后点击"向右箭头"按钮即可把字符串添加到"选定的字段"列表框中。

•点击中间区域的"。"、","、"—"、":"、"空格"、"回车"按钮,可以在"选定的字段"列表框中分别添加"。"、","、"—"、":"、"空格"、"换行"。

•在"选定的字段"中双击或者点击"向左箭头"按钮,可以将当前行最右侧的字段、输入的字符串或者用命令按钮输入的符号从标签中删除。

步骤 4:排序记录。

如图 8.33 所示,在左侧"可用的字段或索引标识"的下拉列表中可以选择字段,点击"添加"按钮,添加到"选定字段"列表框中,然后点击选中"升序"还是"降序"单选按钮。

步骤 5:完成。

如图 8.34 所示,选择"保存标签已备将来使用",最后点击"保存"按钮完成标签的设计。

(3)修改、运行标签:当标签设计完毕后,该标签会自动添加到"项目管理器"中,可以在"项目管理器"中选中"文档"选项卡,展开"标签"的目录树,选中刚才建立的"STUD"这个标签,此时"标签设计器"右侧的 6 个按钮都变成可用状态。点

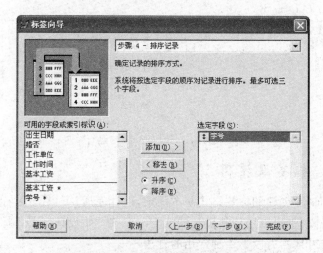

图 8.33　标签向导步骤 4：排序记录

图 8.34　标签向导步骤 5：完成

击"修改"将打开"标签设计器"对标签进行修改,如图 8.35 所示;点击"运行"将运行标签,如图 8.36 所示。

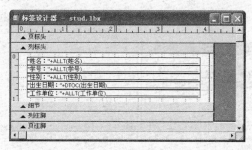

图 8.35　例 8.3 设计的标签在标签设计器中进行修改

姓名：张黎明
学号：20050010101
性别：男
出生日期：10/01/70
工作单位：胜利油田孤东采油厂

姓名：王海
学号：20050010201
性别：男
出生日期：08/11/78
工作单位：胜利油田孤东采油厂

姓名：李梅
学号：20050010202
性别：女

姓名：王海雁
学号：20050020101
性别：女

打印预览

图 8.36　例 8.3 设计的标签的运行结果

8.6.2　标签设计器

用"标签向导"创建的标签格式基本固定,设计完后,可以使用"标签设计器"进行进一步的修改;也可以用标签设计器从空白标签开始设计一个新标签。

启动标签设计器有以下 4 种常用的方法:

(1) 命令方式:CREATE LABEL［文件名|?］:新建该标签,同时打开标签设计器。或者使用 MODIFY LABEL［文件名|?］,打开现存的标签。

(2) 常用工具栏:单击"新建"图标,在"新建"对话框中选中"标签"单选按钮,点击"新建文件"按钮新建一个标签。或者点击"打开"按钮,在打开对话框中,将文件类型设定为"标签",打开一个现存的标签。

(3) 菜单栏:点击"文件"→"新建"菜单项,在"新建"对话框中选中"标签"单选按钮、点击"新建文件"按钮新建一个标签。或者点击"文件"→"打开",在"打开"对话框中,将文件类型设定为"标签",打开一个现存的标签。

(4) 项目管理器:在项目管理器中选择"文档"选项卡,然后选中"标签"、点击右侧的"新建"按钮,在打开的如图 8.28 所示的"新建标签"对话框中点击右侧的"新建标签"。或者在"标签"下选择一个现存的标签,点击右侧的"修改"按钮。

注意:当新建标签时,首先要选择"标签布局",如图 8.37 所示,然后才能打开如图 8.38 所示的标签设计器。

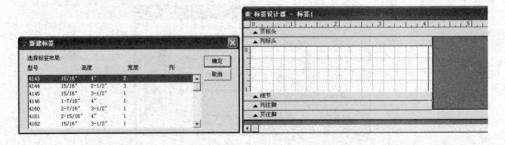

图 8.37　新建标签时,首先选择标签类型　　　　图 8.38　标签设计器主界面

标签设计器默认包括 5 个带区：页标头（Page Header）、列标签（Column Header）、细节（Detail）、列注脚（Column Footer）和页脚（Page Footer），每个带区的底部显示分隔栏。

在标签设计器中同样可以使用在报表设计中的数据环境、报表控件工具栏、调色板工具栏、布局工具栏等，操作方法也是相同的。

本章小结

通过本章的学习，要求能够区分报表和标签；重点掌握报表向导和报表设计器的使用方法；能够使用报表设计器及报表布局工具栏、数据环境、报表控件等熟练创建列报表、行报表、分组报表、一对多报表等；掌握报表和标签的页面设置与打印。

习 题 八

1. 使用标签设计器或标签向导设计一个学生学籍卡片打印程序，要求打印出学生的学号、姓名、性别、班级、籍贯、照片等基本信息。

2. 使用报表设计器设计一个一对多的报表，要求父表是学生的学号、姓名、班级等信息，子表是该学生的各门课的课程名、成绩。

3. 使用报表设计器创建一个学生成绩统计表，要求显示学号、姓名、班级、课程名、分数、名次；按照课程名和名次进行排序；按照课程名进行分组，每组最后统计该课程的平均分、最高分和最低分。

第9章　菜单设计

本章导学

　　前面几章已经介绍了表单、报表等与应用程序界面相关的内容,在应用程序的界面设计中,还有一个常用的工具,即菜单(MENU)。在 Windows 操作系统中经常会用到各种各样的菜单(如右键快捷菜单、系统菜单等),菜单的操作把各个功能模块或操作命令按照一定的分类方式组织在一起,提供一个很方便、很友好的操作界面。例如,将第7章、第8章中所有的例题通过一个菜单集中起来,这样在运行时,可以分别点击每个菜单打开运行相关的例题。

　　菜单可以响应鼠标动作或者键盘的快捷键和快速访问键,从而激发菜单的事件、显示子菜单或执行相关的命令和代码。这一点类似于命令按钮,但菜单只有一个事件——Click 事件。

　　另外,工具栏也是应用程序中经常使用的一个通过图形按钮的方式把最常用的功能模块或操作命令组织在一起的一个途径。

　　本章将主要介绍菜单的相关概念以及创建和运行菜单、子菜单、快捷菜单的方法;最后简单介绍一下 Visual FoxPro 中工具栏的设置。

9.1　菜单设计基础

9.1.1　与菜单相关的文件扩展名

Visual FoxPro 中与菜单相关的文件有3种扩展名:

　　(1)菜单定义文件:扩展名为.MNX,该文件不能直接执行,必须点击"菜单"→"生成"菜单将其编译生成菜单程序文件才能执行。

　　(2)菜单备注文件:扩展名为.MNT。

　　(3)菜单程序文件:将.MNX 文件编译后,系统将生成一个菜单程序文件,扩展名为.MPR。

9.1.2　创建新菜单的方法

　　(1)使用"项目管理器":从项目管理器中选择"其他"选项卡,然后选择"菜单",并单击"新建"按钮。

(2) 使用"文件"菜单中的"新建"(或工具栏中的"新建"按钮图标或使用快捷键"Ctrl+N"),选择"菜单";然后再选择"新建文件"。

(3) 使用 CREATE MENU 命令,例如,CREATE MENU 菜单1。

以上 3 种方法最后一步都会打开如图 9.1 所示的"新建菜单"对话框,该对话框中有两项选择:"菜单"(下拉菜单)、"快捷菜单",点击这两个图标按钮可以分别打开如图 9.2 所示的"菜单设计器"和"快捷菜单设计器",二者操作基本相同。

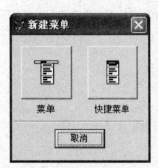

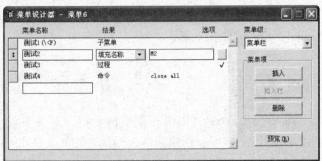

图 9.1　新建菜单对话框　　　　　　图 9.2　菜单设计器

9.1.3　菜单的设计步骤

在 Visual FoxPro 中创建一个菜单一般需要按照以下步骤进行:

1) 创建菜单和子菜单

使用"菜单设计器"可以定义菜单标题、菜单项、子菜单、菜单选项等。

2) 预览菜单

点击"菜单设计器"上的"预览"按钮,可以在 Visual FoxPro 的系统菜单位置处预览正在编辑的菜单。注意:预览时只能看到菜单的组织结构,点击菜单项时并不触发菜单项的单击事件。

3) 按实际要求为菜单指定任务

指定菜单所要执行的任务,即单击事件要执行的程序代码,或打开子菜单。

4) 生成菜单程序

设计的.MNX 菜单文件不能被直接执行,必须首先保存正在设计的菜单,然后点击菜单"菜单"→"生成",最后输入要生成的菜单的文件名后点击"生成"按钮(见图 9.3),即可将菜单转换成可执行的菜单程序(.MPR 文件)。.MPR 文件实际上是一种程序文件,也可以在程序设计器中对其代码进行编辑。

5) 运行菜单

图 9.3　生成菜单

　　运行生成的菜单(使用 DO 菜单. MPR 文件,例如,Do 菜单 1. MPR),对菜单系统进行测试。测试完毕后,可以使用 Set Sysmenu TO DEFAULT 命令,恢复到 Visual FoxPro 的系统菜单。

9.2　菜单设计器

　　在 Visual FoxPro 中没有菜单向导,是在"菜单设计器"中完成菜单的设计。在菜单设计器中,可以创建菜单、子菜单、菜单项和分隔线。

9.2.1　快速菜单

　　如果创建的是"菜单"而不是"快捷菜单",而且是刚刚打开"菜单设计器",还没有进行任何编辑,此时点击系统菜单"菜单"→"快速菜单",Visual FoxPro 会自动创建一个如图 9.4 所示的包含 Visual FoxPro 中常用的菜单项的菜单作为原始的菜单模型,再在"菜单设计器"中进行适当地编辑即可得到自己的菜单。

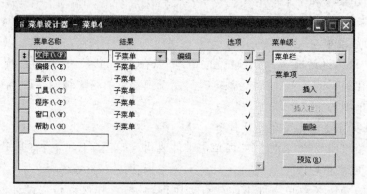

图 9.4　快速菜单创建的菜单

9.2.2　菜单设计器的使用

　　因为"菜单设计器"与"快捷菜单设计器"的操作基本相同,所以只介绍"菜单设计器"。

1."菜单名称"栏

相当于菜单的标题,用于描述菜单、菜单项的名称,如菜单"文件"、"编辑",菜单项"打开"、"保存"、"复制"、"粘贴"等。如果想为菜单项加入快速访问键,即利用键盘访问菜单,可以在快速访问键的字母前加上一反斜杠和小于号(\<)。例如,在"文件"菜单中设计访问键为"F",只要在菜单名称中输入"文件(\<F)"即可。

2."结果"栏

"结果"栏用于指定该菜单项将要执行的任务。单击该栏将出现一个下拉框,有"命令"、"子菜单"、"过程"和"填充名称"(当前为主菜单时)或"菜单项"(当前为子菜单时)4种选择。

1)"命令"

"命令"选项表示点击时执行一条指定的命令,直接在"结果"栏下拉框后边的文本框中输入命令,例如,CLOSE DATABASE。

2)"过程"

指定点击菜单项时执行的一个过程。选定该项后,"结果"栏下拉框后边出现一个"创建"按钮(如果过程已经创建,则"创建"按钮变为"编辑"按钮),单击该按钮则打开程序代码编辑窗口。

3)"子菜单"

定义当前菜单的下一级菜单。选定该项后,"结果"栏下拉框后出现一个"创建"按钮(如果子菜单已经创建,则"创建"按钮变为"编辑"按钮),单击该按钮则进入下一级子菜单编辑界面。

4)"填充名称"或"菜单项#"

该选项定义第一级菜单的菜单名或子菜单的菜单项序号。当前若是第一级菜单就显示"填充名称",表示定义菜单名;当前若是子菜单的菜单项,就显示"菜单项#",表示定义菜单项序号,定义时将名字或序号输入到它右边的文本框内即可。

注意:"菜单名称"是菜单运行时在界面中显示的菜单标题,而"填充名称"或"菜单项#"是系统内部使用的名称,是在程序中引用菜单及菜单项的名称。如果不指定,则系统随机给定一个唯一的名称。

3."选项"栏

在菜单设计器的"选项"栏下,当选中某个菜单项时,点击右侧的按钮会打开一个"提示选项"的对话框,如图9.5所示,可在其中为各菜单项设置快捷方式、菜单显示位置、提示信息和主菜单名等。如果在"提示选项"对话框中修改了某些选项,在"选项"栏处就会显示一个"√"符号,如图9.2中"测试3"右侧的选项栏所示。

• "键标签":定义快捷键,首先点击选中"键标签"后的输入框,然后从键盘输

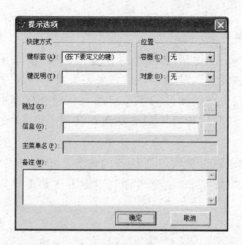

图 9.5　菜单项的"提示选项"

入快捷键(同时按下 Ctrl 或 Shift＋字母)。

•"键说明":在菜单项标题右侧显示的快捷键的提示信息,默认与"键标签"相同,可以修改。

•"跳过":属于选择逻辑设计。在文本框中输入一个逻辑表达式,如果该表达式为.T.,表示当前菜单项无效(呈灰色显示);如果该表达式为.F.,表示该菜单项有效。

•"信息":用来设计菜单项的说明信息。该说明信息将出现在状态栏中。注意:输入的信息必须用定界符号定界。

•"备注":给菜单编写一些说明信息,是在"菜单设计器"中设计菜单时,给出的说明信息。

4. 菜单级

菜单级的下拉框中显示的是从第一级菜单(菜单栏)到当前子菜单的所有层级菜单,从下拉列框中选中相应的菜单项就可以直接跳转到相应的菜单级中对该级菜单进行设计。

5."菜单项"命令按钮

在菜单项区域中有 3 个命令按钮,即插入、删除、插入栏。

1) 插入

在当前选中的菜单项位置前插入一个新的菜单项。

2) 插入栏

在当前选中的菜单项位置前插入 Visual FoxPro 提供的系统菜单栏,点击该按钮,可以打开一个如图 9.6 所示的"插入系统菜单栏"对话框。在该对话框内选中相应的菜单项,再点击其中的"插入"按钮,可以连续插入,完毕后点击"关闭"按钮关闭"插入系统菜单栏"的对话框。但是只有在编辑子菜单时,"插入栏"按钮才有效。

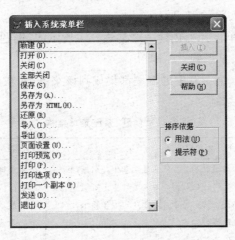

图 9.6　插入系统菜单

3）删除

删除当前选中的菜单项以及该菜单项的各级子菜单。

6．移动控件

"菜单名称"左边的双向箭头按钮就是移动控件,设计时可以利用移动控件可视化地将当前行菜单移动到其他位置,用于实现重新排列菜单的顺序。用鼠标左键按住移动控件移动到新位置即可。

7．"预览"命令按钮

在没有编译菜单程序代码的情况下,可以显示该菜单的设计效果。预览时菜单直接显示在 Visual FoxPro 系统菜单位置处。

8．系统菜单"菜单"

当前操作的是"菜单设计器"时,Visual FoxPro 系统菜单中会增加一个"菜单"菜单项,该菜单下具有"生成"、"预览"、"插入菜单项"、"插入栏"、"删除菜单项"等菜单项。

9.3　菜单设计实例

9.3.1　菜单栏中菜单的设计

一般情况下,使用"菜单设计器"设计的菜单,是在 Visual FoxPro 的窗口中运

行的,此时,菜单也显示在 Visual FoxPro 的原系统菜单栏处。如果不想这样显示,可以打开 Visual FoxPro 系统菜单"显示/常规选项"设置自己设计的菜单与 Visual FoxPro 的原系统菜单的位置关系,包括"替换"、"追加"、"在某菜单前插入"、"在某菜单后插入"4 个选项。

【例 9.1】 用菜单设计器创建一个如表 9.1 所示的"例题"系统的菜单。

1) 规划与设计菜单系统

该例是将第 7 章、第 8 章中的例题都集成到该菜单中,在规划设计阶段主要是确定各级菜单的层次结构。

表 9.1 "例题"系统菜单结构

数据表(T)	第 7 章表单(F)	第 8 章报表(R)	窗口(W)	退出(X)
学生表(Ctrl+S)	7.1 连续求和(1)	8.1 学生花名册(1)	全部重排(A)	
课程表(Ctrl+C)	7.2 学生管理(2)	8.2 学生工资级别(2)	命令窗口(C)	
选课表(Ctrl+X)	7.3 课程管理(3)	8.3 学生学籍卡片(3)	全部显示(O)	
	7.4 表单事件(4)		全部隐藏(H)	
	7.5 表单方法(5)			
	7.6 登录窗口(6)			
	7.7 计算器(7)			
	7.8 字体设置(8)			
	7.9 成绩管理(9)			

2) 创建菜单和子菜单

使用菜单设计器定义该菜单的标题、菜单项、子菜单、菜单选项等。操作步骤如下:

(1) 创建主菜单。

① 从"项目管理器"中选择"其他"选项卡,然后选择"菜单",再单击"新建"按钮。

② 在打开的如图 9.1 所示的对话框中再点击"菜单",打开"菜单设计器"窗口。

③ 在如图 9.7 所示的"菜单设计器"窗口中定义主菜单中各菜单项的"菜单名称",分别为"数据表(\<T)"、"第 7 章表单(\<F)"、"第 8 章报表(\<R)"、"窗口(\<W)"、"退出(\<X)"。其中,(\<字母)是定义该菜单项的快速访问键(运行时可以使用"Alt+字母"快速访问)。还要选择各菜单项的"结果",因为前四个菜单项中都有子菜单,所以其"结果"栏中都选择"子菜单"。

④ 保存菜单文件,命名为"EX1.MNX"。

(2) 创建各子菜单。

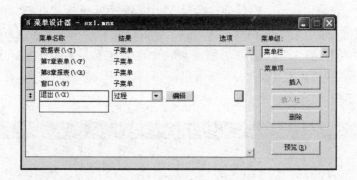

图9.7 例9.1中创建主菜单

分别点击选中主菜单(菜单栏)内的前四个菜单项,然后点击"结果"右侧的"创建"按钮(如果已经编辑过,此处为"编辑"按钮)进入下一级菜单,一旦进入下一级菜单,在"菜单级"框中显示的就不是"菜单栏"了,而是该子菜单所对应的"菜单名称"。

① 定义"数据表"的子菜单。点击选中主菜单(菜单栏)内的菜单项"数据表",然后点击结果栏中的按钮,进入"数据表 T"的子菜单。分别建立"学生表"、"课程表"和"选课表"菜单项;点击"选项"栏中的按钮打开"提示选项"对话框,在该对话框内的"键标签"后的文本框中定义各菜单项的快捷键,分别是"Ctrl+S"、"Ctrl+C"、"Ctrl+X",如图9.8所示。

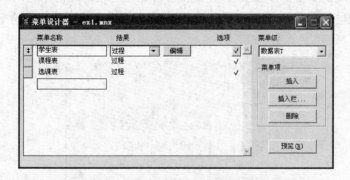

图9.8 "数据表 T"的子菜单

定义完毕后点击"菜单级"下拉框中的"菜单栏",返回到"主菜单"的界面中。

② 定义"第 7 章表单 F"、"第 8 章报表 R"的子菜单。按照同样方法定义"第 7 章表单 F"、"第 8 章报表 R"的子菜单。

③ 定义"窗口 W"的子菜单。该子菜单的所有菜单项都是利用 Visual FoxPro 中的系统菜单,所以操作方法跟前面不同。

首先点击"插入栏"按钮,打开如图 9.9 所示的"插入系统菜单栏"对话框,然后按住"Ctrl"键分别选中"全部重排(A)"、"命令窗口(C)"、"全部显示(O)"、"全部隐藏(H)",再点击"插入"按钮,此时所有被选中的系统菜单项都被插入到了"窗口W"的子菜单中,最后点击"插入系统菜单栏"的窗口中的"关闭"按钮,返回到"窗口W"的子菜单中。

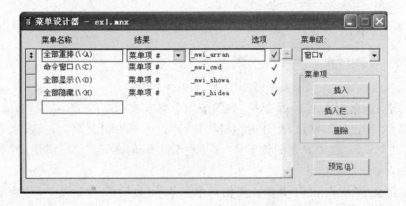

图 9.9 "窗口 W"的子菜单

(3) 预览菜单。

点击菜单设计器上的"预览"按钮,可以在 Visual FoxPro 的系统菜单位置处预览正在编辑的菜单。注意:预览时只能看到菜单的组织结构,点击菜单项时并不触发菜单项的单击事件。本例的预览效果如图 9.10 所示。预览完毕后,点击"确定"按钮,返回到"菜单设计器"。

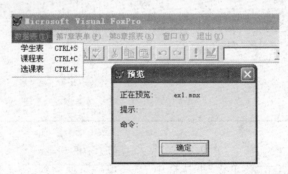

图 9.10 例 9.1 的预览效果

(4) 按实际要求为菜单系统指定任务。

指定菜单所要执行的任务,即单击事件要执行的程序代码。"结果"栏中可以选择"命令"、"子菜单"、"过程"和"填充名称"(当前为主菜单时)或"菜单项"(当前为子菜单时)等,如果是单条命令应该选择"命令",如果是多条命令应该选择"过程",如果是包含下一级菜单应该选择"子菜单"。各菜单项指定的任务如表9.2所示。

表 9.2 各菜单项指定的任务

一级菜单	二级菜单项	结 果	结果框内容
数据表(T)	学生表	过程	USE STUD BROWSE
	课程表	过程	USE COURSE BROWSE
	选课表	过程	USE SC BROWSE
第7章表单(F)	7.1 连续求和(1)	命令	DO FORM frm7_1
	7.2 学生管理(2)	命令	DO FORM frm7_2
	…	命令	DO FORM…
第8章报表(R)	8.1 学生花名册(1)	命令	REPORT FROM rpt8_1 PREVIEW
	8.2 学生工资级别(2)	命令	REPORT FROM rpt8_2 PREVIEW
	8.3 学生学籍卡片(3)	命令	REPORT FROM rpt8_3 PREVIEW
窗口(W)	全部重排(A)	菜单项#	_mwi_arran
	命令窗口(C)	菜单项#	_mwi_cmd
	全部显示(O)	菜单项#	_mwi_showa
	全部隐藏(H)	菜单项#	_mwi_hidea
退出(X)	无	过程	CLOSE DATABASE SET SYSMENU TO DEFAULTT CLEAR EVENT

(5)生成菜单程序。

设计的.MNX菜单文件不能被直接执行,必须首先保存正在设计的菜单,然后点击"菜单"→"生成"子菜单,最后输入要生成的菜单的文件名(EX1.MPR),点击"生成"按钮(见图9.3),即可将菜单编译成可执行的菜单程序。

(6)运行菜单。

在命令窗口内输入"DO EX1.MPR",执行菜单,将显示如图9.11所示的结果,点击菜单中的"退出",恢复到 Visual FoxPro 的系统菜单。

图 9.11　例 9.1 的执行效果

9.3.2　为顶层表单添加菜单

在例 9.1 中,设计的菜单虽然替换了 Visual FoxPro 的系统菜单,但是,系统的主界面仍然还是 Visual FoxPro 的主界面("Microsoft Visual FoxPro"标题一直都显示)而不是创建的表单。要想在程序的主界面中显示自己的窗口和主菜单(即去掉"Microsoft Visual FoxPro"标题并换成表单的标题),可以通过顶层表单来实现。顶层表单的实现方法:

(1) 设计菜单时,在"常规选项"中,选中"顶层表单"复选框,然后生成菜单程序文件。注意:此时不能再在命令窗口中执行该菜单了,必须在表单中执行。

(2) 在"表单设计器"中打开表单,在表单的"属性"窗口中,将表单的 Show-Window 属性设置为"2—作为顶层表单";在表单的 Init 事件代码中添加"DO ＜菜单程序名＞ WITH THIS,.T."。

【**例 9.2**】 将例 9.1 的菜单添加到表单 EX9_2.SCX 中。

操作步骤如下:

(1) 将"EX1. MNX"和"EX1. MPR"分别复制成"EX2. MNX"和"EX2. MPR"。

(2) 在"项目管理器"中点击"其他"选项卡,选中"菜单"后点击"添加",选中"EX2. MNX"将其添加到"项目管理器"中。

(3) 在"项目管理器"中选中"EX2",点击右侧的"修改"按钮,打开"EX2"的菜单设计器。

(4) 单击"显示"→"常规选项"菜单项,在"常规选项"对话框中选择"顶层表单"复选框。

(5) 点击菜单项"退出"的"过程"栏右侧的"编辑"按钮,修改代码为

　　CLOSE DATA

　　_VFP. ActiveForm. Release 　 && 关闭表单,注意不能使用 THISFORM. Release。

(6) 保存菜单后,单击"菜单"→"生成"菜单项,打开"生成菜单"对话框(见图 9.3),单击"生成"按钮,生成 EX2. MPR。

（7）新建表单文件"EX9_2"，在表单的"属性"窗口中，修改其 ShowWindow 属性为"2—作为顶层表单"、MaxButton 为".F.—假"、Closable 为".F.—假"、Caption为"例 9.2"、BorderStyle 为"2—固定对话框"、Init 事件代码中添加调用菜单程序的命令："DO EX2.MPR WITH THIS,.T."。

（8）在表单中添加一个标签控件 Label1，修改其 Caption 为"程序设计语言（VF）界面设计"；FontSize 为"15"；FontName 为"楷体 GB2312"；FontBold 为"真"。

（9）保存表单并运行，效果如图 9.12 所示。

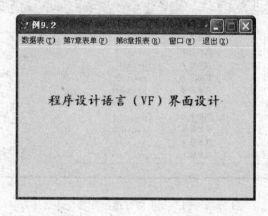

图 9.12　例 9.2 运行结果

9.3.3　快捷菜单设计

快捷菜单（ShortCut Menu），是指在控件或对象上单击鼠标右键时显示的菜单。使用 Visual FoxPro 提供的"快捷菜单设计器"可以创建快捷菜单，通过代码（只需为该对象的"RightClick"事件编写代码：DO ＜快捷菜单程序文件名＞）可以将这些菜单附加在控件上。

在如图 9.1 所示的"新建菜单"对话框中选择"快捷菜单"，即可打开"快捷菜单设计器"对话框。快捷菜单设计器跟菜单设计器的界面相同，使用方法也相同。

【例 9.3】　建立一个具有与 Visual FoxPro"编辑"菜单相类似的快捷菜单的文本文件编辑器。

操作步骤如下：

1）打开"快捷菜单设计器"窗口

在"项目管理器"中点击"其他"选项卡，选中"菜单"后点击"新建"，在打开的如图 9.1 所示的"新建菜单"对话框中点击"快捷菜单" 即可打开"快捷菜单设计器"对话框。

2) 插入系统菜单栏

在"快捷菜单设计器"窗口中,点击"插入栏"按钮,进入如图 9.5 所示的"插入系统菜单栏"对话框,在"插入系统菜单栏"对话框中按住 Shift 或 Ctrl 键分别选择"撤消(\<U>)"、"重做(\<D>)"、"剪切(\<T>)"、"复制(\<C>)"、"粘贴(\<P>)"、"选择性粘贴(\<S>)…"、"清除(\<A>)"、"全部选定(\<L>)"、"查找(\<F>)…"、"再次查找(\<G>)"、"替换(\<E>)…"等选项后,单击"插入"按钮,最后单击"关闭"按钮返回到如图 9.13 所示的"快捷菜单设计器"窗口。

图 9.13 例 9.3 快捷菜单设计器设计结果

3) 保存菜单文件

点击常用工具栏中的"保存"按钮,将菜单命名为"EX3"。

4) 生成菜单程序

单击"菜单"→"生成"菜单,打开"生成菜单"对话框,单击"生成"按钮,生成 EX3. MPR。

5) 新建表单

在"项目管理器"中点击"文档"选项卡,选中"表单"后点击"新建",在打开的"新建表单"对话框中点击"新建表单"即可打开"表单设计器"对话框。修改表单的 Caption 属性为"文本文件编辑器"、Maxbutton 为".F. —假"、BorderStyle 为"2—固定对话框"。

在表单中添加一个命令按钮 Command1 和一个编辑框 Edit1,将 Command1 的 Caption 属性修改为"保存文件"。

修改 Command1 的 Click 事件:

```
cfile = PUTFILE( )
nhandle = FCREATE(cfile,0)
FWRITE(nhandle,THISFORM. Edit1. Value)
```

FCLOSE(nhandle)

修改 Edit1 的 RightClick 事件：

    DO EX3. MPR

保存表单为"EX9_3"。

6）执行表单调用快捷菜单

点击常用工具栏中的"执行"按钮，
运行表单，运行结果如图 9.14 所示。
此时，可以在编辑框中输入文本信息，
而且点击鼠标右键可以打开定义的右
键快捷菜单。输入完毕后，点击界面中
的"保存文件"按钮，可以选择文件保存

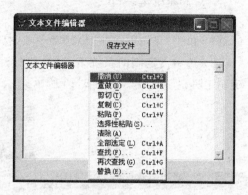

图 9.14　例 9.3 的运行效果

的位置，将文本框中的文字保存到指定的文件中。

9.4　工　具　栏

在许多应用软件中都有自己的工具栏，单击后可以执行某个常用任务。Visual FoxPro 中的工具栏可以浮动在窗口中，也可以停放在主窗口的上部、下部或两边。Visual FoxPro 中除了有常用工具栏外，每种设计器都有一个或多个工具栏，可以很方便地使用大多数常用的功能或工具操作。例如，表单设计器就有分别用于控件、控件布局以及调色板的工具栏。工作时，可以根据需要在屏幕上放置多个工具栏。通过把工具栏停放在屏幕的上部、底部或两边来定制工作环境。Visual FoxPro 能够记住工具栏的位置，再次进入 Visual FoxPro 时，工具栏将位于关闭时所在的位置上。

1. 显示系统工具栏

Visual FoxPro 中的工具栏默认只显示菜单下的"常用工具栏"，其他工具栏有的会根据当前操作的对象而自动打开或关闭，例如，如果打开"表单设计器"，则"表单控件工具栏"就会自动显示出来。其他工具栏如果要显示的话，需要点击 Visual FoxPro 系统菜单"显示"→"工具栏"（或者在任意工具栏中点击鼠标右键，在快捷菜单中点击"工具栏"），打开如图 9.15 所示的"工具栏"对话框，在该对话框内点击选中相关工具栏，再点击"确定"按钮即可。

2. 停放系统工具栏

系统工具栏可以停靠在 Visual FoxPro 主界面的顶部、底部或两边。方法是：直接在某工具栏中点击按下鼠标左键，将工具栏拖到屏幕的相应位置处，此时工具栏自动就停靠到主界面上。

3. 定制系统工具栏

定制系统工具栏的操作步骤如下：

（1）单击"显示"→"工具栏"菜单项，打开如图 9.15 所示的"工具栏"对话框。

（2）选中需定制的系统工具栏，如"查询"工具栏，然后点击"定制"按钮，打开
"定制工具栏"对话框，如图 9.16 所示。

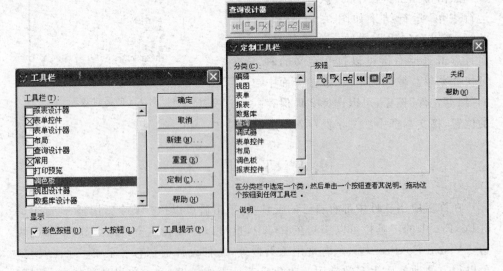

图 9.15 "显示/工具栏"对话框　　　　　图 9.16 定制工具栏

（3）在"分类"列表框选择某类工具栏（如"查询"），"按钮"栏将显示该分类下
相关的所有按钮，选中某个按钮后，"说明"栏显示该按钮的相关说明文本，此时，选
定的工具栏也在 Visual FoxPro 主窗口中显示出来，如图 9.16 上方的"查询设计
器"。

（4）此时，可以从界面中显示的任意工具栏中按下某按钮，拖动到工具栏边界
外，松开鼠标，将该按钮从工具栏中删除；也可以向任意工具栏中添加"定制工具
栏"中任意分类的按钮，即从"按钮"栏中按下某按钮拖动到某工具栏边界内（如果
未拖动到某工具栏的边界内，则会新建一个只有该按钮的工具栏）；另外，还可以在
任意工具栏内按下某按钮，在该工具栏的边界内移动，改变按钮的顺序。

（5）工具栏定制完成，单击"关闭"按钮即可。

4. 创建新的工具栏

可以为 Visual FoxPro 创建新的系统工具栏，操作步骤如下：

（1）单击图 9.15 右侧的"新建"按钮，打开如图 9.17 所示的"新工具栏"对话
框。

（2）输入新工具栏名称，如"我的工具栏"，单击"确定"按钮。

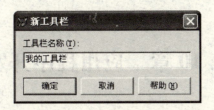

图 9.17　新建工具栏

（3）屏幕出现新建的"我的工具栏"工具栏（没有任何按钮），同时打开如图 9.16 所示的"定制工具栏"对话框。

（4）在"定制工具栏"中分别点击某"分类"栏中的相关按钮，将其拖到该工具栏内即可添加对应的功能按钮。

（5）完成后单击"关闭"按钮即可。

本章小结

通过本章的学习，要求熟练掌握菜单设计器的使用方法，并能够将菜单添加到 Visual FoxPro 的表单及控件中。注意：菜单只有编译生成后，才能运行。

习　题　九

1. 菜单中的结果栏中有几种选项？它们的区别是什么？

2. 创建一个菜单，该菜单具有 3 个顶级菜单"第 7 章"、"第 8 章"、"退出"。点击前两个菜单分别打开"第 7 章"和"第 8 章"的所有练习题的下拉菜单项，点击菜单项不是运行表单和报表，而是打开表单设计器或者利用表单设计器对其进行修改；点击"退出"按钮，退出该菜单，返回到 Visual FoxPro 系统菜单。

3. 将第 2 题中创建的菜单添加到表单中，当运行表单时，自动打开该菜单。

4. 建立一个具有 Visual FoxPro"编辑"菜单中的功能的快捷键的文本文件编辑器。

5. 根据自己的使用习惯，调整 Visual FoxPro 的工具栏。

第 10 章　应用程序开发

本章导学

　　本章将讲解可视化应用程序的创建步骤和设计方法、项目管理器的使用以及如何将应用程序部件组织成项目等。学习 Visual FoxPro 程序设计的目的就是为了开发数据库应用程序,本章将介绍数据库应用程序的开发方法和步骤,把前面学过的内容组装成项目,完成一个小的数据库应用系统。

　　在前面的章节里,学习了 Visual FoxPro 的数据库管理和各类程序设计,但要完成一个完整的数据库应用系统,首先要合理地设计规划,然后合理组织各类功能模块及相关文件,以形成性能稳定、能独立运行的应用系统。而对于每一步的开发,都可以利用项目管理器来进行,项目管理器可以帮助管理开发过程中的所有文件,并最终连编成应用程序。

10.1　开发应用程序的基本步骤

　　数据库应用系统的开发,按照软件工程的思想可分为以下阶段:

　　1) 分析阶段

　　在软件开发的分析阶段,信息收集是决定软件项目可行性的重要环节。程序设计者要通过对开发项目信息的收集,确定系统目标、软件开发的总体思路及所需的时间等。

　　2) 设计阶段

　　在软件开发的设计阶段,首先要对软件开发进行总体规划,认真细致地搞好规划可以省时、省力、省资金;然后具体设计程序完成的任务、程序输入输出的要求及数据结构的确立等,并用算法描述工具详细描述算法。

　　3) 实施阶段

　　在软件开发的实施阶段,要按系统论的思想,把程序对象视为一个大的系统,然后将这个大系统分成若干小系统,保证上层控制程序能够控制各个功能模块。一般采用"自顶向下"的设计思想开发上层控制程序,并逐级控制更低一层的模块,每一个模块执行一个独立精确的任务,且受控于上层程序。编写程序时,要坚持使程序易阅读、易维护的原则,并使过程和函数尽量小而简明,使模块间的接口数目尽量的少。

4）维护阶段

在软件开发的维护阶段,要经常修正系统程序的缺陷,增加新的性能。在这个阶段,测试系统的性能尤为关键,要通过调试检查语法错误和算法设计错误,并加以修正。

在开发应用程序时,应进行系统环境规划,规划中要考虑的因素有应用程序所面向的用户及其可能需要的各种操作、数据库规模、系统工作平台(单机版或是网络版)、程序要处理的数据类型(本地数据还是远程数据)等。规划完成之后,利用项目管理器来进行每一步的开发,它可以帮助管理开发过程中的所有文件,并最终连编成应用程序。应用程序的开发步骤大致如图 10.1 所示。

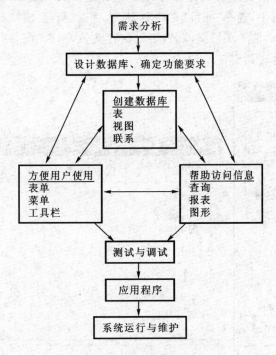

图 10.1 数据库应用系统开发

10.2 项 目 设 计

在开发一个应用系统的过程中,往往会产生大量的各种文件以及相关文档,一般包含以下几个部分:用户界面、主程序、子程序、数据库、表、查询、报表等。为了更好地管理这些文件,Visual FoxPro 引入了项目管理器。项目是文件、数据、文档和对象的集合,它被存为带有.PJX扩展名的文件。通过项目管理器,可以在应用系统的开发过程中,同时进行各种类型文件的建立、修改、编辑和管理。项目管理器采用可视化与自由导航的方式来组织管理表、表单、数据库、报表、查询等和创建应用程序,让用户方便地进行开发与管理工作。

10.2.1 项目管理器的使用

1. 创建项目文件

在开发应用程序时,首先应该新建一个项目文件,这会为以后的应用程序设计及文档管理带来很多的方便。

在 Visual FoxPro 主窗口,选择"文件"→"新建"菜单(或单击新建按钮),在弹出的"新建"对话框中,选择"项目"文件类型,然后按"新建文件"按钮。接着,系统弹出"创建"对话框,输入项目文件名,指定保存路径,单击"保存"按钮完成项目的创建。进入项目管理器窗口,如图 10.2 所示。

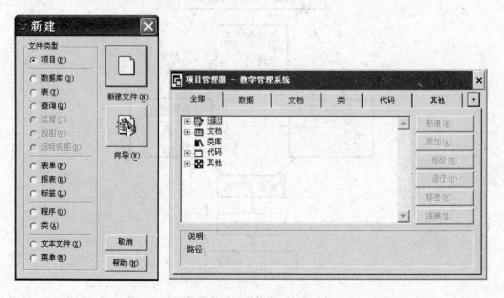

图 10.2 新建项目和项目管理器

在项目管理器中创建的文件以及使用"项目"菜单的"新建文件"菜单创建的文件会自动包含在该项目中;但使用"文件"菜单中"新建"命令创建的文件不会自动包含在项目中,这并不意味着无法对这些文件进行管理,因为在需要的时候,可随时将这些不在项目中的文件添加到一个项目中。

2. 项目文件的打开

当一个项目文件创建后,可以用多种方法打开。

最常用的方法是点击"打开"图标,在弹出的对话框中选择所需的项目文件,也可以在"文件"菜单中选择"打开"命令。

在命令窗口中,使用 MODIFY PROJECT <项目名>也可打开默认目录下的项目文件。

使用 Windows 的资源管理器,找到所需的项目文件,然后用鼠标双击这一文件,即可启动 Visual FoxPro 并同时打开包含该项目文件的项目管理器。

3. 项目管理器的使用

项目管理器以可视化、结构式的显示方式呈现所管理的文件和数据,而且提供醒目的标签与归类。项目管理器包含 7 个选项卡和多个命令按钮,以及当前窗口中的"项目"菜单选项。

1) 选项卡

(1) 全部:显示和管理所有类型的文件。

(2) 数据:显示和管理数据库、表等数据文件。

(3) 文档:显示和管理表单、报表和标签文件。

(4) 类:显示和管理类文件。

(5) 代码:显示和管理代码文件。

(6) 其他:显示和管理上述以外的其他文件。

(7) 折叠:单击 ⬆ 按钮可隐去全部选项卡,只剩下项目管理器和选项卡的标题,如图 10.3 所示。再次单击该按钮,项目管理器展开,恢复原样。

图 10.3 折叠的项目管理器

折叠"项目管理器"后,可以拖开选项卡,并根据需要重新安排它们的位置。拖开某一选项卡后,该选项卡就可以在 Visual FoxPro 6.0 的主窗口中独立移动。拖开某一选项卡的步骤为

① 折叠"项目管理器"。

② 选定一个选项卡,将它拖离"项目管理器"。

2) 命令按钮

项目管理器可同时显示 6 个命令按钮,但命令按钮的名称会因选项卡的不同而有所变化,主要的命令按钮有:

(1) 新建:创建一个新文件或对象,新文件或对象的类型与当前选定项的类型相同。

（2）添加：把已有的文件添加到项目中。

（3）浏览：在浏览窗口中打开一个表或视图。

（4）打开：打开一个数据库，如果选定的数据库已打开，此按钮变为"关闭"。

（5）关闭：关闭一个打开的数据库，如果选定的数据库已关闭，此按钮变为"打开"。

（6）运行：执行选定的查询、表单或程序。

（7）移去：从项目中移去选定文件或对象。

（8）预览：在打印预览方式下显示选定的报表或标签。

（9）连编：连编一个项目或应用程序，生成一个可执行文件。

10.2.2　项目管理器的基本功能

项目管理器是 Visual FoxPro 中数据和对象的主要组织处理工具。

1. 程序的运行

以"教学管理系统"项目为例，说明在"项目管理器"中如何运行程序。

首先打开教学管理系统.PJX。在项目管理器窗口中选择"代码"选项卡，展开"程序"，选中 main，如图 10.4 所示。这时在右边的按钮区，"运行"按钮变成黑体字，单击它可执行 main 程序。

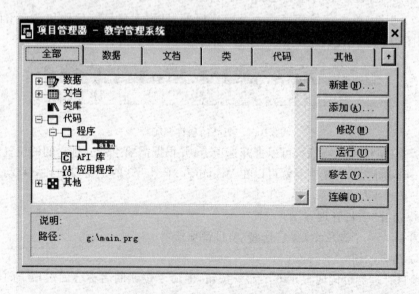

图 10.4　项目管理器运行程序

2. 表单的运行

在项目管理器中还可以进行表单的运行，方法与运行程序是相似的。打开项目管理器,在"文档"选项卡中,选定某个表单,即可看到"运行"按钮变为可操作按钮。

3. 浏览功能

利用项目管理器,用户可以方便地浏览表、视图、报表、标签。浏览表和视图,可通过"数据"选项卡,展开某个"数据库",然后选择其中的表或视图,即可单击右边的"浏览"按钮。而报表和标签的浏览,要在"文档"选项卡中进行。

4. 使用项目信息对话框

在项目管理器中,单击右键选择"项目信息"快捷菜单,就可打开项目信息对话框,或者按快捷键 Ctrl+J。项目信息对话框中含有项目、文件和服务程序 3 个选项卡,它们是对项目状态信息的说明。

1)"项目"选项卡

(1) 作者、单位、地址、城市、省份、国家/地区、邮政编码:可以在这些文本框中输入相关信息,并进行修改。

(2) 本地目录:显示包含项目文件的目录,可以通过按右边的三点按钮来更改。

(3) 最近连编时间:显示项目最近连编的日期和时间,不可编辑。

(4) 项目类:显示项目文件中包含的数目,不可编辑。

(5) 调试信息:指定已编译文件是否包含调试信息。如果没有选此项,则不能在"跟踪"窗口查看程序执行情况。

(6) 加密:指定是否为了安全性对已编译的文件加密。

(7) 附加图标:在应用程序运行时,指定是否显示一个选定的图标。

(8) 图标按钮:只有在选定了"附加图标"复选框时,该按钮才是可操作的。

2)"文件"选项卡

按字母顺序显示所有项目文件的列表、文件类型、修改时间、包含/排除状态,以及代码页信息等。

(1) 类型:显示的是文件类型的图标。

(2) 名称:显示文件名。

(3) 包含:有划"×"标志的,表示该类型文件包含在此项目中,可以点击方框选择"包含/排除"状态。

按"文件"选项卡页面标题按钮,可以进行相应类型的排序。如单击"上次修改"按钮,则列表框中的文件就按上次修改时间重新排列。

3)"服务程序"选项卡

(1) 服务程序类:显示标识为 DELPublic 的可用类列表,其中包括 VCX 类库文件以及代码。对应列表中的每一个类都有一个.PJX 项目文件。

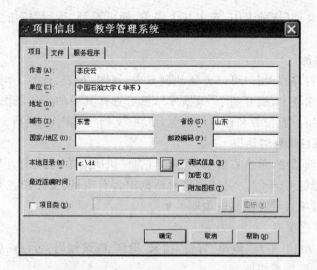

图 10.5　项目信息对话框

(2) 类库：显示选定类所在类库的目标路径。

(3) 实例：它是一个下拉列表选项，有 3 个选项：单独使用、不可创建、多重使用。单独使用，指定可在 Visual FoxPro 内部及外部使用 OLE 自动化创建该类的实例；不可创建，指定只能在 Visual FoxPro 内部创建该类的实例；多重使用，跟单独使用的定义是一样的，但用户每次请求项目之外的 OLE 实例时，系统提供一个已经运行的 OLE 服务程序作为新实例的源。

(4) 项目名：显示与服务程序相关联的项目名称。

10.2.3　APP 文件和 EXE 文件的建立

.APP 文件是一个运行于 Visual FoxPro 环境下的应用程序，它是由一组程序、表单、菜单和其他文件经编译后形成的。而.EXE 文件也是一种应用程序，它是运行于 Windows 环境下的可执行文件。

1. 项目连编

当建立完项目文件后，要用它产生可执行文件，可以选择项目管理器中的"连编"按钮，弹出"连编选项"对话框：

(1) "重新连编项目"：创建和连编项目文件，相当于 BUILD PROJECT 命令。

(2) "连编应用程序"：连编项目，编译已经过时的文件，并建立一个.APP 文件，相当于 BUILD APP 命令。

(3) "连编可执行文件"：由一个项目创建可执行文件，相当于 BUILD EXE 命令。

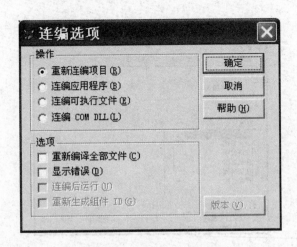

图 10.6 "连编选项"对话框

（4）"连编 COM DLL"：使用项目文件中的类信息，建立一个具有.DLL 文件扩展名的动态链接库。

（5）"重新编译全部文件"：重新编译项目中的所有文件，并对每个源文件创建其对象文件。

（6）"显示错误"：连编完成后，在一个编辑窗口显示编译时的错误。

（7）"连编后运行"：连编应用程序后，指定是否运行它。

（8）"重新生成组件 ID"。

在"连编选项"对话框，当选择了"连编可执行文件"或"连编 COM DLL"时，"版本"按钮才可操作，点击它会显示"EXE 版本"对话框，如图 10.7 所示。在这个对话框中，可以指定或自动产生每次构建的版本号、版本信息。版本信息包含说明、公司名称、文件说明、注册版权、注册商标、产品名称等。

2. 设置主文件

一个典型的数据库应用程序一般由数据、用户界面、主程序、子程序、查询和报表等组成。在设计应用程序时，应仔细考虑每个组件提供的功能以及与其他组件之间的关系。在建立过程中，应完成的任务可表示如下：

设置应用程序的起始点；初始化环境；显示初始的用户界面；控制事件循环；退出应用程序时恢复原始的系统环境。

1）设置起始点

首先要将各个组件联结在一起，然后使用主文件为应用程序设置一个起始点。所谓主文件，是在启动应用程序时先被调用的文件，也是应用程序的入口点。当用户运行应用程序时，Visual FoxPro 将为应用程序启动主文件，然后主文件再依次

图 10.7 "EXE 版本"对话框

调用所需要的应用程序中的其他组件。主文件可以是程序文件(.PRG)、菜单程序(.MPR)或表单文件(.SCX),但一般都是程序,程序主要用来打开数据库和表等,也可以用来激活用户界面。主文件在项目管理器中用黑体显示。在主文件中,一般需包含下列功能:初始化应用程序环境、显示初始用户界面、控制事件循环和恢复 Visual FoxPro 的默认环境。

设置主文件可按下面的步骤来完成:

(1) 在项目管理器中,选择"代码"标签。

(2) 展开"程序"。

(3) 选择要作为主文件的程序。

(4) 鼠标右击弹出快捷菜单,选择"设置主文件",或者选择"项目"菜单上的"设置主文件"选项。

2)初始化环境

主文件或者应用程序对象必须做的第一件事情就是对应用程序的环境进行初始化。初始化环境包括设置状态,初始化变量,建立应用程序的默认路径,打开需要的数据库、表及索引等。对于应用程序来说,初始化环境的理想方法是将初始的环境设置保存起来,在启动代码时为程序建立特定的环境设置,然后在应用程序退出时恢复默认的设置值。对环境的设置,可以用 SET 命令完成。如 SET TALK OFF 等。

3)显示初始的用户界面

初始用户界面可以是系统主菜单、表单、应用程序的封面,或者是注册对话框等。通常,在显示已打开的菜单或表单之前应用程序会出现一个活动屏幕或注册对话框。在主程序中可以使用 DO 命令运行一个菜单,DO FORM 命令运行一个表单以初始化用户界面。

4)控制事件循环

当应用程序的环境建立起来后,运行程序就会显示初始的用户界面,这时需要建立一个事件循环来等待用户的交互使用。要控制事件循环,应执行 READ E-VENT 命令,该命令使 Visual FoxPro 开始处理诸如鼠标单击、右击、键盘输入等用户事件。例如,在一个初始过程中,最后执行 READ EVENTS 命令,在环境已经被初始化并显示用户界面后执行。建立了控制事件的循环后,应用程序也必须提供一种方法来结束事件循环,应执行 CLEAR EVENTS 命令。通常情况下,CLEAR EVENTS 命令可用作某菜单项的命令代码,也可设置为表单的"退出"按钮。CLEAR EVENTS 命令将挂起 Visual FoxPro 的事件处理过程,同时将控制权返回给执行 READ EVENTS 命令。

5)恢复初始的开发环境

应用程序在退出时要恢复原始的开发环境,恢复存储变量原来的值。例如,要在公共变量中保存 SET TALK 设置,可执行命令:SET TALK &<公共变量>

对于一个结构化程序,主文件没有必要直接包含执行所有任务的命令。建立一个简单主程序的步骤如下:

(1)通过打开数据库、变量声明等进行环境的初始化。

(2)调出一个菜单或表单来建立初始的用户界面。

(3)执行 READ EVENTS 命令建立事件循环。

(4)从一个菜单(如 EXIT)或一个表单按钮(如"退出"按钮)来执行 CLEAR EVENTS 命令,主程序不应执行此命令。

(5)应用程序退出时,恢复环境。

典型应用程序的结构如下:

```
DO SETUP. PRG              && 调用程序建立环境
DO MAINMENU. MPR           && 将菜单作为初始的用户界面显示
READ EVENT                 && 建立事件循环
DO CLEANUP. PRG            && 在退出之前恢复环境设置
```

3. 引用可修改的文件

当要将一个项目编译成一个应用程序时,所有项目包含的文件将组合为一个单一的应用程序文件。在项目绑定之后,那些在项目中标记为"包含"的文件变成只读。

那些作为项目一部分的文件(如表)可能经常会被用户修改。在这种情况下,应该将这些文件添加到项目中,并将文件标为"排除"。排除文件仍然是应用程序

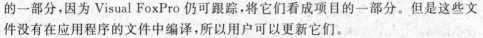

的一部分,因为 Visual FoxPro 仍可跟踪,将它们看成项目的一部分。但是这些文件没有在应用程序的文件中编译,所以用户可以更新它们。

Visual FoxPro 表默认为"排除",表示表在应用程序中可以被修改。作为通用的准则,包含可执行程序(如表单、报表、查询、菜单和程序)的文件应该在应用程序文件中设置为"包含",而数据文件则为"排除"。但是,可以根据应用程序的需要设置为"包含"或"排除"文件。如一个文件如果包含敏感的系统信息或者包含只用来查询的信息,那么该文件可以在应用程序文件中设为"包含"。相反,如果应用程序允许用户动态更改一个报表,那么可将该报表设为"排除"。

如果将一个文件设为"排除",必须保证 Visual FoxPro 在运行应用程序时能够找到该文件。例如,当一个报表引用了一个可视类库,表单会存储此类库的相对路径。如果在项目中将该类库排除,表单会使用相对路径或者 Visual FoxPro 的搜索路径(使用 SET PATH 命令设置的路径)查找该类库。如果此类库不在期望的位置时(例如,在建立表单之后把类库移动了),Visual FoxPro 将会显示一个对话框来询问用户指定类库的位置。为安全起见,建议把不需要用户更新的文件设为"包含"。

应用程序文件(.APP)不能设为"包含",对于类库文件可以有选择地设为"排除"。标记为主文件的文件不能排除。

若要排除可修改文件,步骤为

(1) 在"项目管理器"中,选择可修改文件。

(2) 从"项目"菜单中,选择"排除"选项。

如果已经排除了该文件,"排除"选项将不可用,"包含"选项才可用。

10.3　程　序　调　试

程序调试是指在发现程序出现错误时,确定出错的位置并纠正,其中,关键是快速定位出错的位置。

在编写程序时难免都会出错,出错以后怎样找出错误的地方就显得很重要了,只有正确找出错误的地方才可以将其改正。如果只是语法错误,那么 Visual FoxPro 在编译程序时就会指出,但 Visual FoxPro 的编译器对逻辑错误就无能为力了。逻辑错误不同于语法错误,程序可能是一系列语法正确的指令,但结果却是错误的。在长而复杂的程序中,逻辑错误可能会非常隐蔽和模糊。某些典型的情况包括程序对一个没有预见到的变量的值错误地进行了处理,或计算的顺序错了,选择了错误的工作区或主索引,在使用了一系列的不同的表之后没有恢复先前的环境等等。

10.3.1 语法错误的处理

对于新学习程序设计的人员,程序中常见的语法错误为

(1) 关键字、变量名和文件名拼写错误。

(2) 命令动词拼写错、命令格式写错。

(3) 遗漏关键字和变量之间的空格。

(4) 遗漏定界符。

(5) 内存变量没有初始化。

(6) 表达式和函数中的数据类型不匹配。

(7) 控制语句嵌套错误。

(8) 控制语句缺少结束语句。

(9) 不合法的循环结构。

如果在程序中有语法性的错误,当程序运行到错误的语句时系统就会停下来,并提示程序有错,往往还会提示是什么错误,如"命令中含有不能识别的短语或关键字",并给出选择"取消"、"挂起"、"忽略"、"帮助"4 个选择,它们的意思分别是:

• 取消:中止程序运行,回到命令窗口,相当于执行了 Cancel 命令,在程序中创建的所有变量被释放(除公共变量),但数据库及数据表一般保持当时的状态,可以用 Browse 命令查看数据表的内容和记录指针所在的位置等。

• 挂起:暂停程序,相当于执行了 Suspend 命令,这时程序中的所有变量都保持原值,您可以用"?"命令查看变量的值,当然也可以查看数据表的情况。

• 忽略:忽略所出现的错误,即跳过出错的语句继续执行后面的语句。

• 帮助:显示有关出错的帮助信息,对于错误做更详细的说明。

如果这时能看出问题出在哪,可以用"取消",然后进到程序中找出错误所在,将其改正。在选择了"取消"后,可能这时有表单是打开的,那么用鼠标点一下该窗口,然后用菜单上的"文件"→"关闭"。如果菜单是自定义菜单,用 SET SYS-MENU TO DEFAULT 回到系统菜单。改完后,再次运行程序前,最好将所有的数据库及表关闭,以免在程序打开一个数据表时出现表已打开的错误,比较好的办法是在程序开头先关闭所有的数据库及表。关闭所有数据库的命令是:CLOSE ALL。

如果不知道问题出在程序的哪个地方,那么就选择挂起,系统会弹出一个调试器窗口显示出错的语句,在跟踪窗口的黄色箭头所指的语句就是出错的语句。这时不要马上改程序,因为程序还没有结束运行,如要改程序应先终止程序运行,按调试中的终止按钮,然后退出调试器(菜单上的"文件"→"退出"),下面的操作与选择"取消"后的处理方法相同。

一般不要选择"忽略",因为程序中上下语句都有很紧密的关系,当一条语句出错后,如果继续运行,可能会出现很多错误,而后面出错的语句可能并没有错,是因为前面错了才导致后面的语句出错,如果前面正确,后面也会正确,因此对于初学者来说,选择忽略不利于找出错误所在。

10.3.2 调试器环境

当程序运行时产生了错误或得到了不正确的结果,往往需要跟踪程序的运行才能找出错误所在,为此 Visual FoxPro 提供了丰富的调试工具,帮助程序员逐步发现代码中的错误,有效地解决问题。选择"工具"→"调试器"菜单项,就打开了"调试器"窗口,如图 10.8 所示。

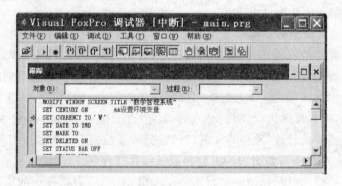

图 10.8 调试器窗口

也可以使用下面的任一命令打开调试器:

DEBUG

SET STEP ON

SET ECHO ON

下面就介绍调试工具的使用方法:

1. 跟踪窗口

在调试中,可以使用的一个最有用的方法就是跟踪代码,以便观察每一行代码的运行情况,同时检查所有的变量、属性和环境设置的值。

1) 工具栏

用"窗口"→"跟踪"菜单项或工具栏中的跟踪按钮可以打开"跟踪"窗口。选择"调试"→"运行"菜单项,在打开的"运行"对话框中,选择要跟踪的程序或表单,在"跟踪"窗口打开它,如图 10.8 所示。在跟踪代码时,工具栏提供了 4 种运行程序的方法:

• :每次执行程序的一个代码行,执行后程序暂停。如果被跟踪的程序调用了一个函数或过程,则跟踪进入调用过程或函数的内部。

• ⓕ:每次执行程序的一个代码行,执行后程序暂停,但不跟踪被调用的过程或函数。

• ⓞ:执行完当前过程或函数中的其余代码,然后回到调用程序。

• ⓣ:运行当前程序到光标所在的行。

当决定停止追踪代码,但又想把它执行完时,可以单击"继续执行"按钮,告诉 Visual FoxPro 继续执行程序直到它遇到一个断点或程序的末尾。在检查了一个疑点区后可以单击这个按钮正常地结束程序,也可以通过单击"取消"按钮来终止程序。

2)断点

断点是为了定位程序中的错误命令行,设置的中断标记,允许将执行程序中断,设置断点可缩小逐步调试代码的范围。

(1)设置断点。

若要为某个特定的代码行设置断点,可以双击该行旁边的阴影页边,或者把光标放在行中并按下空格键或回车键。该代码行左边的灰色区域中会显示一个实心点 ,这表明该行已经设置了一个断点。除此之外,利用 Visual FoxPro 的"断点"对话框(单击工具栏上的"断点对话框"按钮即可打开),还可以设置以下 4 种类型的断点:

• 第一种类型:"在定位处中断"是缺省的断点类型,程序在遇到这一行时暂停执行。"定位"文本框指定了断点的过程或函数名以及从这个过程或函数开始的行号。"文件"文本框指定了包含断点的文件。这种断点类型还可以指定追踪开始时的运行次数。假设在循环中有一处错误,在前 100 次循环时计算是有效的,但在 100 次之后就会产生错误。我们当然不想遇到错误前一步一步地循环 100 次,这时只要在"运行次数"文本框中填入 100,则调试器在循环过 100 遍之后才进入追踪模式。

• 第二种类型:"如果表达式为真则在断点处中断"指定只有当满足某一特定条件的时候,才在某特定行处停止执行程序。在"表达式"文本框中指定这一特定条件。

• 第三种类型:"表达式为真时中断"。在调试中经常会遇到这种情况:不想在某个特定的行上将程序停止,只有当满足某特定条件时才将程序停止。这时可以选择"表达式为真时中断"。表 10.1 是断点表达式的示例。

表 10.1 "表达式为真时中断"断点表达式的示例

表达式	应 用
EOF( )P	当表中的记录指针移过最后一条记录时,将程序停止
'CLICK' $ PROGRAM( )	在与 Click 或者 DblClick 事件相关的第一行代码上,将程序停止
nReturnValue = 6	如果一个信息框的返回值存储在 nReturnValue 中,当用户在该信息框上选择"确定"的时候,将程序停止

• 第四种类型:"当表达式值改变时停止"。如果要了解何时一个变量或者属性的值发生了变化,或者想知道何时运行条件改变了,那么可以选择"当表达式值改变时停止",对一个表达式设置断点。示例如表 10.2 所示。

表 10.2 "当表达式值改变时停止"断点表达式的示例

表达式	应 用
RECNO( )	当表中的记录指针移动时,将程序停止
PROGRAM( )	在任意一个新的程序、过程、方法程序或事件的第一行上,将程序停止
myform. Text1. Value	当该属性的值由于用户交互或程序运行而发生了改变时,将程序停止

(2) 移去断点。

在"断点"对话框中,单击断点列表框中某断点左侧的复选框可使该断点无效,单击"删除"按钮可删除选定的断点。在"跟踪"窗口中,双击断点标记也可以删除该断点。

2. 局部窗口和监视窗口

使用调试器的好处是:在程序暂停运行时能够很容易看到内存变量、数组变量、属性和表达式的运行值,从而确定代码是否正确。在"跟踪"窗口中,将光标指向任何一个变量、数组或属性上,就可以在提示条中显示它的当前值。除此之外,调试器还提供了两个窗口来完成这一功能。如图 10.9 所示。

"局部"窗口会显示调用堆栈上任意程序、过程或方法程序里面所有的变量、数组、对象和对象元素。默认情况下,在"局部"窗口中所显示的是当前执行程序中的值。通过在"局部变量的位置"列表中选择程序或过程,也可以查看其他程序或过程的值。

有时并不需要查看所有的变量,而只是想查看一两个变量来确定它们为什么没有获得期望的值。在这种情况下,使用监视窗口更方便。在"监视"窗口的"监视"框中,键入一个有效的 Visual FoxPro 表达式,然后回车。这时,该表达式的值和类型就会出现在"监视"窗口的列表中。也可以在"跟踪"窗口或其他的"调试程序"窗口中,选择变量或者表达式,然后将它们拖至"监视"窗口中。在"监视"窗口中,那些已经改变的值会显示为红色。双击一个监视项,还可以对其进行编辑。

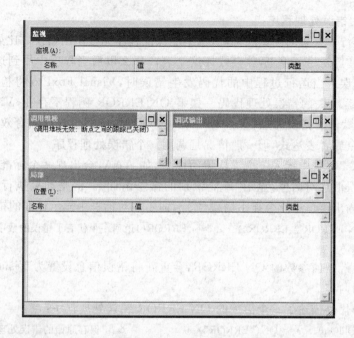

图 10.9　调试器中的监视和局部窗口

　　局部窗口能查看任何程序及其中定义了什么变量,而监视窗口只能查看当前过程或函数中的变量。在"局部"窗口和"监视"窗口中,单击数组或对象名称旁边的加号(＋),可以查看数组或对象的下一级内容。当进入下一级时,就能够看到数组中所有的数组元素值,以及对象的所有属性设置。

　　在"局部"窗口和"监视"窗口中,通过选择所需的变量、数组元素或属性,然后单击"值"列,同时键入一个新值,即可改变这些变量、数组元素或属性的值。

3. 事件跟踪

　　了解不同对象的事件被触发的顺序是很有帮助的。面向对象编程的真正秘密在于知道在每个事件的方法中放置什么代码,使它们以正确的顺序执行。有时当程序不能正常工作时,确定方法中代码是否正确的最简单方法是打开事件跟踪。在调试器中选定"工具"→"事件跟踪"菜单项,即可打开"事件跟踪"对话框。

　　在这里可以选择需要跟踪的事件。缺省时,所有的事件都是预选定的。由于MouseMove 和 Paint 事件发生次数频繁,很难看到其他的事件序列,所以建议把这两个事件从"跟踪事件"列表中移去。

　　选中"开启事件跟踪"复选框即可激活事件跟踪,此后每当"跟踪事件"列表中的一个系统事件发生时,该事件名字就会显示在"调试输出"窗口中(单击工具栏中的"输出窗口"按钮即可打开),或者写到一个文件里。

4. 使用错误处理程序

即使进行了大量的测试和调试,也不能保证程序完全不出错误。比如,在处理一个数据表时,发生了停电,就会毁坏这个表。那么以后当程序中用到这个表时,就会出现错误。当运行过程中的代码发生错误时,Visual FoxPro 将检查与 ON ERROR 例程相关的错误处理代码。如果 ON ERROR 例程不存在,Visual FoxPro 就显示默认的错误信息。在 ON ERROR 后面,可以包含任意有效的 Visual FoxPro 命令或者表达式,但一般情况是调用一个错误处理程序。

在“命令”窗口中键入一个不认识的命令,如 AAA,会出现一个标准的 Visual FoxPro 错误信息对话框,显示“不能识别的命令谓词”。但是如果执行下面的代码,活动的输出窗口中就会显示错误号 16,而不在对话框中显示标准的错误信息。

```
ON ERROR ? ERROR()        && ERROR()返回一个代表了错误的数字
AAA
```

执行不带任何参数的 ON ERROR,会重新将错误信息设置为 Visual FoxPro 内部指定的内容。

下面的代码描述了一个简单的 ON ERROR 错误处理程序:

```
lcOldOnError = ON("ERROR")                        && 保存原始的错误处理程序
ON ERROR DO errhandler WITH ERROR()   && 执行带有过程名的 ON ERROR
* 错误处理例程所应用的代码部分
ON ERROR &lcOldOnError                            && 重新设置原始的错误处理程序
PROCEDURE errhandler
LPARAMETER lnErrorNo
    DO CASE
    CASE lnErrorNo = 1                             && 文件不存在
      * 显示合适的信息
      * 采取一些手段修正错误
    OTHERWISE
      * 显示一个通用的信息
    ENDCASE
ENDRROC
```

本节介绍了 Visual FoxPro 的调试工具,以及使用错误处理程序的方法。对于初级的编程人员来说,要熟悉调试应用程序只有通过不断地学习和上机操作来积累经验。

10.4 应用系统开发实例

本节通过一个简单的“教学管理系统”,讲解系统开发的步骤和项目管理的组织技术。

10.4.1　设计步骤

1. 设计数据库

数据库 STUDENT 的组成：学生表、课程表、成绩登记表；

数据库的结构：各数据库的结构参见第 3 章的介绍。

2. 设计表单

总表单：设计如图 10.10 所示的主界面表单与登录密码检查表单并运行测试。

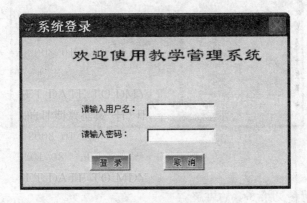

图 10.10　登录密码检查表单

数据库表单：先用向导创建各数据表的表单，再用表单设计器修改成所需的样式。

数据测试：利用各表单向每个数据表输入部分数据，并进行简单测试。

1）浏览表单

设计成表单集的形式，该表单集既要能浏览到各表的详细信息，又要能浏览到相关表的统计信息。在此表单中出现的任何信息仅供浏览，其中学生信息浏览表单界面如图 10.12 所示。

2）查询表单

先在表单设计器中设计一个查询总表单，再用表单向导中的一对多表单向导设计几个分表单，并在表单设计器中进行所需的修改，最后在总表单的命令按钮中添加所需代码，使各项查询功能得到实现。设计过程请参见第 7 章的讲解。

3. 设计菜单

主菜单组成：根据需要设置本系统主菜单：系统维护（需密码才可进入）、浏览、查询、信息输出、帮助、退出。主菜单界面如图 10.12 所示。

菜单设计：根据需要完成各项功能，在菜单设计器中设计各菜单的子菜单和菜

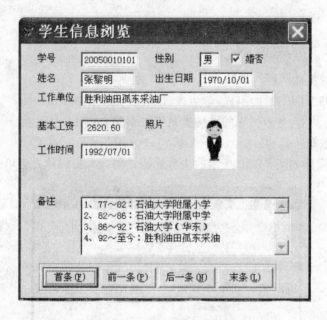

图 10.11　学生信息浏览表单

单项。

　　设计过程请参见第 8 章的讲解。

　　编制各菜单项的过程代码,使菜单功能得以实现。

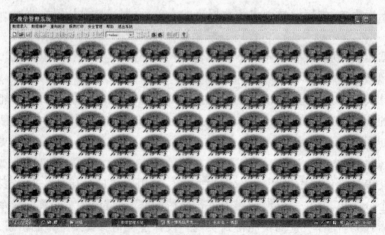

图 10.12　系统界面和主菜单

4. 设计输出报表

　　根据学校通常所需的教学管理信息,设计一组报表,需要时可以打印出来。

输出报表包括:学生花名册表、课程一览表、成绩一览表等。设计过程请参见第 9 章的讲解。

5. 编制帮助信息

将帮助信息以独立的文件形式保存在计算机中,通过表单的调用来显示帮助信息。帮助信息主要介绍本系统的各项功能及使用方法。

10.4.2 系统部件的组装

完成以上各系统部件的设计后,可以使用项目管理器组装各部件。操作步骤是:

(1) 建立项目管理器。

(2) 添加数据。

(3) 添加表单文档。

(4) 添加类库。

(5) 添加应用程序。

(6) 设置系统菜单及相关位图文件。

(7) 设置项目信息内容。

(8) 连编可独立执行的.EXE 文件。

设计一个主程序,并在项目管理器中用连编按钮将系统所有文件连编成一个应用程序。

主程序用于设置应用程序系统环境和起始点。

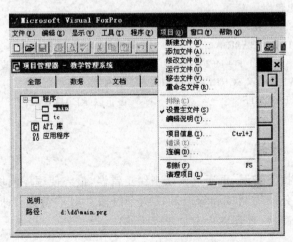

图 10.13 设置项目主文件

下面这段主程序代码首先设置系统窗口的一些属性,然后设置系统的开关或状态,关闭所有文件,执行主菜单,读取用户事件。

```
* MODIFY WINDOW SCREEN TITLE "教学管理系统"
SET CENTURY ON                    && 设置环境变量
SET CURRENCY TO "￥"
SET DATE TO YMD
SET MARK TO
SET DELETED ON
SET STATUS BAR OFF
SET STATUS OFF
SET ESCAPE ON
SET NOTIFY OFF
SET TALK OFF
SET SAFETY OFF
SET MULTILOCK ON
=CursorSetProp("Buffering",3,0)
CLOSE DATABASE ALL                && 关闭数据库
OPEN DATABASE STUDENT             && 打开数据库
DO MENU. MPR                      && 调用主菜单
READ EVENT                        && 启动事件处理
```

退出程序的功能是恢复系统窗口状态,清除事件,关闭所有文件,清除所有变量,释放窗口和表单,恢复系统菜单,退出系统。实例代码如下:

```
*** 退出程序
SET MESSAGE TO "退出系统"
CLOSE DATABASE ALL                && 关闭数据库
SET SYSMENU TO DEFAULT            && 将主菜单栏恢复为默认设置
MODI WINDOW SCREEN TITLE "教学管理系统退出完毕"
CLEAR EVENTS                      && 停止以 READ EVENTS 开始的事件处理
CANCEL
```

10.4.3 测试

通过测试来找出错误,再通过调试来纠正错误,最终使程序模块达到预期的功能。测试一般可分模块测试和综合测试两个阶段。对不符合要求的部分进行修改,重新连编,再调试,直到完全满足要求为止。

10.4.4 应用程序发布

应用程序最好能加密,并且能在 Windows 环境中独立运行,这就需要将应用程序"连编"为. EXE 程序,并进行程序发布。

1. 连编应用程序

连编应用程序,可进行如下操作:

(1) 在项目管理器中,单击"连编"按钮,如图 10.14 所示。

(2) 在如图 10.15 所示"连编选项"对话框中,选择"连编应用程序",生成
. APP文件;或者选择"连编可执行文件"以建立一个. EXE 文件。

(3) 选择所需其他选项并单击"确定"按钮。

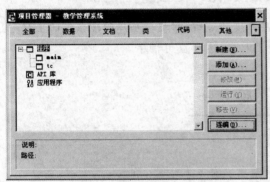
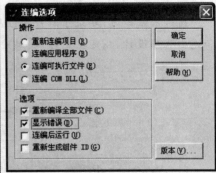

图 10.14　项目连编　　　　　　　　　图 10.15　项目连编选项

当为项目建立一个最终的应用程序文件之后,就可运行了。

2. 打包应用程序

打包应用程序是开发应用系统的最后一步。就是用"安装向导"创建一个可发
布的应用程序包,即制作一个安装文件。它需要新建一个文件夹,并将连编好的可
执行文件、数据文件以及没有编译进可执行文件的其他文件置于这个文件夹中。

具体操作是:在 Visual FoxPro 主窗口中"工具"菜单下选择"向导",然后单击
"全部",再从弹出的"向导选取"对话框中选择"安装向导",只要按步骤回答对安装
向导的提问即可。

10.4.5　系统运行和维护

1. 运行. APP 应用程序

要运行. APP 应用程序,可从"程序"菜单中选择"运行"命令,然后选择要执行
的应用程序;或者在"命令"窗口中,键入 DO 和应用程序文件名。

例如,要运行应用程序"教学管理系统",可键入:DO 教学管理系统. APP。

2. 运行. EXE 文件

如果从应用程序中建立一个. EXE 文件,可以使用如几种方法运行该文件:

（1）从 Visual FoxPro 中，在"程序"菜单中选择"运行"，然后选择一个应用程序文件。

（2）在 Windows 中，双击该. EXE 文件的图标。

试运行的结束标志着系统开发的基本完成，但只要系统还在使用，就可能常需要调整和修改，也就是还需要做好系统的"维护"工作，这包括纠正错误和系统改进等。

 **本章小结**

通过本章学习，要求了解应用程序开发的过程；掌握数据库管理系统的主程序和退出程序设计，指定主文件，连编应用程序，运行应用程序。

习 题 十

1. 问答题：

（1）Visual FoxPro 项目文件的扩展名是什么？

（2）Visual FoxPro 的项目管理器的主要作用是什么？

（3）如何将建立的项目连编并生成一个可执行文件？

2. 设计题：

（1）利用 Visual FoxPro 6.0 设计一个人事档案管理系统，基本功能包括：

① 人员基本信息的添加、删除、修改、查询；

② 人员工资信息的添加、删除、修改、查询；

③ 部门信息的添加、删除、修改、查询；

④ 以上各类信息的统计、报表。

要求设计数据库、表、菜单、表单、报表和主程序、退出程序。

（2）利用 Visual FoxPro 6.0 设计一个图书管理系统，基本功能包括：

① 图书基本信息的添加、删除、修改、查询；

② 读者信息的添加、删除、修改、查询；

③ 借阅信息的添加、删除、修改、查询；

④ 以上各类信息的统计、报表。

要求设计数据库、表、菜单、表单、报表和主程序、退出程序。

附 录

1. 本书中所用数据库

学员信息数据库（STUDENT.DBC）。

2. 本书中主要表结构

1）STUD（学员信息表）

字段名	类 型	宽 度	小数位数	字段名	类 型	宽 度	小数位数
学号	C	11		工作单位	C	18	
姓名	C	6		工作时间	D	8	
性别	C	2		基本工资	N	82	
出生日期	D	8		照片	G	4	
婚否	L	1		备注	M	4	

2）COURSE（课程表）

字段名	类 型	宽 度	小数位数
课程号	C	6	
课程名	C	20	
课程性质	C	6	
学分	N	2	

3）SCORE（学员成绩表）

字段名	类 型	宽 度	小数位数
学号	C	11	
课程号	C	6	
成绩	N	5	1

3. 本书中主要表数据

1）STUD（学员信息表）

学号	姓名	性别	出生日期	婚否	工作单位	工作时间	基本工资	照片	备注
20050010101	张黎明	男	10/01/70	.T.	胜利油田孤东采油厂	07/01/92	2620.60	gen	Memo
20050010201	王海	男	08/11/78	.T.	胜利油田孤东采油厂	07/01/00	2416.20	gen	memo
20050010202	李梅	女	08/10/86	.F.	大庆油田采油二厂	07/01/06	1920.30	gen	memo

学号	姓名	性别	出生日期	婚否	工作单位	工作时间	基本工资	照片	备注
20050020101	王海雁	女	06/07/80	.T.	大庆油田采油三厂	07/01/04	2214.50	gen	memo
20050020201	李春	女	01/01/80	.T.	胜利油田孤东采油厂	11/20/01	2510.00	gen	memo
20060010201	李辉	男	08/12/86	.F.	胜利油田孤岛采油厂	06/30/05	1962.20	gen	memo
20060020102	王小琳	女	08/09/86	.F.	胜利油田现河采油厂	06/30/05	1960.00	gen	memo
20060020201	吴海	男	11/10/88	.F.	大庆油田采油一厂	01/01/07	1816.30	Gen	memo

2) COURSE(课程表)

课程号	课程名	课程性质	学分
000002	高等数字	必修	6
000005	VF 程序设计	必修	3
000008	石油工程概论	选修	2

(3) SCORE(学员成绩表)

学号	课程号	成绩
20050010101	000002	98.0
20050010201	000002	89.0
20050020101	000002	100.0
20050020201	000002	65.0
20060020102	000002	58.0
20060020201	000002	87.0
20050010101	000005	72.0
20050010201	000005	48.0
20050020101	000005	96.0
20060010201	000005	80.0
20060020102	000005	73.0
20050010201	000008	52.0
20050010202	000008	98.0
20050020101	000008	69.0
20050020201	000008	100.0
20060010201	000008	45.0
20060020201	000008	75.0

参 考 文 献

1　全国计算机等级考试教材编写组,未来教育教学与研究中心编著.全国计算机等级考试教程二级 Visual FoxPro.北京:人民邮电出版社,2007

2　王可歆.Visual FoxPro 6.0 程序设计学与用教程.北京:机械工业出版社,2003

3　史济民,等.Visual FoxPro 及其应用系统开发.北京:清华大学出版社,2007

4　MSDN 光盘,VFP6.0 的帮助文件:foxhelp.chm 和 foxhelp.chi

5　刘淳,等.Visual FoxPro 数据库与程序设计.北京:中国水利水电出版社,2005

6　高怡新.Visual FoxPro 程序设计(第二版).北京:人民邮电出版社,2006

7　康萍,刘小东,等.Visual FoxPro 数据库应用.北京:清华大学出版社,2007

8　张新,等.Visual FoxPro 数据库与程序设计(第三版).东营:中国石油大学出版社,2008

9　郑阿奇.Visual FoxPro 教程.北京:清华大学出版社,2005

10　余文芳,罗朝盛.Visual FoxPro 数据库应用.北京:人民邮电出版社,2006

11　李正凡,等.Visual FoxPro 6.0 程序设计基础教程.北京:中国水利水电出版社,2003

12　卢湘鸿,等.Visual FoxPro 6.0 数据库与程序设计.北京:电子工业出版社,2007

13　姚瑞霞,等.Visual FoxPro 8.0 程序设计.北京:清华大学出版社,2007

14　李春葆,等.Visual FoxPro 程序设计.北京:清华大学出版社,2005

图书在版编目(CIP)数据

Visual FoxPro 程序设计基础教程/葛元康等主编.
东营:中国石油大学出版社,2008.11(2014.6 重印)
ISBN 978-7-5636-2451-5

Ⅰ.V… Ⅱ.葛… Ⅲ.关系数据库—数据库管理系统,
Visual FoxPro—程序设计—教材 Ⅳ.TP311.138

中国版本图书馆 CIP 数据核字(2008)第 180636 号

书　　名:Visual FoxPro 程序设计基础教程
作　　者:葛元康　李庆云　孙东海　崔学荣

责任编辑:郭珊珊(电话　0532—86981533)
封面设计:郑　川

出 版 者:中国石油大学出版社(山东　东营,邮编　257061)
网　　址:http://www.uppbook.com.cn
电子信箱:yibian8392139@163.com
印　　刷:沂南县汇丰印刷有限公司
发 行 者:中国石油大学出版社(电话　0532—86981533)
开　　本:170 mm×230 mm　印张:23　字数:438 千字
版　　次:2014 年 6 月第 1 版第 3 次印刷
定　　价:33.00 元